中国地质调查局
全国主要成矿带成矿规律研究成果系列
湘西-鄂西地区铅锌多金属矿勘查选区研究项目资助(1212010632005)
中南地区矿产资源潜力评价项目资助(1212010633901)

湘西-鄂西地区成矿规律与找矿方向

XIANGXI–EXI DIQU CHENGKUANG GUILU YU ZHAOKUANG FANGXIANG

| 魏道芳 | 段其发 | 赵小明 | 彭三国 | 李 堃 | 编著 |
| 罗士新 | 潘仲芳 | 邹先武 | 彭练红 | 谢新泉 | |

中国地质大学出版社
ZHONGGUO DIZHI DAXUE CHUBANSHE

内容提要

本书从地质矿产调查的实际资料入手,系统地论述了湘西-鄂西地区区域地质、地球物理、地球化学和遥感地质特征,全面总结了区内矿产资源的成矿地质背景、控矿因素及时空分布规律,初步总结了矿床成矿系列,划分了成矿区带,圈定了矿化集中区,并提出了今后找矿的方向。

本书可供地质学、岩石学、地球化学、矿床学及矿产资源勘查评价等领域从事生产、研究和教学的科研人员以及高等院校相关专业学生参考使用。

图书在版编目(CIP)数据

湘西-鄂西地区成矿规律与找矿方向/魏道芳等编著.—武汉:中国地质大学出版社,2014.9
ISBN 978-7-5625-3483-9

Ⅰ.①湘…

Ⅱ.①魏…

Ⅲ.①成矿规律-研究-湖南省②成矿规律-研究-湖北省③找矿方向-研究-湖南省④找矿方向-研究-湖北省

Ⅳ.①P612②P624

中国版本图书馆 CIP 数据核字(2014)第 200736 号

湘西-鄂西地区成矿规律与找矿方向	魏道芳 段其发 等编著
责任编辑:王 荣	责任校对:周 旭
出版发行:中国地质大学出版社(武汉市洪山区鲁磨路388号)	邮编:430074
电 话:(027)67883511 传 真:(027)67883580	E-mail:cbb@cug.edu.cn
经 销:全国新华书店	Http://www.cugp.cug.edu.cn
开本:880毫米×1230毫米 1/16	字数:428千字 印张:12.25 插页:3
版次:2014年9月第1版	印次:2014年9月第1次印刷
印刷:武汉市籍缘印刷厂	印数:1—500册
ISBN 978-7-5625-3483-9	定价:98.00元

如有印装质量问题请与印刷厂联系调换

前　言

　　距今 3200Ma 的扬子地块是我国南方最古老的陆地。湘西-鄂西成矿带位于扬子地块中段,北接秦岭造山带,东南与华南造山带相邻,西与四川盆地相分隔,东至江汉-洞庭坳陷。区内经历了多次强烈的构造变动,以晋宁(武陵)、广西(加里东)运动、印支运动和燕山运动表现最为强烈,形成了一系列颇具特色的构造形迹。纵贯南北的大兴安岭-太行山-武陵山重力梯度带从本区中部通过,扬子陆块北缘断裂以及雪峰地块北缘断裂与南缘断裂等区域性深大断裂是区内的重要断裂构造,控制了研究区的构造格局,对区域岩相古地理、岩浆活动及成矿作用有明显的控制作用。

　　扬子地块具有以太古宙—古元古代变质杂岩系组成的结晶基底和中—新元古代变质沉积-火山岩系组成的过渡性基底,震旦纪—中三叠世海相沉积盖层和晚三叠世—新生代的陆相沉积盖层构成的"双基双盖"结构的特征。结晶基底分布于鄂西黄陵地区,以崆岭杂岩为代表,主体为 TTG 岩套或灰色片麻岩和作为变质表壳岩(水月寺岩群)的古元古代孔兹岩系。变质褶皱基底在区内分布较广,主要由神农架群、冷家溪群、梵净山群和马槽园群、板溪群、下江群、丹洲群等组成,以炭质板岩、千枚岩、变砂岩、砂岩为主,夹基性火山岩、白云岩。北部秦岭地层区新元古代青白口系则由武当岩群变火山岩组、变沉积岩组组成。雪峰运动使本区由活动陆缘转化为稳定区,从晚青白口世开始了盖层的沉积,属典型裂谷成因,此时扬子东南缘具地垒、地堑相间的古地理格局,且裂谷中央带不断向东南迁移,南华纪早期裂解规模下降,南华纪晚期裂解演化基本结束转入整体沉降阶段,震旦纪开始转向被动大陆边缘盆地环境,受区域深大断裂控制,接受碳酸盐岩台地、台缘斜坡、陆坡-陆隆、次深海盆地相的震旦纪—奥陶纪的沉积。直至发生于晚奥陶世中期和早志留世晚期的两次地壳上升才导致扬子地台整体抬升和扬子地台南缘盆地的闭合。

　　本成矿带岩浆活动较弱。中—酸性侵入岩主要产于黄陵穹隆核部和雪峰山地块,黄陵背斜核部以青白口纪花岗闪长岩为主,其次为元古宙基性—超基性岩及正长花岗岩,雪峰山地块侵入岩类型复杂多样,主要有侏罗纪石英斑岩脉、二长花岗岩、志留纪和三叠纪的花岗岩、二长花岗岩,以及志留纪花岗闪长岩等。基性侵入岩见于黄陵、神农架、北大巴山和雪峰山地区。岩性主要为辉长岩、辉绿岩和辉绿玢岩,多呈顺层侵入的岩席或岩墙产出。喷出岩集中分布于中元古界神农架群、冷家溪群中。火山活动呈现出南北强、中间弱的特点,本身构成基性—酸性的喷发旋回。南华纪早期在鄂西和湘西地区有中—酸性火山活动,形成凝灰岩、凝灰质砂岩。古生代的火山活动主要分布在裂谷盆地和断陷盆地内部,与地壳演化对应,呈现出从基性—酸性的旋回性喷发。此外,湘西南发育加里东期钾镁煌斑岩-金伯利岩,是扬子地块在早古生代经历的一次重要的岩浆-热事件。

　　湘西-鄂西地区矿产资源较丰富,1999 年新一轮国土资源大调查工作以来,中国地质调查局在该地区部署了一批区域地质调查和矿产评价项目,先后开展了金矿、锰矿、铜矿、铅锌矿等矿产资源的调查评价工作,取得了一批重要的找矿成果。在沅陵冷家溪隆起周边海相砂页岩型铜矿勘查方面取得了较大进展,如沅陵寺田坪铜矿,矿体平均厚 2.05m,平均铜品位 1.28%,连续稳定,显示良好的找矿前景,鄂西地区铜矿点星罗棋布,鄂西荆当盆地和湘西麻阳盆地砂岩型铜矿已有多年开采历史,鄂西南-湘西北地区"宁乡式"铁矿储量为 $20×10^8$t 以上,湘西地区"江口式"铁矿远景资源量大;湖南古丈和湖北长阳地区是我国重要的锰矿集中分布区,近年来矿区深部找矿取得许多进展,并显示出良好的找矿前景。

　　特别是在铅锌矿的找矿上不断有新的发现和突破,已成为一个重要的铅锌成矿带,发现铅锌矿床(点)近 200 处,形成了大巴山、青峰断裂带周围、神农架穹隆、黄陵穹隆北缘、黄陵穹隆南缘、长阳复背斜东段、咸丰背斜区、走马-二坪背斜区、洛塔、保靖、花垣-松桃、凤凰-铜仁、沿河天官-土地坳背斜区、沅陵-怀化等重要矿集区。铅锌矿的赋矿地层相对稳定,主要赋矿层位有 6 个,即震旦系陡山沱组、灯影组和寒武纪清虚洞组、敖溪组、娄山关组及奥陶纪南津关组。主要赋存于白云岩和藻礁相灰岩中,与黑色岩系关系密切。深大断裂交汇部位控制矿集区(矿田)的分布,褶皱背斜区与断裂的复合部位是良好的矿床定位空间,矿床(点)大多数产于层间破碎带以及褶皱虚脱部位。

大调查以来,先后发现了湖北冰洞山和湖南狮子山等大型铅锌矿床。湖北冰洞山铅锌矿位于神农架断穹北缘,矿区构造简单,地层呈单斜产出,震旦系陡山沱组第四岩性段炭质页岩所夹角砾状白云岩为重要的矿化层,矿化层露头延伸达30km,一般厚5~10m,局部厚达20m,矿石组分简单,以含Zn为主,含Pb次之。经估算$(Pb+Zn)(333+334_1)$资源量达$144×10^4$t,已具大型矿床规模。全矿区已探求$(Pb+Zn)(333+334_1)$资源量$304×10^4$t,远景达$500×10^4$t。

湖南花垣铅锌矿在大调查成果[已探求$(Pb+Zn)(333+334_1)$资源量$255×10^4$t]的基础上取得了重大突破,2010年列入全国47片整装勘查区开展系统的勘查工作,新发现大型层控型铅锌矿产地3处,资源潜力超过$1000×10^4$t。将以前探明的鱼塘、李梅等矿区的$546×10^4$t加在一起,整个花垣矿集区铅锌资源量在$1500×10^4$t以上。

本书在上述成果资料的基础上,在中国地质调查局"湘西-鄂西地区铅锌多金属矿勘查选区研究"、"中南地区矿产资源潜力评价"项目的资助下,分矿种系统地总结了大调查的主要成果,研究了区域成矿规律,开展了成矿预测,旨在及时地将阶段性成果提供给在该地区开展工作的广大地质工作者使用。

本研究取得如下主要成果:

(1)系统总结了区内大调查项目成果,综合分析了铅锌、金银、铁锰等优势矿产资源的地质特征、成矿规律,探讨了矿床成因。对今后的勘查工作具有指导性意义。

(2)系统总结了本区主要控矿地质因素、成矿作用的时空演化规律、矿床成矿系列,将该区划分为5个Ⅲ级成矿区(带)和14个Ⅳ级成矿区(带),全面分析了各成矿区(带)的地质特征,并圈定了重要矿集区。对区域成矿地质背景和成矿规律有了全面、深入的认识。

(3)编制了湘西-鄂西成矿带工作程度图、地质矿产图、成矿规律图、地球化学图、重磁异常图等综合性图件,并建立了矿产地数据库。

本书共分五章,主要由魏道芳和段其发编著完成,武汉地质调查中心(武汉地质矿产研究所)潘仲芳教授级高工和中国地质大学(武汉)凌文黎教授分别审阅了全稿,并提出了许多宝贵意见,图件由金巍、吴年文等编绘。提供资料并参与部分章节编写的人员有(按姓氏笔画排序)马元、王茂林、邓乾忠、龙国华、田云华、刘树生、刘慧、孙四权、李书涛、杨明银、杨绍祥、杨晓君、余沛然、罗小亚、周少东、孟德保、赵建光、胡起生、祝敬明、贾宝华、唐分配、黄宏伟、黄国平、黄建中、黄革非、曹进良、符巩固、彭松青、葛培龙、曾春芳、曾钦旺、谢小青、戴平云等。

本书部分引用了湖北省地质调查院、湖南省地质调查院及部分地勘单位矿产资源调查评价项目和矿产资源潜力评价项目的最新成果资料,所引用的文献资料将尽可能在专著的参考文献中加以标注说明,但由于引用文献资料较多,遗漏之处在所难免,恳请有关单位和作者见谅。

研究人员经过多年的工作,取得了大量的第一手资料,并对大调查成果进行了系统的梳理,完成了该阶段性的成果总结,取得了一些新进展,提出了一些新认识,对该地区下一步的找矿工作有一定的指导意义,但仍然存在大量的科学问题需要进一步地深入研究。就本书而言,由于编著者水平有限,难免存在一些错误之处,敬请读者批评指正。

研究工作得到了中国地质调查局李金发副局长、资源评价部薛迎喜主任、龙宝林副主任、张生辉处长、蔺志永博士、武汉地质矿产研究所姚华舟所长、潘仲芳书记自始至终的关心和指导。在野外工作期间得到了湖南省地质矿产勘查开发局贾宝华、黄建中、黄革非、余沛然,湖北省地质矿产勘查开发局马元、杨明银、祝敬明等领导和同行的帮助。在此一并对所有支持过研究工作的单位和同志表示最衷心的感谢。

编著者
2014年5月

目 录

第一章 概 述 …………………………………………………………………………………… (1)
第一节 成矿带范围及自然地理概况 ………………………………………………………… (1)
第二节 国土资源大调查概况 ………………………………………………………………… (1)

第二章 以往地质工作程度 ……………………………………………………………………… (4)
一、区域地质调查工作程度 …………………………………………………………………… (4)
二、区域矿产勘查程度 ………………………………………………………………………… (4)
三、区域地球物理工作程度 …………………………………………………………………… (4)
四、区域地球化学工作程度 …………………………………………………………………… (4)
五、区域自然重砂工作程度 …………………………………………………………………… (4)
六、区域遥感地质工作程度 …………………………………………………………………… (4)
七、科学研究工作现状 ………………………………………………………………………… (5)

第三章 区域成矿地质背景 ……………………………………………………………………… (6)
第一节 地层及含矿性 ………………………………………………………………………… (6)
一、岩石地层特征 ……………………………………………………………………………… (6)
二、地层含矿性 ………………………………………………………………………………… (13)
第二节 岩浆活动与成矿 ……………………………………………………………………… (14)
一、侵入岩 ……………………………………………………………………………………… (14)
二、火山岩 ……………………………………………………………………………………… (16)
第三节 构造特征与成矿 ……………………………………………………………………… (16)
一、构造单元划分 ……………………………………………………………………………… (16)
二、断裂构造 …………………………………………………………………………………… (17)
三、褶皱构造 …………………………………………………………………………………… (23)
四、构造演化与成矿 …………………………………………………………………………… (26)
第四节 区域重磁场特征 ……………………………………………………………………… (28)
一、重力场特征 ………………………………………………………………………………… (28)
二、航磁 ΔT 异常特征 ………………………………………………………………………… (30)
第五节 区域地球化学特征和区域自然重砂异常特征 …………………………………… (33)
一、地球化学背景 ……………………………………………………………………………… (33)
二、铅锌地球化学异常特征 …………………………………………………………………… (34)
三、区域自然重砂异常特征 …………………………………………………………………… (40)
第六节 区域矿产特征 ………………………………………………………………………… (40)

第四章 重要矿产特征 …………………………………………………………………………… (47)
第一节 铅锌(铜)矿 …………………………………………………………………………… (47)
一、大调查找矿新成果 ………………………………………………………………………… (47)

二、典型矿床 ………………………………………………………………………………………（72）
　　三、区域成矿规律 …………………………………………………………………………………（77）
第二节　金矿、银矿 ……………………………………………………………………………………（82）
　　一、大调查找矿新成果 ……………………………………………………………………………（82）
　　二、典型矿床 ………………………………………………………………………………………（94）
　　三、区域成矿规律 …………………………………………………………………………………（115）
第三节　铁矿、锰矿 ……………………………………………………………………………………（122）
　　一、大调查找矿新成果 ……………………………………………………………………………（122）
　　二、典型矿床 ………………………………………………………………………………………（131）
　　三、区域成矿规律 …………………………………………………………………………………（141）

第五章　区域成矿规律 ………………………………………………………………………………（149）

第一节　控矿地质因素 …………………………………………………………………………………（149）
　　一、沉积岩建造组合与成矿关系 …………………………………………………………………（149）
　　二、火山岩岩石构造组合与成矿关系 ……………………………………………………………（154）
　　三、侵入岩岩石构造组合与成矿关系 ……………………………………………………………（154）
　　四、变质作用与成矿的关系 ………………………………………………………………………（154）
第二节　成矿区带划分及特征 …………………………………………………………………………（155）
　　一、Ⅲ-66 东秦岭成矿带 …………………………………………………………………………（156）
　　二、Ⅲ-74 四川盆地成矿区 ………………………………………………………………………（157）
　　三、Ⅲ-73 龙门山-大巴山（陆缘坳陷）成矿带 …………………………………………………（158）
　　四、Ⅲ-77 上扬子中东部（坳褶带）成矿带 ………………………………………………………（159）
　　五、Ⅲ-78 江南隆起西段成矿带 …………………………………………………………………（163）
第三节　重要矿集区特征 ………………………………………………………………………………（168）
　　一、湖北竹山银金稀土矿集区（KJ-1）……………………………………………………………（169）
　　二、湖北神农架铁铅锌磷矿集区（KJ-2）…………………………………………………………（169）
　　三、湖北兴山-宜昌金银锌钒磷矿集区（KJ-3）…………………………………………………（169）
　　四、湖北建始-五峰铁硫煤矿集区（KJ-4）………………………………………………………（169）
　　五、湖南龙山-石门铁磷铅锌多金属矿集区（KJ-5）……………………………………………（170）
　　六、湖南永顺-花垣锰铅锌多金属矿集区（KJ-6）………………………………………………（170）
　　七、湖南沅陵-怀化铜铅锌多金属矿集区（KJ-7）………………………………………………（170）
　　八、湖南新晃重晶石矿集区（KJ-8）………………………………………………………………（171）
　　九、湖南白马山穹隆金锑多金属矿集区（KJ-9）…………………………………………………（172）
第四节　成矿作用的时空演化规律 ……………………………………………………………………（172）
　　一、成矿作用的时间演化 …………………………………………………………………………（172）
　　二、矿床的空间分布规律 …………………………………………………………………………（173）
第五节　区域成矿系列 …………………………………………………………………………………（174）
　　一、元古宙成矿系列 ………………………………………………………………………………（175）
　　二、早古生代成矿系列 ……………………………………………………………………………（175）
　　三、晚古生代成矿系列 ……………………………………………………………………………（175）
　　四、中生代成矿系列 ………………………………………………………………………………（175）
　　五、新生代成矿系列 ………………………………………………………………………………（178）

主要参考文献 ……………………………………………………………………………………………（179）

第一章 概 述

第一节 成矿带范围及自然地理概况

湘西-鄂西成矿带是中国地质调查局在大调查成果的基础上于2006年正式确立的国家级重要成矿带之一。该成矿带北起秦岭造山带，南至白马山岩体，西自重庆开县—贵州镇远一线，东达江汉平原西缘。地理坐标为东经108°00′—112°00′，北纬27°00′—33°00′，面积约$18\times10^4 km^2$。区内交通较方便(图1-1)，焦柳、渝怀铁路通过本区，国道209、318、319、321等线纵横南北西东。该区地处我国东-西部结合带，地貌上位于第一台阶(长江中下游平原)与第二台阶(云贵高原)的过渡带，是我国地形切割、地势高差最大的地区之一。区内以山地地貌为显著特点，主要山系有大巴山、武陵山及雪峰山等，较大规模的盆地有鄂西的恩施盆地和湘西的沅麻盆地。区内植被发育，基岩出露中等。本区属亚热带湿润季风气候，年平均气温14～16℃，冬季寒冷，1月份平均气温2～5℃，夏季凉爽，7月份平均气温22～28℃，全年无霜期235～290天，年降雨量770～1471mm，夏季降雨较集中，且多雷雨天气，为山洪、滑坡、泥石流等地质灾害多发期。区内居民点较分散，山多地少，工业欠发达，仅有一些"三线"企业和小型矿山，国民经济增速缓慢。自国土资源大调查工作开展以来，该区及邻区找矿工作取得了显著成果，引领和拉动了大量的社会资金进入区内开展矿产勘查和开发工作，促进了当地经济的发展。

第二节 国土资源大调查概况

自1999年地质大调查工作开展发来，在湘西、鄂西地区设置了"鄂西北地区银多金属资源评价""雪峰山地区金铜多金属矿评价"和"湘西-鄂西地区铅锌多金属矿评价"3个计划项目，包含湖北武当-神农架地区铅锌矿评价等16个找矿项目(表1-1)，同时在区内重要地段开展了1∶5万矿产远景调查，铅锌、铜、锰、锑、金矿评价工作获得了一批重要成果，找矿工作取得重要进展。新发现的神农架冰洞山铅锌矿($333+334_1$)铅锌资源量为$144\times10^4 t$，凹子岗锌矿床($333+334_1$)锌资源量为$12\times10^4 t$；湘西龙山-保靖地区探获($333+334_1$)铅锌资源量为$255\times10^4 t$，同时新发现了唐家寨、卡西湖、且溪科、狮子山、白岩四处铅锌矿产地，从北往南划分出洛塔矿田、保靖矿田、花垣矿田和凤凰矿田，预测湘西地区铅锌远景资源量在$2000\times10^4 t$以上，鄂西地区铅锌远景资源量可达$1500\times10^4 t$。1999—2010年期间矿产资源调查评价项目探获资源量见表1-2。

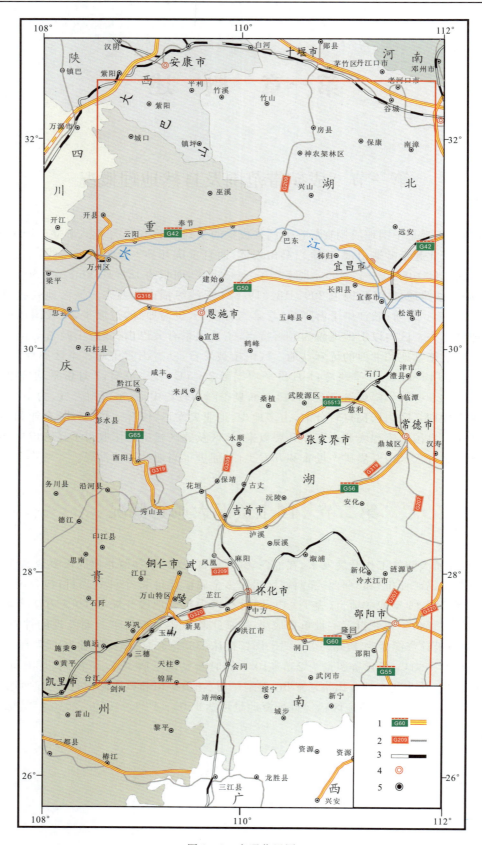

图 1-1 交通位置图
1. 高速公路；2. 国道；3. 铁路；4. 市；5. 县

表1-1 研究区地质大调查期间矿产勘查及矿产远景评价项目一览表

序号	项目名称	承担单位
1	湖北武当-神农架地区铅锌矿评价	湖北省地质调查院
2	湖北神农架地区铜银多金属矿评价	湖北省地质调查院
3	湖北宜昌-恩施地区铅锌矿调查评价	湖北省地质调查院
4	湖北武当隆起西缘银金多金属矿评价	湖北省地质调查院
5	湖北宜昌黄陵地区矿产远景调查	湖北省地质调查院
6	湖北神农架地区战略性矿产远景调查	湖北省地质调查院
7	湖南沅陵县唐浒坪及外围金铜矿评价	湖南省地质调查院
8	湖南怀化-通道金铜钴矿评价	湖南省地质调查院
9	湖南龙山-保靖铅锌矿评价	湖南省地质调查院
10	湖南辰溪-马底驿铜铅锌矿评价	湖南省地质调查院
11	湖南团山-牛坡头优质锰矿评价	湖南省地质调查院
12	湖南花垣-古丈优质锰矿评价	湖南省地质调查院
13	湖南青京寨-桐溪锑金矿评价	湖南省地质调查院
14	湖北宜都-湖南桑植铅锌多金属矿调查评价	宜昌地质调查中心（现为武汉地质调查中心）
15	上扬子地块及其周缘铅锌多金属矿综合评价	宜昌地质调查中心
16	湖北鹤峰-湖南龙山地区矿产远景调查	宜昌地质调查中心

表1-2 资源量一览表

矿种	单位	333	334_1	合计
Au	t	4	111.41	115.41
Ag	t	17	1423.02	1440.02
Pb＋Zn	$\times 10^4$ t	76.83	580.26	657.09
Cu	$\times 10^4$ t	1.55	42.34	43.89
锰矿石量	$\times 10^4$ t	731	1297	2028

第二章 以往地质工作程度

研究区地质工作历史悠久,早在20世纪20—30年代,李四光、黄汲清、叶连俊等地质学家先后到本区进行过地质矿产调查研究工作,初步确定了区内的地层层序、构造轮廓、矿产种类和分布特点。近几十年来,区内地质工作得到蓬勃发展,基础地质、物化探、遥感、矿产普查及专题研究相继开展,在地学各领域都取得了丰硕的成果。

一、区域地质调查工作程度

研究区已全面完成1:100万、1:50万、1:25万和1:20万区域地质调查。1:20万区域地质调查于20世纪50年代中期开始,至"六五"前全面完成;1:25万以修测为主,至2012年已全部完成;1:5万区域地质调查完成215幅,面积92 450km²,占55.3%,其中国土资源大调查前部署140幅,面积60 200 km²,占36%,国土资源大调查部署75幅,面积32 250km²,占19.3%(附图1)。

二、区域矿产勘查程度

研究区矿产地质工作程度总体较低,但已发现的矿种多样,计有Au、Ag、Cu、Pb、Zn、Fe、Mn、V、磷矿、石墨矿和高岭土矿等。铅锌矿床(点)多、面广,成带、成片分布,从震旦系陡山沱组、灯影组、寒武系至奥陶系中下统均有铅锌矿层(体)产出。但早期的矿产勘查工作主要集中在少数矿床(点)上,有关成矿带上的系统性工作则较为缺乏。同时,除少数矿区外,大部分地段未进行过勘探和普查。

大调查以来,共开展矿产远景调查89个图幅(附图2),面积38 270km²,占总面积的22.9%。

三、区域地球物理工作程度

研究区1:100万区域重力和航磁测量及1:20万区域重力测量已全面完成,部分地区开展了1:5万至1:50万区域航磁测量,在部分成矿远景区还开展了1:5万~1:1万不同比例尺的地面磁测、重力、电法、放射性测量。大调查前1:5万地面磁测共完成21幅,面积9000km²,占总面积的5.4%(附图3)。

四、区域地球化学工作程度

1:20万区域地球化学测量已覆盖全区,在部分成矿远景区还开展了1:5万~1:1万不同比例尺的土壤测量、水系沉积物测量、溪流重砂测量等工作。1:5万区域地球化学测量已完成86个图幅,面积37 200km²,占总面积的22.1%,其中国土资源大调查期间共部署47幅(附图4)。

五、区域自然重砂工作程度

1:5万重砂测量完成22个图幅,均为大调查前部署的图幅,占总面积的5.65%。

六、区域遥感地质工作程度

近20年来,由于遥感技术不断成熟,数据源大量积累,计算机软硬件性能大幅度提高,使得遥感应用逐渐普及,效果逐步提高,已成为一种重要的勘查辅助手段。

本区已开展的遥感工作包括：1∶20万遥感地质解译；1∶10万遥感解译；1∶5万遥感地质综合成矿预测；配合1∶5万区域地质矿产调查进行前期解译及信息蚀变提取；1∶5万 MSS 地质构造解译；1∶50万 TM 地质构造解译。这些成果为地质找矿提供了重要的信息。

七、科学研究工作现状

研究区是我国地层学，尤其是新元古代和早古生代地层学研究的重要基地，具有较高的研究程度。该区不仅有我国南华系、震旦系的层型剖面，而且还建立有包括全球中/上寒武统和排碧阶底界、中/下奥陶统和大湾阶底界、上奥陶统赫南特阶底界在内的一系列全球界线层型剖面和点（GSSP），积累了丰富的年代地层学、生物地层学和岩石地层学研究成果（彭善池等，2004；汪啸风等，2005）。20 世纪 80 年代宜昌地质矿产研究所完成的《长江三峡地层古生物》系列专著，系统地建立了三峡地区的岩石地层格架和生物地层系列，为区域地层对比奠定了良好基础。在层序地层研究方面，20 世纪 90 年代由王鸿祯领导的研究团体，通过对"中国古大陆及其边缘层序地层和海平面变化"的研究（王鸿祯等，2000）推动了区内新元古代至中生代层序划分和对比工作的深入开展。殷勇等（1997）、王自强等（2001）分别对湘西北地区新元古界和黄陵地区震旦系的沉积层序进行了研究，并建立了华南地区震旦系等时层序地层格架；密文天等（2010）将宜昌白果园陡山沱组划分为 6 个三级层序；段其发和张仁杰（1999）、梅冥相等（2005a，2005b，2006）、周雁等（2004）、汪啸风等（2004）和王传尚等（2011）对研究区的震旦系—二叠系层序地层及海平面变化进行了研究。在岩相古地理学研究方面，围绕华南洋盆的演化和相关沉积-层控矿产资源的普查和勘探，国内不同部门和行业曾多次在区内开展过不同程度和范围的岩相古地理研究工作。王鸿祯（1984）、刘宝珺和许效松（1994）、蒲心纯等（1993）和夏文杰等（1994）对中国南方各时代沉积相和古地理的研究，为在该区开展沉积盆地分析和沉积-层控矿床研究奠定了基础。20 世纪 90 年代以来，各时代岩相古地理图（冯增昭等，2001）、岩石地层单位清理（湖北、湖南、四川、贵州省岩石地层清理）和中国各时代地层典的出版，为开展该区的地质和矿产研究工作提供了丰富的资料。柳永清等（2003）对震旦系的沉积相进行了研究，认为峡东地区震旦系为缓坡型台地碳酸盐岩沉积序列，陡山沱组从下往上发育内缓坡相的潮上带—潮间带含膏盐萨布哈、环潮坪碳酸盐岩、陆源碎屑岩混积、中外缓坡相潮间带—潮下带和盆地相沉积。此外，围绕华南大地构造问题，我国地质学家对华南地区构造演化等的研究也取得了一系列重要成果。

黄陵地区是扬子地块最老基底岩系的出露区，保留了新太古代以来大陆地壳地质演化过程的丰富信息。崆岭高级变质地体主要由 TTG 片麻岩、斜长角闪岩（局部保存有基性麻粒岩）和变沉积岩组成。对黄陵地区的研究工作始于 20 世纪 80 年代后期，袁海华等（1991）认为黄陵结晶基底属花岗-绿岩地体；李福喜和聂学武（1987）、马大铨等（1997，2002）根据岩浆演化关系，对黄陵岩基的组成单元进行了详细划分，根据岩石学、矿物学、地球化学和同位素年代学特征，讨论了侵入岩浆的起源及形成大地构造环境，并对黄陵断穹北部结晶基底物质组成进行了探索；熊成云等（2004）运用构造筛分与成生联系解析的综合研究方法，在黄陵地区厘定了阜平、吕梁（兴山）、四堡（神农）、晋宁（花山）等构造运动及相关的岩浆、变质事件，建立了黄陵（崆岭）杂岩时序以及由近东西向、北东向、北西向三类古构造带复合的前南华纪古构造格架，提出了四堡期的圈椅淌滑脱构造系。随着同位素年代学方法和技术的进步，近年来获得了关于黄陵地区崆岭高级变质体的一系列高精度定年成果。研究表明，大部分崆岭 TTG 片麻岩和混合岩的原岩形成年龄为 2.90～2.96Ga（Zhang et al，2006a，2006b；郑永飞和张少兵，2007），焦文放等（2009）识别出了年龄为 3.22Ga 的长英质片麻岩，它代表了目前已知的扬子地区最古老的基底岩石。在变沉积岩中，变质锆石的 U-Pb 年龄为 1950～2010Ma，而其中碎屑锆石的 U-Pb 年龄为 2.8～3.2Ga（Gao et al，1999；Zhang et al，2006）。同时在南华系—下寒武统地层中也获得了一批高精度的测年数据，进一步厘定了板溪群（下江群）—下寒武统牛蹄塘组之间各岩石地层单位的地质时代（Zhou et al，2004；Condon et al，2005；Chu et al，2005；Yin et al，2005），为深入研究该区的早期地质演化提供了重要的年代学基础。

第三章 区域成矿地质背景

第一节 地层及含矿性

湘西-鄂西地区具有太古宙—古元古代变质杂岩系组成的结晶基底和中元古代—新元古代早期变质沉积-火山岩系组成的变质基底,与震旦系—中三叠统的海相沉积盖层和上三叠统—新生界的陆相沉积盖层一起构成的"双基双盖"结构,其特征明显不同于华北陆块等地区。本区出露的各时代地层列于表 3-1。结晶基底岩系崆岭杂岩分布于鄂西黄陵地区,为扬子地块出露的最古老地层。崆岭杂岩经历了高角闪岩相—低麻粒岩相变质作用,主体为太古宙 TTG 岩套或灰色片麻岩,不同程度地含有呈透镜状、石香肠状产出的斜长角闪岩;其上为一套古元古代孔兹岩系表壳岩,岩性以含石墨和富铝矿物(矽线石、石榴石等)的云母片麻岩和英云片岩为主,夹大理岩、石英岩、斜长角闪岩、变粒岩和浅粒岩。崆岭杂岩中结晶岩系和变质表壳岩之间为韧性剪切带接触。新元古代变质褶皱基底主要分布在该区南部和北部。北部为武当岩群、耀岭河组和神农架群,南部由冷家溪群和梵净山群等组成,总厚度一般大于 5000m,局部可达 10 000m 以上。雪峰运动(800～760Ma)使本区由活动的陆缘转化为稳定区,从南华纪开始了盖层的沉积。

晋宁运动导致了新元古代早期(1000～820Ma 之间)地层的缺失(陈文西等,2007),约 800Ma 的新元古代开始,于南华纪早期开始的地壳拉张活动首先在神农架地区发育一套厚度巨大、以火山碎屑岩为主的沉积(马槽园组)及以河湖相和滨—浅海相碎屑岩、冰碛砾岩为主的沉积(南沱组);而在湘西地区则伴随华南裂谷盆地的形成和发展,广泛发育了厚度巨大的远洋碎屑岩(板溪群马底驿组和五强溪组)类复理石建造和冰水沉积(江口组)砂砾岩建造。南华系持续而广泛发育的冰川作用,导致海洋中存储了大量的有机质和天然气水合物,以至在冰期结束后,伴随冰川的消融和海洋中天然气水合物的不断渗漏,首先在震旦纪初期(陡山沱组底部)沉积了物理化学性质独特(如碳同位素等强烈异常)的"盖帽白云岩"。

在全区范围内震旦纪地层的沉积序列和岩石组合具有相似的特征,总体上表现为由含磷黑色岩系过渡到白云岩地层的进积型沉积。但从陡山沱期晚期开始,湖南张家界以南的湘西地区继续为裂谷盆地,而张家界以北地区则开始转入稳定的碳酸盐岩台地沉积。古生代时期发生了晚奥陶世中期和早志留世晚期的两次区域地壳抬升,导致扬子地台整体抬升和扬子地台南缘盆地的闭合。

区内广泛分布的新元古代和早古生代地层不仅记录了本区沉积盆地的生长、发展和消亡演化史,同时形成了我国南方层控铅锌矿、铜矿和锰矿等矿床的重要矿源层及储矿层位。

一、岩石地层特征

(一)太古宙—中元古代地层

区内前寒武纪早期基底岩系以崆岭杂岩和神农架群为代表。崆岭杂岩位于宜昌黄陵地区,由下部的基底片麻岩和上部的表壳岩两部分组成,前者曾称为东冲河片麻杂岩,主体为闪长质-英云闪长-奥长

表 3-1 研究区岩石地层划分简表

年代地层(Ma)			岩石地层			构造运动
界	系	统	武当地区	鄂西地区	湘西地区	
新生界	第四系		冲—洪积物			
	新近系		沙坪组 / 上寺组	掇刀石组		喜山运动
	古近系		核桃园组 / 大仓房组 / 玉黄顶组	牌楼口组 / 洋溪组 / 龚家冲组 / 跑马岗组	中村组 / 百花亭组	
中生界	白垩系	上统	寺沟组	红花套组 / 罗镜滩组	神皇山组	燕山运动
		下统		五龙组 / 石门组	栏垅组	
	侏罗系	上统		蓬莱镇组 / 遂宁组		
		中统		沙溪庙组		
		下统		千佛崖组 / 桐竹园组	自流井组	
	三叠系	上统		九里岗组 / 二桥组	火把冲组	印支运动
		中统		巴东组		
		下统		嘉陵江组 / 大冶组		
上古生界	二叠系	上统		大隆组	吴家坪组	
		中统		龙潭组 / 孤峰组 / 茅口组		东吴运动
		下统		栖霞组 / 梁山组		
	石炭系	上统		船山组 / 黄龙组		
		下统		大浦组 / 和州组 / 高骊山组 / 金陵组		
	泥盆系	上统		写经寺组		
		中统		黄家磴组 / 云台观组		广西运动
下古生界	410 志留系	中统	竹溪组	纱帽组 / 罗惹坪组		
		下统	梅子垭组 / 大贵坪组	新滩组 / 龙马溪组		
	438 奥陶系	上统		宝塔组 / 庙坡组		宜昌上升
		中统		牯牛潭组		
		下统	权河口组	大湾组 / 红花园组		
	490 寒武系	芙蓉统	高桥组	南津关组	桐梓组	郁南运动
		第三统	竹山组	娄山关组	比条组 / 车夫组	
			黑水河组 / 八卦庙组		花桥组	
		第二统	毛坝关组 / 箭竹坝组 / 鲁家坪组	覃家庙组 / 石龙洞组 / 天河板组	高台组 / 敖溪组 / 清虚洞组	
		纽芬兰统	庄子沟组 / 杨家堡组	石牌组 / 牛蹄塘组		惠亭运动
	543 震旦系	上统	霍河组	灯影组	留茶坡组	
	680	下统	江西沟组	陡山沱组	金家洞组	
新元古界	南华系	上统	耀岭河组	大塘坡组		雪峰运动
		下统	武当岩群	古城组 / 马槽园组 / 莲沱组	江口组 / 东山峰组 / 板溪群 / 五强溪组 / 马底驿组	
	青白口系			孔子河组	冷家溪群	晋宁运动
中元古界	1000 蓟县系			神农架群 / 矿石山组 / 太窑坑组 / 石槽河组 / 郑家垭组	峡岭群 / 力耳坪岩组	
	长城系				(未见底)	
古元古界	1800			黄凉河岩组		
	太古宇			野马洞岩组		

花岗-花岗闪长(TTG)质片麻岩和花岗质片麻岩,其中含有不同规模的斜长角闪岩包体,它们共同组成了黄陵地区结晶基底岩系的主体。基底岩石经历了高角闪岩相至麻粒岩相变质作用,并发育不同程度的混合岩化作用。TTG片麻岩原岩主体的形成年龄为2947～2903Ma,时代为中太古代,变质年龄为2739～2729Ma(高山等,2001),目前在黄陵地区已知的最古老岩石为3302±7Ma(Gao et al,2011)。据新近完成的1:25万宜昌幅区域地质调查工作,将崆岭杂岩自下而上划分为野马洞岩组、黄凉河岩组、力耳坪岩组和顶部的白竹坪火山碎屑岩建造,而将神农架群自下而上划分为郑家垭组、石槽河组、大窝坑组和矿石山组。

崆岭杂岩各岩组的主要特征分述如下。

野马洞岩组 主要为一套具混合岩化特征的变质岩,主要岩性有斜长角闪岩、黑云斜长变粒岩、黑云角闪斜长片麻岩、石英片岩、角闪片岩和黑云片岩,为高角闪岩相(局部麻粒岩相)变质,原岩为一套拉斑玄武质-英安质火山岩建造。该岩组多呈不同规模的透镜体、不规则包体群赋存于东冲河片麻杂岩和晒家冲片麻岩中,并与交战垭超镁铁质岩共生。受后期岩浆作用和变形-变质改造的影响,这套变质岩系在空间分布上极为不连续,较集中地出露于圈椅埫岩体周边的野马洞和白果园等地。高山等(2001)获得该区奥长花岗质片麻岩的锆石年龄为3051±12Ma和2947±5Ma,前者被解释为继承锆石的年龄,可代表野马洞岩组的成岩年龄,后者为奥长花岗片麻岩的侵入年龄;野马洞岩组斜长角闪岩的Sm-Nd等时线年龄为2913Ma(凌文黎等,1997)。这些结果表明,野马洞岩组的形成时代为中太古代,代表了区内出露的最老岩石单元。

黄凉河岩组(杨坡岩组) 主要由富铝片岩-片麻岩和榴线英岩、长英质粒岩、斜长角闪岩、大理岩和钙镁硅酸盐岩组成。富铝岩石主要为含石墨砂线石榴黑云斜长片麻岩、石榴黑云斜长片麻岩、含石墨红柱石石榴石二云片岩和红柱石十字石二云片岩,部分地段可见富含石墨的二云片岩和成矿的(黑云)石墨片岩等。榴线英岩是本区孔兹岩系中最具特征的岩石,多在富铝片岩或片麻岩中呈灰白色薄夹层或小透镜体产出,主要沿马良坪、二郎庙、黄凉河、石板垭、坦荡河一带分布。由于小坪岩体的侵入和后期构造(如雾渡河剪切带)的改造,造成该岩组在空间上延伸不连续,另外在东冲河片麻杂岩中呈残片少量出露。原岩主要为长石质细砂岩和富黏土质粉砂岩夹黏土质页岩及黏土岩。岩石中碎屑锆石U-Pb年龄多为1800～2500Ma之间,指示了古元古代的沉积时代,属变质结晶基底之上的表壳岩系。

局部出露的杨坡岩组仅分布于钟祥胡集岳家湾一带,未见顶底。其西侧被南华系莲沱组覆盖,东侧为第四系,且南北两侧受新元古代岩浆岩侵入而地层出露不全。主要由片岩类、变粒岩类和斜长角闪岩类组成,其形成时代可能与黄凉河岩组一致,为古元古代。

力耳坪岩组 岩性为厚层状细粒斜长角闪岩、绿帘斜长角闪岩和绿帘角闪(片)岩,偶夹黑云斜长片麻岩条带。在高岚镇一带由厚层细粒斜长角闪岩、绿帘斜长角闪岩、绿帘角闪(片)岩夹黑云斜长片麻岩和变粒岩组成;在竹林湾一带其岩性以黑云斜长片麻岩、变粒岩、斜长角闪岩为主,斜长角闪岩常呈夹层或透镜体分布于黑云斜长片麻岩中。原岩主要为拉斑玄武质火山岩,其次为铁镁质侵入岩。该岩组分布于黄陵地区,为黄陵地区金矿的主要矿源层。该岩组与下伏古元古代黄凉河岩组呈不整合接触,在高岚镇一带被青白口纪孔子河组角度不整合覆盖,竹林湾一带被新元古代花岗岩侵入。与其相当的黄陵南部庙湾斜长角闪岩Sm-Nd等时线年龄为1606±81Ma(胡正祥,1990),形成时代属中元古代。

神农架群地层特征分述如下。

郑家垭组 下部为深灰色厚层状、块杂砾岩、含砾砂岩、杂砂岩和粉砂岩;中部为深灰—灰黑色薄—中层状泥质炭质粉砂岩、页(板)岩、硅质岩夹薄层灰绿色火山凝灰岩;上部为深灰色中薄层炭质粉砂岩、粉砂岩、细砂岩和灰白色中层状石英砂岩,顶部为紫红色、灰绿色碱性玄武质火山岩和凝灰岩,发育杏仁状和气孔构造。地层厚度大于1607m,被认为属神农架群最下部层位,但近期对姜家桥附近郑家垭火山岩地层开展的锆石U-Pb定年获得了1103±8Ma的形成年龄,并提出郑家垭组地层可能为神农架群的顶部地层(Qiu et al,2011)。该组地层中部深水盆相沉积在铁厂河、湘江河等地形成小型钒矿床,在顶部火山岩及其附近有铜矿化现象。

石槽河组 下部为白云质角砾岩、含砾白云质砂岩、白云质粉砂岩、角砾状灰岩、微晶灰岩和炭泥板岩;中部为灰色含燧石条带白云岩、硅质条纹白云岩、叠层石白云岩、纹层状细晶白云岩、中厚层状细晶白云岩夹少量砾屑砂屑白云岩等,常见叠层石,以小型、波状或半球状为主;上部以紫红色白云质粉砂岩、粉砂岩和泥质白云岩为主,岩石层面上可见石盐假晶、干裂、波痕等,属蒸发泻湖相沉积物。地层总厚度约2300m。石槽河组中上部紫红色岩系所夹的浅色白云岩中有小型铜矿床,可与昆阳群铜矿对比。

大窝坑组 下部为杂色厚层—块状硅质砾岩、含砾砂岩、石英砂岩、紫红色厚层状粗—中细粒岩屑砂岩、粉砂岩和炭泥质页(板)岩;上部为灰—浅灰色薄层泥质白云岩、含燧石结核条带白云岩、叠层石白云岩、含砾屑砂屑鲕粒白云岩和中厚层细晶白云岩等。叠层石为柱状、半球状。地层厚度约353m。

矿石山组 下部为深灰色砂岩、粉砂岩、炭泥质页(板)岩夹赤铁矿层,局部夹薄层硅质岩;上部为浅灰色—深灰色巨厚叠层石白云岩、纹层状白云岩、中厚层状白云岩夹砾屑砂屑白云岩。地层厚度约281m。该组地层以含赤铁矿层为特征,在矿石山、铁厂河、马槽园和老虎顶等地形成小型铁矿床,层位稳定且易于开采。

神农架群虽然有部分年龄资料,但除郑家垭组火山岩外,其他组地层样品采用不同方法甚至同一方法所取得的年龄数据相差较大。在1:25万区域调查报告中,暂将郑家垭组归入中晚长城纪,石槽河组、大窝坑组、矿石山组归于蓟县纪。但值得注意的是,Qiu等(2011)根据所获得的火山岩年龄,郑家垭组顶部火山岩层形成时代为中元古代晚期,属蓟县纪,且在地层剖面的空间关系上将石槽河组、大窝坑组和矿石山组置于郑家垭组之下。

(二)新元古代地层

1. 青白口纪地层

冷家溪群 分布于雪峰山地区,是湖南境内出露最老的岩石地层单位。由灰色、灰绿色绢云母板岩、条带状板岩、粉砂质板岩、岩屑杂砂岩和凝灰质砂岩组成,具复理石韵律特征的浅变质岩系,局部地段夹变质基性—酸性火山岩,属于陆缘岛弧沉积环境(孙海清等,2012)。近年来,在冷家溪群及其相当的地层(四堡群、梵净山群)砂岩中获得的最年轻碎屑锆石年龄为870~860Ma(Wang et al,2007;周金城等,2008),代表江南造山带基底地层的最早沉积年龄;在石门杨家坪剖面与冷家溪群相当的张家湾组(老山崖组)上部凝灰岩锆石SHRIMP U-Pb年龄为809±16Ma(尹崇玉等,2003);在雪峰沧水铺地区冷家溪群顶部砂岩中,最年轻碎屑锆石的峰值年龄为864Ma,代表了冷家溪群的沉积年龄下限(张玉芝等,2011)。目前冷家溪群的时代已限定在862~820Ma(高林志等,2012;孙海清等,2012),时代为新元古代早期。

板溪群 岩性主要为灰、灰绿色变质粉砂岩、粉砂质板岩夹晶屑凝灰岩、沉凝和岩屑细砂岩。自下而上划分为马底驿组和五强溪组。研究认为,870~820Ma之间或850Ma以后的新元古代中期华夏板块与华南板块的碰撞造山作用,致使上覆板溪群高角度不整合覆盖在冷家溪群之上(Zhao、Cawood,1999;舒良树等,1995)。锆石SHRIMP U-Pb定年结果表明,湘南板溪群底部火山岩年龄为814±12Ma(王剑等,2003),重庆秀山凉桥板溪群中上部(红子溪组)凝灰岩年龄为792±9Ma,代表新元古代中期沉积盆地早期扩张阶段的结束时间(汪正江等,2009)。黔东北板溪群下部(鹅家坳组)火山凝灰岩的年龄为780±9Ma(汪正江等,2010),在黔东南与板溪群相当的下江群下部(甲路组二段一亚段)基性火山岩年龄为788.4±2.6Ma(曾雯等,2005)、斑脱岩(凝灰岩)年龄为814±6.3Ma,而中上部层位(清水江组)斑脱岩年龄为773.6±7.9Ma(高林志等,2010)。

马底驿组 主要分布于湘西地区,且空间上南、北差异较大。北部地区底部由紫红色及少量灰白色厚层至块状变质石英砾岩、砂砾岩、含砾砂岩和石英粗砂岩等碎屑岩组成,向上则变为紫红色、少量灰绿色中至厚层浅变质中—细粒石英砂岩、长石石英砂岩、岩屑砂岩、粉砂岩和砂质板岩与板岩等组成的韵律层,韵律层具由下往上变细、变薄的特点。据岩石组合可分为五段:第一段主要为紫红色薄层状粉砂质板岩夹灰绿色粉砂质板岩,中—薄层状泥质粉砂岩及中—薄层状或透镜状细晶白云岩;第二段以灰绿色薄层状粉砂质板岩为主,含钙质粉砂质细层或条带;第三段主要为紫红色粉砂质板岩,富含砂质条带及砂岩透镜体,局部夹薄—中层砂岩;第四段为灰绿色粉砂质板岩夹中—厚层状不等粒岩屑石英砂岩及石英岩状砂岩;第五段为灰紫色薄层状粉砂质板岩夹中层状变质细—粉砂岩。五个岩性段分别反映了临滨带—滨外带沉积环境。岩石的主体颜色由紫红色向灰绿色的变化,代表了水体与氧化界面的相依关系,前者反映了氧化环境,后者则代表了还原环境。南部地区出现火山岩,地层可划分为三段:下段是以灰绿色为主的块状或巨厚层浅变质砾岩、砂砾岩和砂质板岩,局部地区下部为安山质集块岩;中段是以紫红色为主的浅变质粉砂质板岩、砾质板岩、钙质板岩夹灰岩、泥灰岩薄层或透镜体,局部地段灰岩具铜矿化或夹浅色含铜板岩,在古丈、沅陵、安化、溆浦等地铜矿化较好,可构成矿体;上段为深灰色变余沉凝灰岩夹砂质板岩、条带状板岩和粉砂岩,下部夹数层黑色炭质板岩。马底驿组为主要含铜矿层位,矿体赋存于马底驿组第三段或中段富含砂质条带或砂岩透镜体的紫色夹灰绿色粉砂质板岩中。

五强溪组 底部和顶部为灰白色块状含砾石英砂岩和含砾岩屑杂砂岩,中部为浅灰、灰绿色中厚层状长石石英细砂岩、凝灰质细粉砂岩、岩屑石英杂砂岩、条带状板岩和凝灰质板岩组成的韵律层,偶夹沉凝灰岩和晶屑凝灰岩,向上砂岩含量减少,粒度变细,凝灰质含量增高。在古丈地区为灰色、灰白色块状长石石英砂岩、含砾长石石英砂岩和灰绿色长石石英杂砂岩与紫红色粉砂质板岩组成的韵律层。古丈地区该下部凝灰岩的锆石年龄为 809±8Ma(张世红等,2008),芷江地区五强溪组顶部凝灰岩的锆石年龄为 725±10Ma(Zhang et al,2008)。

综上所述,板溪群时代为 814~725Ma,属新元古代中期。

孔子河组 下部为变质绢云砂砾岩、含砾砂岩和石英岩,上部为厚度较大的含炭绢云千枚岩、绢云千枚岩、绢云片岩和绢云石英片岩。岩石中可见变余水平层理和变余交错层理。原岩为海相陆源碎屑沉积的泥砂质岩类。该组仅见于黄陵地区北西边缘孔子河河谷中。顶部被南华纪南沱组微角度不整合覆盖,与下伏地层呈不整合接触。地层厚度大于 1225m。

白竹坪火山碎屑岩建造 分布于黄陵结晶基底周缘,底部为变粉砂岩,上部为酸性晶屑凝灰岩;在圈椅埫岩体西见变酸性岩屑凝灰岩覆盖于东冲河片麻杂岩之上。

2. 南华纪地层

南华纪地层在南秦岭造山带为武当岩群、耀岭河组,而在扬子区自下而上划分为:下统板溪群和莲沱组、古城组和大塘坡组,上统为南沱组。在雪峰山地区自下而上为冷家溪群、板溪群、江口组、大塘坡组和南沱组。

武当岩群 出露于湖北省西北部郧县、郧西县、竹山和房县一带,呈穹隆状产出。穹隆中心为武当岩群,外围为耀岭河群、震旦纪和古生界地层。南部以青峰断裂为界与扬子古生界地层接触,东部被南阳断陷盆地中—新生界地层覆盖。武当岩群为一套变质火山-沉积岩地层,主要由变质基性和中酸性火山岩组成,夹少量变碎屑沉积岩。变质火山岩具双模式特征,下部变质基性火山岩居多,上部变质酸性火山岩比例增高。变质沉积岩与火山岩互层,主要岩性有石英岩、变质砂岩、绢云片岩和少量大理岩,其上被新元古代耀岭河组变沉积-火山岩系、陡山沱组、灯影组和古生界沉积岩系不整合覆盖。武当岩群自下而上划分为杨坪岩组、双台岩组和挡鱼河岩组。杨坪岩组为一套以陆源碎屑岩为主,偶夹少量变质火山岩的岩石组合;双台岩组为一套以变火山岩为主,夹少量变沉积岩的组合,岩性主要为酸性火山碎屑岩、变酸性晶屑凝灰岩、石英角斑岩、基性火山岩、基性火山凝灰岩和少量长石石英杂砂岩、黏土质粉砂岩;挡鱼河岩组为一套以细粒陆缘碎屑岩为主体,夹少量变酸性火山岩的组合。

武当岩群火山-沉积岩地层的形成年龄长期存有争议。在早期的研究工作中,积累的锆石 U-Pb 年龄有 2442Ma 和 2417Ma 的结果,也有变质酸性火山岩形成于 1304Ma、1044Ma 以及 1967±13Ma 的颗粒锆石 U-Pb 年龄(刘国惠等,1993);而采用其他定年方法获得的变质火山岩等时线年龄有 1927Ma 和 1175~871Ma(Sm-Nd 法和 Rb-Sr 法,张宗清等,2002)。但最近的同位素定年结果表明,武当岩群形成的时间应为新元古代中期,而早期获得的较老年龄可能与所分析锆石为地层中的捕获成因锆石、颗粒级锆石化学法分析的锆石含有继承核,或与造山带中地质单元 Rb-Sr 同位素体系开放行为等有关。凌文黎等(2007)通过对武当岩群出露区 5 条主干剖面中双台组火山岩进行了系统的锆石 U-Pb 定年,获得了757±2～752±4Ma的谐和年龄,其加权平均年龄为755±3Ma,并解释为火山岩地层的形成年龄,在这些样品中同时识别出了803～833Ma的捕获锆石。此外,蔡志勇等(2006)对上部变沉积岩组凝灰岩进行的锆石U-Pb定年,获得的年龄为744±36Ma。这些定年成果表明,武当岩群的形成时代应约为750Ma的新元古代南华纪。

武当岩群变质火山岩原岩经历了多期后期强烈的变质变形作用和热事件改造(张宗清等,2002),其变质程度达绿片岩相—高绿片岩相。

耀岭河组 岩性以基性熔岩(玄武岩、玄武安山岩)及凝灰岩为主,伴有少量角斑岩、石英角斑岩、粗面岩、流纹岩和凝灰岩类及少量沉积岩(碎屑岩和碳酸盐岩)层,可能夹有冰筏、冰碛沉积。李怀坤等(2003)曾报道了基性火山岩锆石U-Pb年龄为808Ma,凝灰岩为808～746Ma,而蔡志勇等(2007)获得的火山岩单颗粒锆石U-Pb年龄为632Ma。凌文黎等(2007)对耀岭河组中的流纹岩和侵入武当岩群中的基性岩岩席进行了较系统的锆石U-Pb定年,获得的年龄为686±3～682±6Ma,加权平均年龄为685±5Ma,而基性岩席的年龄为679±3Ma,在误差范围内与耀岭河组相同。根据近年来的这些高精度同位素定年成果,耀岭河组(及侵入武当岩群的基性岩席)应形成于约为685Ma的南华纪,该认识与耀岭河组地层不整合覆盖于约785Ma武当岩群的地质观察相符合。耀岭河组地层经历了较低程度的变质和变形,变质程度为低绿片岩相。

莲沱组 分布于黄陵—神农架地区,为一套由下向上粒度由粗变细的紫红色碎屑岩系,主要由紫红色、黄褐色厚层状石英质砾岩、浅紫红色厚—中层状含砾粗砾石英砂岩与长石石英砂岩、紫红色、灰绿色中—薄层状细砂岩、粉砂岩和沉凝灰岩、玻屑晶屑凝灰岩组成。莲沱组沉积期是大陆裂陷作用的短暂稳定期,全区仍以夷平剥蚀和岩相古地理分异程度小为特征。在湖南桑植和石门杨家坪以北为河流沉积相区,在大庸和石门以北到杨家坪主要为河口湾潮坪相区,往南到沅陵、常德一带过渡则为滨浅海相区,一直到湘中的洞口水体逐渐加深。在神农架地区,莲沱组不整合于神农架群不同地层和青白口纪凉风垭组之上,在黄陵地区不整合于黄陵岩基之上。莲沱组在神农架地区地层厚度为345m。在湖北宜昌田家园子莲沱组顶部凝灰岩中获得的年轻组岩浆结晶锆石的SHRIMP U-Pb年龄为724±12Ma(高维,张传恒,2009),而在湖南石门杨家坪剖面相当于莲沱组的渫水河组上部,其凝灰岩锆石SHRIMP U-Pb年龄为758±23Ma(尹崇玉等,2003),时代属南华纪早期。

古城组 为灰绿色块状冰碛岩和砂砾岩,属陆相冰川湖沉积,与下伏莲沱组呈平行不整合接触。往南至湘西地区与之相当的地层为江口组,岩性以杂砾岩为主,在中上部有磁铁-赤铁矿层,属六海相沉积,厚度达千余米,神农架地区厚度为19.8m。

大塘坡组(湘锰组) 沉积岩相和地层厚度变化较大。在石门以北主要为黑色薄层状炭质粉砂岩和粉砂质黏土岩,中部夹锰矿层和凝灰岩层,上部为黑色含锰页岩,厚度仅十几米;在大庸和沅陵地区则为灰黑色到灰绿色的含锰砂泥岩,属于陆棚沉积,厚度达80～100m。在黔东南松桃地区大塘坡组凝灰岩中获得的锆石年龄为663～667Ma(Zhou et al,2004;尹崇玉等,2006)。该组是区内最重要的含锰矿层位。

南沱组 由块状灰绿色冰碛砾岩、冰碛含砾砂泥岩和冰碛砂质泥砾岩组成。为较冷气候条件下的陆相冰川和海相冰碛沉积,总体属以大陆冰川为主的沉积环境。冰碛岩的厚度在各地差异较大。南沱组沉积起着填平补齐的作用,它为震旦纪开始的碳酸盐缓坡沉积打下了基础。自湘西往湘东南以冰水沉积为主。南沱组顶界的年龄为635Ma(Condon et al,2005;Chu et al,2005)。

3. 震旦纪地层

扬子区震旦纪为统一稳定的地台区,处于陆表海、浅海碳酸盐岩台地环境,自下而上划分为陡山沱组和灯影组。

陡山沱组 由泥岩、硅质岩、含炭质页岩以及磷块岩等沉积岩组成,底部为白云岩层,即盖帽白云岩。桑植以北地区主要发育浅海和潮坪相碳酸盐岩沉积,桑植以南到古丈发育浅海到深水陆棚相碳酸盐岩夹页岩沉积,而沅陵和常德以南则为硅质岩、页岩夹灰岩和白云岩。在峡东地区该组底部(盖帽碳酸盐岩之上)的凝灰岩获得的锆石U-Pb年龄为628±6Ma(尹崇玉等,2005),在其中部暴露间断面之下火山岩夹层中获得的锆石 U-Pb 年龄为 614±8Ma(刘鹏举等,2009)。泥岩中普遍含钒、银、铅、锌和锰等元素,是区内磷矿、(银)钒矿和铅锌矿等矿产重要的储矿层位。

灯影组(留茶坡组) 主体为开阔海台地-局限台地碳酸盐岩沉积,以白云岩、含燧石条带白云岩和叠层石白云岩为主要岩性。大庸以南灯影组沉积几乎全为硅质岩,偶夹灰岩透镜体,称留茶坡组。在台地前缘斜坡地带常沉积了含磷白云岩或磷块岩。峡东地区灯影组与陡山沱组界线的凝灰岩锆石年龄为549±6Ma(尹崇玉等,2005),在黔东南铜仁坝黄地区与峡东灯影组上部层位相当的老堡组顶部晶屑凝灰岩锆石 SHRIMP U-Pb 年龄为 556±5Ma(卓皆文等,2009)。灯影组中下部是长阳-神农架地区重要的含铅锌矿层位之一。厚度具北厚南薄特征:宜昌灯影峡厚 862m,长阳保甲局厚 285m,而鹤峰走马坪仅厚 220m。

在大巴山东段武当山、十堰地区与灯影组同期的地层由一套泥砂质碎屑沉积物夹少量含铁、锰质的硅质岩和含磷或锰的碳酸盐岩组成(江西沟组),上部为一套巨厚—厚层状的白云质大理岩(霍河组)。

受惠亭运动影响,在震旦纪末至寒武纪初研究区经历了较长时期的暴露和侵蚀作用,形成了广泛的沉积间断和地层缺失,并在研究区东北部出现鄂中古陆,其上缺失早寒武世沉积。

(三)早古生代地层

1. 寒武纪地层

震旦纪与寒武纪之交是华南裂谷盆地向被动大陆边缘盆地演化的重要转折期。寒武纪初期发生的伸展拉张作用,导致了快速海侵,工作区内沉积了一套厚度和岩性较为稳定的黑色岩系(硅质岩系—磷块岩—炭质泥页岩的沉积序列),即牛蹄塘组,反映了显生宙以来的最大的一次海侵(刘宝珺和许效松,1994),属闭塞滞留海盆还原环境,其中富含多种金属元素,钒、钼矿矿化较为普遍,并在底部产有磷矿。之后的石排组沉积了一套灰色薄层状岩屑细砂岩、粉砂岩夹泥岩的地层。至早寒武世晚期区内开始接受碳酸盐岩沉积,在湘西地区由南东往北西,沉积盆地水体逐渐变浅,碳酸钙含量逐渐增多。由于受麻栗场同沉积断裂的影响,在断裂西侧发育了大规模的藻礁,构成清虚洞组的主体岩性,它是湘西地区重要的铅锌矿赋存层位;而在鄂西地区则沉积了浅灰色薄层状泥灰岩、灰色中厚层块状砾屑灰岩(竹叶状灰岩)、颗粒灰岩和鲕粒灰岩(天河板组),以及灰—灰白色厚层状微晶白云岩和黑色薄层状泥灰岩(石龙洞组)。自中寒武世开始,区内普遍发育白云岩,包括高台组(覃家庙组)和娄山关组。其中娄山关组上部的浅滩相亮晶颗粒白云岩普遍发育铅锌矿化,是区内赋存铅锌矿的另一重要层位。

2. 奥陶纪—志留纪地层

早奥陶世早期为浅海陆棚-盆地相,形成的地层以生物碎屑灰岩和页岩为主。随后中奥陶世早期海水退却,本区沉积了开阔台地-台地边缘礁滩相生物灰岩、台地-浅海陆棚相碳酸盐岩。南津关组下部为灰色中厚层状泥粒白云质灰岩、砂屑白云质灰岩、内碎屑灰岩、含鲕颗粒灰岩、生物屑灰岩和砾状白云质灰岩,间夹含钾页岩;中部为浅灰色中—厚层状砂屑灰质白云岩、粒泥粉晶白云岩、鲕颗粒白云岩和生物屑灰质白云岩;上部为灰色中层状泥粒灰岩、颗粒(内碎屑、鲕)灰岩和生物屑灰岩,间夹黄绿色水云母页岩,南津关组厚 181~253m。红花园组为灰色厚层状生物灰岩、生物屑灰岩和泥粒生物屑灰岩夹页岩。大湾组下部为灰绿色、紫红色薄层状含生物碎屑灰岩夹页岩或泥岩,中部页岩或泥岩夹层增多,上部为薄—中层含泥质生物屑灰岩、瘤状生物屑灰岩,大湾组厚 30~80m。牯牛潭组为灰紫及黄绿色中厚层状生物屑泥粒灰岩、含生物屑泥灰岩夹黄绿色页岩,具南厚、北薄的特点:北部宜昌分乡场厚 19m,而南部至松滋灵龟桥厚 32m。庙坡组为灰黑色页岩夹薄层含生物屑粒泥灰岩,北部宜昌分乡厚 1.8m,往南至松滋灵龟桥厚度达 3.5m。宝塔组下部以浅紫红色、灰紫色中厚层状"龟裂纹"含生物屑泥粒灰岩为主,间夹中—薄层瘤状粒泥灰岩,中部为青灰色中厚层瘤状生物屑灰岩,上部为灰、深灰色泥质网纹状生物屑灰岩与薄层状泥质灰岩不等厚互层。本组厚度较稳定,为 22~33m。龙马溪组为黑色、灰黑色页岩、炭质页岩、硅质岩和硅质页岩,富含笔石。地层具北厚南薄的特点:北部宜昌分乡厚 41.1m,中部长阳秀峰桥厚 4.4m,坛子坳厚 12.2m,在南部五峰小河地区缺失,在松滋灵龟桥厚 5.7m。

奥陶纪与志留纪之交,扬子区转变为深水滞留盆地环境,普遍接受富含笔石及放射虫的黑色页岩、硅质岩沉积和以陆缘碎屑为主的滨浅海相沉积。早志留世中期至中志留世,本区由深海盆地过渡为浅海陆棚-滨岸环境,沉积地层也以页岩为主向以砂岩为主过渡。特别是至中志留世晚期,随地壳上升本区成陆而遭受长期的夷平和剥蚀。

(四) 晚古生代地层

泥盆纪—中三叠世沉积盆地在早古生代基底上发展演化,早中泥盆世仍然遭受剥蚀夷平,至中晚泥盆世开始了新生盆地的旋回过程,由底至顶接受前滨相石英砂岩、近滨相砂页岩和远滨相泥质条带生物灰岩(云台观组、黄家磴组和写经寺组)。石炭纪同样处于频繁暴露环境,早石炭世沉积大部地区缺失,仅在巴东至松滋一带有零星分布,岩性为滨岸沼泽相含煤线砂页岩(高骊山组)和台地相深灰色、灰色薄层状含泥质生物屑灰岩夹薄层泥岩和三角洲相灰色中厚层状石英砂岩夹泥岩(和州组),晚石炭世接受局限台地-开阔台地相白云岩(大埔组)和生物碎屑灰岩(黄龙组)沉积。

早二叠世延续了前期震荡沉降过程,形成小范围的浅滩相和逐渐向陆超覆的滨海沼泽相沉积(梁山组)。至中二叠世本区才进入稳定沉降阶段,接受了厚度较大的碳酸盐岩沉积(栖霞组和茅口组),中二叠世晚期开始出现滞流盆地硅泥质岩沉积(孤峰组)。中—晚二叠世之交发生的东吴运动使本区隆升成陆,晚二叠世早期沉积以三角洲相含煤碎屑岩为主(龙潭组),中—晚期沉积则以碳酸盐岩(下窑组/吴家坪组)和硅质岩(大隆组)为主。

(五) 三叠纪地层

早—中三叠世时期,沉积物由陆棚-开阔海台地相泥灰岩和颗粒灰岩(大冶组)向局限台地相白云岩(嘉陵江组)转变,中三叠世中晚期沉积潮坪-泻湖相紫红色碎屑岩夹碳酸盐岩(巴东组)。

(六) 晚三叠世—侏罗纪地层

晚三叠世至早侏罗世,扬子区开始过渡到陆相沉积,形成湖沼-河流相黑色页岩、砂泥岩沉积,与下伏中三叠统间超覆关系明显,局部具微角度不整合接触。中、晚侏罗世为一套陆相红色碎屑岩地层。

(七) 白垩纪—新近纪地层

白垩纪—新近纪为陆相红色碎屑岩建造,是一个多中心、多物源、多韵律的复杂沉积岩系。主要分布于湖南沅麻盆地、利川盆地、建始盆地、秭归盆地、远安盆地、江汉盆地和房县盆地,主要为冲积-洪积相砾岩、砂岩及浅湖相砂岩、泥岩,局部夹盐湖相膏泥岩等。在远安盆地和沅麻盆地红色碎屑岩层下部层位普遍发育铜(多金属)矿(化)点,具有重要的工业价值。

(八) 第四纪地层

第四系主要分布于工作区北东部的江汉盆地,以灰色、灰黑色湖相黏土、细—粉砂和粉砂质黏土为主,富含有机质。其余地区第四系多沿沟谷和河流分布,多为松散的砂砾石层,局部地段组成阶地。此外,区内碳酸盐岩分布广泛,第四纪期间岩溶洞穴堆积物较发育。

二、地层含矿性

区内含矿层位较多,涉及的矿种包括 Cu、Pb-Zn、Ag-V、Fe、Mn、重晶石、毒重石、磷矿、高岭土、煤和石煤等。含铜层位包括神农架群、板溪群、峡东地区三叠纪巴东组以及湘西地区白垩纪红层;Pb-Zn 矿产出的最老地层为震旦纪陡山沱组,最新层位为三叠纪嘉陵江组(大巴山东段,为矿化点),其中陡山沱组、灯影组、清虚洞组、敖溪组、娄山关组和南津关组为区内铅锌矿的主要产出层位(图 3-1);Ag-

V矿赋存于陡山沱组和牛蹄塘组,其中牛蹄塘组还是重晶矿和毒重石矿主要赋矿层位;磷矿产于陡山沱组和牛蹄塘组,是新元古代—早寒武世成磷事件的产物,该次成磷事件在扬子地块形成两条著名的成矿带,即湘鄂黔成矿带和湘赣成矿带,前者是我国最重要的磷成矿带(叶连俊等,1989)。铁矿主要产于晚泥盆世黄家磴组和南华纪江口组,该区是"宁乡式"铁矿和"江口式"铁矿的主要分布地区之一。此外,神农架群矿石山组白云岩底部含铁岩系也可形成矿床,如九冲小型赤铁矿床。南华纪古城组、大塘坡组(湘锰组)中产风化型和沉积型锰矿(如花垣民乐锰矿和长阳古城锰矿),震旦纪陡山沱组局部锰质富集成透镜状、扁豆状矿体,奥陶纪地层中锰质也可富集成矿;寒武纪牛蹄塘组黑色岩系(水井沱组)含丰富的钒、钼、铀等多种矿产,石龙洞组/清虚洞组、覃家庙组/高台组(或敖溪组)为碳酸盐岩夹细碎屑岩和泥岩建造,是铅、锌赋矿层位;陡山沱组和牛蹄塘组产石煤矿,二叠纪梁山组和龙潭组产煤矿、黄铁矿和高岭土矿;湘西地区第四系中含有金刚石、锡、钨、独居石、铌钽铁矿以及金等冲积型砂矿和风化壳型砂矿。

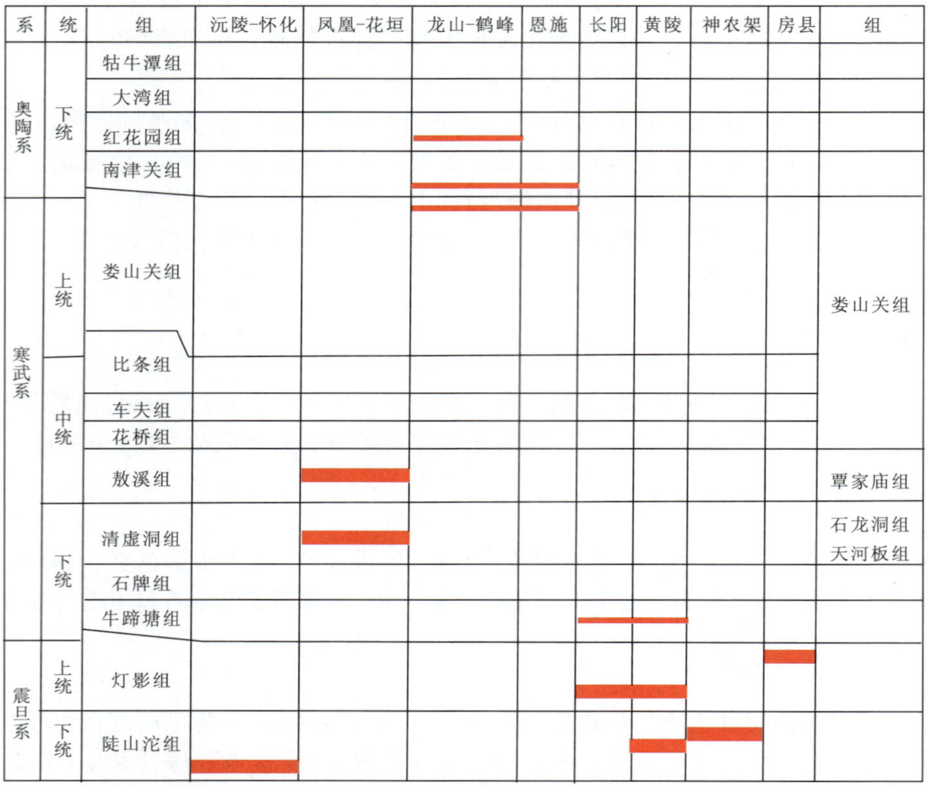

图 3-1 湘西-鄂西地区铅锌矿主要赋矿层位及其区域分布
(横线的粗细对应铅锌矿化强弱)

第二节 岩浆活动与成矿

研究区岩浆活动在总体上相对微弱,侵入岩主要分布于武当地区、黄陵背斜核部及雪峰山地区。

一、侵入岩

武当地区主要侵入岩有新元古代—早古生代辉绿岩、辉长岩和正长岩;黄陵背斜核部以青白口纪—南华纪花岗闪长岩为主,其代表性岩体为黄陵复式花岗岩基,其次为中—新元古代基性—超基性侵入岩及正长花岗岩;雪峰山地区侵入岩类型复杂多样,主要有侏罗纪石英斑岩脉和二长花岗岩、志留纪和三叠纪的花岗岩、二长花岗岩以及志留纪花岗闪长岩等。其中,白马山岩体为复式岩体,在加里东期的岩体中又侵入了印支期的凉风界岩体和高坪岩体,其形成时代与苗儿山岩体相当,岩性也以花岗岩类为主,有少量闪长岩或石英闪长岩;瓦屋塘花岗岩体产于白马山岩体与苗儿山岩体之间,形成时代与凉风界岩体相当,为(电气石)黑云母二长花岗岩。

(一) 酸性侵入岩

酸性侵入岩见于黄陵地区和白马山地区。在黄陵地区以黄陵侵入杂岩为代表,该杂岩体侵入太古宙—古元古代结晶基底(崆岭杂岩),并被南华系—震旦系覆盖。按侵入接触关系由早到晚,黄陵杂岩体可划分为三斗坪、黄陵庙、大老岭和晓峰4个岩套(马大铨等,2002)。三斗坪和黄陵庙岩体主要由英云闪长岩、奥长花岗岩和花岗闪长岩组成,大老岭岩体由二长花岗岩和花岗闪长岩组成,而晓峰岩套由花岗斑岩和花岗闪长斑岩组成,总体为浅成侵入相富钾低钙花岗岩系。同时存在与晓峰花岗岩呈互为侵入关系基性岩墙(脉)群,具煌斑岩和辉长-辉绿岩的岩性组合,广泛出露于区内前寒武系。峡东黄陵花岗岩的结晶年龄均在826~820Ma之间(马大铨等,2002;李志昌等,2002;Li et al,2003),三斗坪和大老岭岩套分别形成于794±7Ma和795±8Ma,晓峰岩套形成于744±22Ma(凌文黎等,2006)。

白马山岩体主要由黑云母花岗闪长岩-黑云母二长花岗岩和二云母二长花岗岩构成,出露面积约1600km^2,可划分为水车、龙潭、小沙江和龙藏湾4个超单元,其中水车超单元属加里东—海西期,龙潭和小沙江超单元属印支期,龙藏湾超单元则为燕山期(湖南省地质矿产局区域地质调查所,1995a,1995b)。龙潭超单元侵入于新元古代至石炭纪地层内及海西—加里东期花岗岩中,由中—粗粒黑云母花岗闪长岩、角闪石黑云母二长花岗岩和中—细粒黑云母二长花岗岩构成。龙藏湾超单元位于岩体的中心部位,与龙潭超单元等一起构成同心环状分布,由中—细粒二云母二长花岗岩构成,不(少)含斑晶及包体。小沙江超单元主要由二云母二长花岗岩和黑云母二长花岗岩构成。水车超单元主要由黑云母二长花岗岩和黑云母花岗闪长岩构成(湖南省地质矿产局区域地质调查所,1995b)。陈卫锋等(2007)采用LA-ICP-MS锆石U-Pb定年方法,获得龙潭超单元黑云母花岗闪长岩年龄为209±4Ma,龙潭超单元细粒黑云母二长花岗岩年龄为205±3Ma,龙藏湾超单元的二云母花岗岩龄为204±12~177±2Ma;王岳军等(2005)采用锆石SHRIMP U-Pb定年方法,获得龙潭超单元细粒黑云母二长花岗岩的形成年龄为约243Ma,表明该岩体存在印支早期岩浆活动。

上述测年结果表明,白马山黑云母花岗闪长岩-黑云母二长花岗岩主要形成于印支晚期,年龄为209~205Ma;而二云母花岗岩形成于约177Ma的燕山早期。

(二) 基性侵入岩

基性侵入岩见于黄陵、武当、北大巴山和雪峰山地区。岩性主要为辉长岩、辉绿岩和辉绿玢岩,多呈顺层侵入的岩席或岩墙产出,一般宽30~100m,长几千米到几十千米不等。在武当地区基性岩主要见于武当岩群中,也有少量发育于耀岭河组中,它们的Sm-Nd全岩等时年龄为782±164Ma(周鼎武等,1997),侵入耀岭河组的基性岩墙(辉长岩)锆石U-Pb年龄为679±3Ma(锆石LA-ICP-MS U-Pb法,凌文黎等,2007)。黄陵基性侵入岩由辉绿岩脉和辉绿玢岩脉组成,呈岩墙群产出,走向主要为NEE向,少量为NNW向,辉绿岩墙侵入时代为770±3Ma(李志昌等,2002);在黔东南侵下江群的辉绿岩席形成于788±3Ma(SHRIMP锆石U-Pb法,曾雯等,2005);湘西古丈龙鼻嘴侵入板溪群的辉绿岩锆石SHRIMP U-Pb年龄为768Ma(Zhou et al,2007),雪峰山地区(沅陵、黔阳等)侵入冷家溪群和板溪群的辉绿岩锆石SHRIMP U-Pb年龄为747~760Ma(Wang et al,2008),属新元古代。基底地块内基性岩墙群的出现不仅指示在其形成之前区域岩石圈经历了刚性—半刚性的陆块固结,同时指示了陆内拉张和形成裂谷的构造演化。因此,分布于武当、黄陵和雪峰山地区的基性岩墙(脉)群,指示湘西-鄂西地区在约800Ma发生了一次重要的陆内裂解作用,可能与Rodinia超大陆的裂解有关。

北大巴山地区早古生代地层中普遍发育基性侵入岩、火山岩和少量的超基性岩脉（墙）。基性岩脉宽十米到百余米、长数百米到数千米不等，呈北西-南东向展布，向西至陕西紫阳、岚皋，往东达湖北竹溪；岩脉多呈顺层侵入或小角度切割地层，主要岩性为细粒角闪辉石岩、细—中粒角闪辉石岩、辉绿岩、辉长岩和正长闪长岩。受区域变质作用的影响，岩体不同程度地发生褶皱及片理化，并显示与围岩协调的构造变形，其片理方向与区域面理一致。紫阳-岚皋地区基性岩墙（脉）中的锆石 LA-ICP-MS U-Pb 年龄为 433±4Ma 和 431±3Ma（张成立等，2002,2007），镇坪地区辉绿岩的锆石 SHRIMP U-Pb 定年结果为 439±6Ma（邹先武等，2011），属早志留世早期。

（三）钾镁煌斑岩和金伯利岩

黔东—湘西南发育加里东期钾镁煌斑岩—金伯利岩，主要岩性有金伯利岩、金云母煌斑岩、角砾状金云母橄榄岩和碳酸岩，是扬子地块早古生代发生的一次重要岩浆-热事件。贵州镇远—凯里一带出露的钾镁煌斑岩类以岩墙（群）形式侵位于下寒武统明心寺组、清虚洞组和中寒武统高台组中。钾镁煌斑岩—金伯利岩结晶年龄为 503～497Ma（Sm-Nd 法和 Rb-Sr 法），该期岩浆-热事件的最晚活动时间为 442～435Ma（方维萱等，2002）。研究表明，由于华夏板块在加里东期的俯冲消减，致使本区由被动大陆边缘盆地转化为前陆盆地（尹富光等，2001），大陆岩石圈构造环境从伸展体制转化为挤压收缩体制，并导致湘桂地块与扬子地块南缘发生碰撞，在奥陶纪初期形成了雪峰隆起和黔中隆起。该事件导致本区沉积盆地的格局发生了重大变化，对盆地流体的活动产生了深远影响，可能对湘黔地区铅锌汞以及雪峰地区金（钨）、锑等矿产的形成具有重要意义。

二、火山岩

区内火山岩主要出现于神农架群、冷家溪群、板溪群（下江群）、武当岩群和耀岭河组中。火山活动呈现出南北强、中间弱的特点。南华纪早期在鄂西和湘西地区的火山活动，形成凝灰岩和凝灰质砂岩。古生代的火山活动主要分布在裂谷盆地和断陷盆地内部，与地壳演化对应，呈现出由基性向酸性演化的旋回性喷发。

武当岩群火山岩均已变质和变形，多产于下部层位，又称下部变火山岩组，主要岩性有钠长石片岩、阳起石片岩、绿泥石片岩和浅粒岩，前三者原岩为拉斑玄武岩，产于变火山岩组下部，后者原岩为钙碱性流纹岩，产于变火山岩组上部，彼此间多为断层接触。付建明等（1999）认为该套火山岩形成于岛弧环境，而凌文黎等（2007）则提出该岩浆岩为陆内拉张环境岩浆作用的产物。

耀岭河组火山岩具双峰式岩性组合，主要由玄武岩、碱性玄武岩、英安岩、粗面岩和碱流岩组成，含有少量火山碎屑岩和凝灰岩，其形成构造背景为大陆裂谷环境。早期文献报道的耀岭河组火山岩形成时代多为 0.82～0.78Ga，而凌文黎等（2007）近期获得的锆石 LA-ICP-MS U-Pb 年龄为 685±5Ma。

第三节　构造特征与成矿

一、构造单元划分

研究区位于扬子地块中段，北接秦岭造山带，东南与华南造山带相邻，西邻四川盆地分隔，东至江汉-洞庭坳陷（图 3-2）。区内经历过多次强烈的构造变动，以晋宁（武陵）、广西（加里东）运动、印支运动和燕山运动表现最为强烈，形成了一系列颇具特色的构造形迹。纵贯南北的大兴安岭-太行山-武陵山重力梯度带从本区中部通过，扬子陆块北缘断裂以及雪峰地块北缘断裂与南缘断裂等区域性深大断裂是区内的重要断裂构造，控制了研究区的构造格局，对区域岩相古地理、岩浆活动及成矿作用有明显的控制作用。

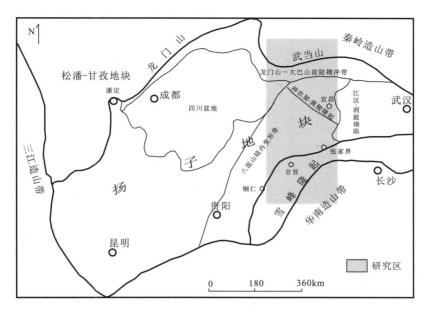

图 3-2 湘西-鄂西地区大地构造分区图

据基底特征、盖层沉积建造及其变形特征将研究区主体位于中扬子陆块和雪峰隆起两个构造单元中，二者以张家界-保靖(麻栗场)-铜仁断裂带为界。

中扬子地块出露有扬子地块最古老的岩石(中—新太古代)，是扬子陆核分布区，结晶基底、变质基底和盖层沉积发育完整，也是华南地区震旦纪—早古生代地层发育、保存最好的地区。根据后期变形特征，中扬子地块可进一步划分为龙门山-大巴山前陆褶冲带、神农架-黄陵隆起和八面山陆内变形带3个次级构造单元(图3-2)。龙门山-大巴山前陆褶冲变形带以断面倾向北、走向近东西的逆冲构造变形为特征；神农架-黄陵穹隆以出露新太古代—中元古代基底和新元古代黄花岗岩类为特征，后期构造变形弱；八面山陆内变形带区域构造线总体走向自南而北呈 NNE—NE—NEE 向"S"形展布；平面构造线组合形态呈现南部平行、北部逐渐收缩紧闭的弧形褶皱带，形成醒目的隔槽式褶皱。该区经历了早古生代被动大陆边缘、晚古生代陆块演化(受古特征扩张影响)和中、新生代陆内变形3个主要阶段。

雪峰隆起系晋宁运动期间拼贴到扬子地块上的增生地块，出露的最老地层为中—新元古代冷家溪群，在南华纪期间，受 Rodinia 超大陆裂解影响，沿其与扬子地块拼贴部位发生拉张裂解形成裂谷盆地，在其中沉积了巨厚的火山-沉积岩系板溪群，在后期地质作用过程中普遍发生了低绿片岩变质作用和褶皱变形，形成了多种类型褶皱构造。中三叠世末的印支运动使雪峰山地区明显发生了大规模的逆冲推覆和褶皱变形，燕山运动使得雪峰隆起进一步发生陆内变形。贾宝华(1994)认为雪峰隆起经历了武陵期的雏形阶段、加里东期的成型阶段和印支—燕山期的定型阶段，丘元禧等(1999)、周小进和杨帆(2009)、刘运黎等(2009)则认为雪峰隆起开始形成于志留纪末的加里东运动，马力等(2004)则认为雪峰分别在中志留世末、二叠纪至中三叠世和中三叠世至中侏罗世发生了3次隆起。最新的定年结果表明，雪峰隆起确实存在着加里东期的构造热事件，发生的时间略早于419Ma，并经历419～389Ma(晚志留世—中泥盆世)的持续隆升(胡召齐等，2010)。

二、断裂构造

区内不同规模、不同性质的断裂十分发育。大致以黄陵结晶基底为界，北部以 NW、NWW、NNW 向断裂为主，南部以 NE、NEE 向断裂为主(图3-3)。大部分断裂沿走向具有分段性，横向上具有分带性，纵向上具有分层性的特点(周雁，1999)。主要断裂特征如下。

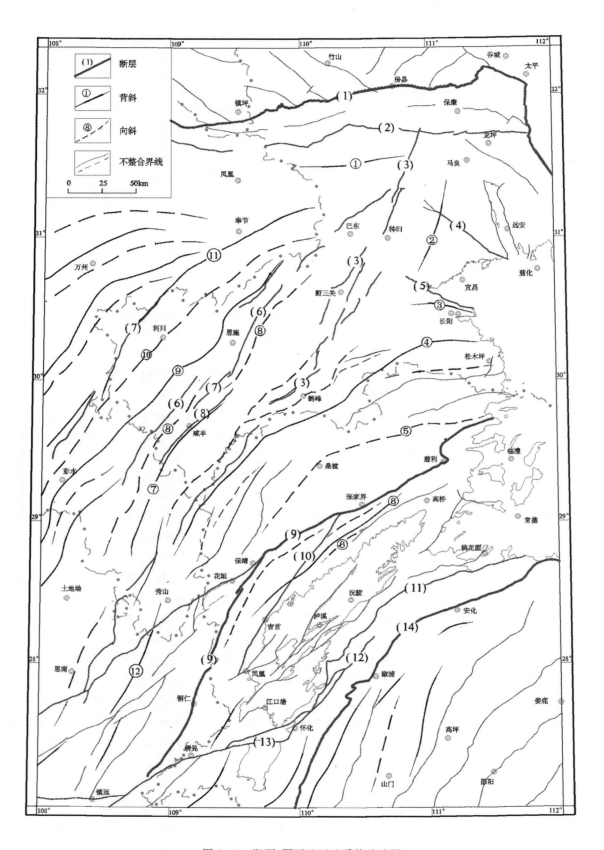

图 3-3 湘西-鄂西地区地质构造略图

襄(樊)-广(济)断裂带(1) 又称青峰断裂带(襄樊现称襄阳)。为扬子地块与秦岭造山带的分界断裂。走向 NW—NWW,断面倾向北东,表现为中、深、浅布格重力异常均具有较明显的梯级带,沿断裂发育飞来峰和"混杂堆积",为大型逆冲断裂。往西过房县与 NW 向城口-钟宝断裂带相连,走向转向 EW 向至 SWW 向。

在地表由一系列逆冲断层组成,在剖面上呈叠瓦状产出,断层面波状起伏向北倾斜,呈犁状,向下逐渐变缓,倾角 $25°\sim70°$。平面上常呈舒缓波状延伸,在丰溪镇一带被后期北东向断裂切割,发生错移,使断裂在该处向北凸出。

断裂北侧出露青白口纪武当岩群—志留纪浅变质火山-沉积岩系,其间尚有早志留纪基性岩、碱性岩大致顺层侵位;南侧为南华纪—三叠纪未变质地层,无岩浆活动发生。断裂两侧南华纪—古生代时期从岩石组合、岩相特征、地层层序、古生物组合及构造环境等虽存在差异,但具有明显相似性和对比性。青峰断裂南北两侧出露的前寒武纪基底地层如南侧的黄陵结晶基底和北侧大别山结晶基底及豫西南一带呈东西向展布的陡岭群,它们在岩石组合、地层时代、变质程度,以及所含晋宁期侵入体的岩性、年龄等方面均具有很好的对比性。

该断裂构造带两侧变形特征及变质程度等均存在着较大的差异。南侧表现为浅表层次构造变形样式,而北侧保留着中浅层次脆韧性构造变形特点,为造山带不同部位变形差异及造山带物质向南逆冲所致。由于两侧物质组成的不同,造成前人认为该断裂是槽台分界线的认识。主断裂常为一宽度 $20\sim200m$ 的破碎带,破碎带由碎裂(硅化)岩、糜棱岩、构造片岩等构造岩组成。断裂北侧主要为南秦岭地层区青白口纪武当岩群、南华纪耀岭河组中浅变质岩,靠近断裂岩石片理化强烈;南侧主要为上扬子地层区早古生代地层,岩石破碎,靠近断裂常形成尖棱同斜褶皱,并见大量次级断裂。断裂北侧地层常老于南侧,发育与断裂面平行的片理。

东秦岭重力异常特征表明,沿青峰断裂带为重力低值带,剩余重力异常明显,在莫霍面起伏等值线上,突出地表现为莫霍面的陡变带,并指示其早期为向北倾的构造带。航磁图上反映亦较明显,断裂北侧为南秦岭构造带正异常区,南侧为负异常区,其本身则为二者过渡的梯度带(邓清禄等,1991)。地震测深资料表明,青峰断裂早期由一系列 N→S 的逆冲断层叠加组合而成,同时,扬子克拉通向北部南秦岭构造带俯冲,是一条消失于上地壳底部滑脱带的大陆壳俯冲断裂带(袁学诚等,2002),扬子克拉通的大陆壳沿此滑脱面俯冲到秦岭造山带之下。

该断裂是一组不同时期、不同性质、不同特点的多条断层复合构成的区域性断裂构造带,沿该断裂带的调查资料揭示,其发生、发展与演化可识别出三期构造变形形迹:①第一期构造变形,主要见于造山带外带(南部),以脆韧性变形为主,表现为一组相互平行的逆冲推覆断裂构造带,造山带物质由北向南推覆,前陆褶冲带物质向北俯冲,下插于造山带外带变质地体之下;②第二期构造变形,造山后期的伸展作用沿该带形成一系列断陷盆地,控制了白垩纪—古近纪红色磨拉石沉积建造,以脆性变形为特征,在盆地边缘常形成北西走向正断层,受后期构造影响及盆地沉积超覆掩盖,破坏了前期构造的连续性;③第三期构造变形,为现今青峰断裂定型构造,形成于喜马拉雅期,以浅层次脆性变形为特点。区域上形成由南向北脆性逆断层,断面南倾,倾角低缓,造成前陆褶皱带逆冲于造山带外带之上,从而掩盖了前期控盆断裂或部分与造山期造山带外带分划型断层复合。

综上所述,该断裂断裂并非单一断层,而是由数条逆冲断层、破碎带及脆韧性剪切带逆冲推覆构造共同组成的由 N→S 脆韧性逆冲推覆断裂带,具多期活动特征。沿该断裂带分布有铅锌矿(化)化点、铁帽以及重晶石化、硅化、绢云母化、黄铁矿化蚀变现象,并强烈的 Cr、Ti、Ni、La、Nb、Cu、Pb、Zn、Mn、Ba 等元素异常。

阳日断裂(2) 该断裂是前陆褶冲带与扬子地块的分界线,与钟宝-官渡断裂具有成生联系,共同组成双层式逆冲推覆构造系。

该断裂呈近东西向展布,西起巫溪徐家坝,经房县九道,神农架松柏、阳日,至保康马桥,区内全长约 120km,东端被北东向新华断裂截切,九道一带被北西向板桥断裂错断。断裂在巫溪徐家坝以西向北西偏转,马桥以东向东南偏转,总体向北凸出的正"S"形。断裂沿走向呈波状弯曲,中段呈 EW 走向,向西至九道一带呈向南微凸出的弧形。断面向北倾斜,东西两端倾角稍缓,一般 30°～50°,局部倾角在 20°左右,九道一带向南凸出端倾角较陡,在 70°～80°。断裂上盘在马桥—红花朵一带为中元古代神农架群石槽河组,中部九道至徐家坝一带为早寒武世地层,西部徐家坝以西为南华纪南陀组及震旦纪地层,下盘主要为寒武纪—志留纪地层。在剖面上与次级逆冲断层一起呈叠瓦状排列,断层面常呈犁状,向下变缓。断距东西两端较大,中部九道一带断距较小,最大断距超过 3km。该断裂将两侧分割为南北两个显著不同的构造分区,北部为前陆褶冲带,发育紧密线状褶皱及伴生的一系列冲断层,南部地层产状平缓,以正常褶皱为主,仅在临近断裂受其影响发生强烈褶曲。

断裂沿沟谷负地形展布,沿线断层崖、断层三角面常见,两侧地貌特征差异明显,北侧地形相对低缓,南侧陡峻、切割深。航卫片线性特征十分明显。构造面总体产状 330°～20°∠35°～70°;断裂及附近岩层强烈挤压变形,岩石强烈破碎、硅化,并有较多挤压透镜体。当通过白云岩时,形成 50～200m 宽的破碎带,通过具塑性的薄层状或泥质岩石时,发育初糜棱岩、碎粒岩、构造角砾岩等脆韧性构造岩,劈理、褶皱或次级冲断层极发育,其断面、褶皱枢纽与断裂走向一致;断裂破碎带内发育的断层岩,多属碎裂岩系列,反映了该断层主要表现为浅层次的脆性破裂机制。断层岩的主要类型有构造角砾岩、碎裂岩和断层泥等。构造角砾岩、挤压透镜体在断裂带内最为发育,常位于断裂带的中心或北部。依据断裂带中的各种指向标志,显示断裂具由北向南脆性逆冲的特点,在宏观上主要表现为老地层逆冲推覆于新地层之上。沿断裂挤压破碎明显,常形成强烈的揉皱带,属压性断裂,局部如九道、卸甲坪一带兼具走滑特征;断裂影响的最新地层为三叠纪嘉陵江组,马桥一带有白垩纪小盆地沿断裂分布,其形成时期为印支—燕山主造山期的产物;挽近时期尚有活动,沿断裂带有温泉分布,并有地震活动,是一活动性较强的大断裂构造。

综上所述,阳日湾断裂形成于印支—燕山主造山期,为一由北向南逆冲断裂,是区内前陆褶冲带与扬子地台区的分界断裂,该断裂以南变形逐渐减弱,反映了主应力方向为由北向南。沿该断裂带分布有铅锌矿点、赤铁矿点等。硅化、绢云母化、黄铁矿化及绿帘石化等蚀变现象普遍。其中铅锌矿点具找矿远景。

新华断裂(3) 该断裂属滨太平洋构造武陵断裂系的一部分,分隔神农架褶皱基底和黄陵结晶基底。向北切割阳日断裂,向南过秭归盆地与来凤断裂相接,全长 360km。南段表现为较宽的、时断时续呈雁行排列的断裂带,北段连续性较好,断裂表现为压扭性质。

区内该断裂由数条大致平行的断裂组成,呈北北东-南南西方向延伸。在卫片上反映较明显,且隐约可见构造透镜体岩块,断裂总体特征如下。①在马桥—新华—夫子岩—兴山一线,断裂走向在北东 25°～35°之间,平面上微显波状弯曲形态,断面倾向 NW,倾角一般大于 50°,局部可达 80°,北端较陡近于直立,局部略向东倾,南端倾角稍缓。②断裂两侧岩层发生明显错位,旁侧岩层产生牵引褶皱,平面上表现为一系列的右行剪切。断层东侧地层相对较老,表现为东侧上冲正断层,水平断距马桥一带达 4km。③断裂带内由于强烈挤压形成构造角砾岩、碎裂岩,形成几十米宽的破碎带,铁染现象较为明显,沿断裂面上发生硅化、磁铁矿化现象。当通过能干性较弱地层时,常发育劈理及褶皱。④断层在走向上分支复合现象普遍,两侧发育一系列的分支断层,分支断层与之特征相近。⑤在挽近时期活动性明显,沿断裂有温泉出露,并有地震发生。⑥该断裂位于太行-武陵梯度带的西缘,物探资料反映为一基底断裂,现今地表所观察到的现象是深部断层在表层的反映。

雾渡河断裂带(4) 为扬子陆块内斜切黄陵背斜结晶基底,走向 NW 的基底断裂,自西北兴山三阳,向东南经水月寺镇、古路垭、雾渡河镇到当阳峡口消失,全长约 80km,其中背斜核部长约 30km。也有学者认为,该断裂自当阳峡口继续向 SE 延伸,入江汉断陷盆地,并与沙市江湖隐伏断裂相连,全长约 560km(湖北省地质矿产局,1990)。其是正、负磁场的突变带。沿断裂带动力变质作用明显,两侧的变质作用和岩浆作用以及变形特征明显有别;该断裂对南华纪至早古生代沉积有明显的控制作用,并在中、新生代活动明显。断裂北侧铅锌矿床(点)分布广泛,且产出中(大)型矿床,南部铅锌矿床(点)明显减少,尚未发现成型的矿床。

天阳坪-监利断裂带(5) 呈NW向,西段即习称的天阳坪断裂,向东至红花套后被第四系所覆盖。据航磁、地震资料推测可延经老城、公安至监利一带,为一条区域性大断裂。西段主要发育在古生代地层中,由两条平行大断层和一系列小断层组成宽1~2km的断裂带。剖面上组成倾向南西的叠瓦状冲断组合,铜宝山一带经常见"飞来峰"构造。发育较宽的劈理、糜棱岩和构造破碎带,显示强烈的挤压特征。红花套西见古生代地层推覆于白垩系石门组之上,应属后期的复合现象。江汉平原该断裂隐伏部分性质不同,从大致构成盆地的南部边界以及石首、监利等地形成与断裂一致的燕山期花岗岩带的事实推断,中、新生代的活动是存在的。此外,现代长江及其曲流段总体沿断裂延展,并出现长江向洞庭湖分流现象,说明第四纪时期该断裂的差异运动也是明显的。

建始、长阳、松滋北西向高磁异常的存在推测是由受本断裂控制的扬子期岩浆岩带引起,并可能是扬子地台"川中式"和"江南式"基底的分界。此外,早二叠世马鞍期的聚煤带与该断裂方向一致。因此天阳坪-监利断裂应视为前震旦纪的基底断裂,并在中、新生代有复活的表现。

建始-恩施断裂带(6) 位于茶山背斜、白果坝背斜的南东侧,区域上由建始断裂和恩施断裂组成,在空间上呈右行侧列展布,区内全长324km,往南西过彭水进入重庆境内。重力异常表现为重力梯度带,局部为异常扭曲、异常突变带,航磁异常大致与川中式磁性基底的南东界吻合。断面倾向南东,倾角50°~70°,有时可达80°以上,具多期活动之特征。一般早期为张性,常形成宽窄不等的角砾岩带;中期为压扭性,在早期断层角砾岩带中发育有挤压透镜体,形成"套角砾"构造,同时还见有挤压劈理带出现;晚期继承了中期的活动特点,但以扭性活动为主,使断层破碎带进一步扩展,出现大量与断裂平行的剪切裂隙和挤压透镜体。近期又复活张性活动,将中、晚期形成的构造岩又改造成张性角砾岩。该断裂带不仅控制了震旦系—奥陶系沉积,对中二叠世长兴期沉积也有明显的控制作用,同时控制了建始、恩施白垩纪红盆的形成、发展和消亡,表明其具有多期活动的特征。

齐岳山断裂带(7) 呈NNE向展开,北起巫山,南抵娄山,沿齐岳山背斜轴部展布,并造成某些地段二叠系的缺失,该断裂构成四川盆地的东界,即上、中扬子传统分界断层。北端地表由相向逆冲的两条断裂组成,南端潜伏于侏罗纪地层之下。断面总体倾向北西,在重力上处于梯度异常带,磁场上位于不同的磁异常分界线上,在地震速度上断层两侧亦存在突变性的差异。断层北西为川东隔挡式断褶带,东南则为湘鄂西隔槽式断褶带(梅廉夫等,2010)。该断裂对晚古生代和中生代沉积环境有较强的控制作用,断裂以西在泥盆纪—早石炭世为古陆剥蚀区,东部则接受了滨-浅海相沉积,形成了分布广泛的"宁乡式"铁矿;早三叠世早期川东"飞仙关型"与鄂西"大冶型"沉积也大致以该断裂为界。齐岳山-巫山-神农架NNE向地貌隆起与该断裂在新生代时期的差异性抬升有关。由于受到滨太平洋构造域的应力影响,该断裂是在中—新生代强烈活动的断裂构造,研究表明,自晚侏罗世以来,该断裂经历了5次构造变形(王令占等,2012)。西侧为海拔1500~1800m的齐岳山岩溶山原,东侧为海拔1000~1100m的利中岩溶盆地。

咸丰断裂(8) 主要由多中坦坪-丁坦坪断裂咸丰断裂组成,主断裂相互连接贯通,次级断裂交叉穿插其间。断裂带总体走向为NE40°左右,呈波状弯曲延伸达125km,经咸丰、酉阳、沿河至印江等地。断裂倾向北西,倾角30°~70°,具有多期活动的特征。早期以压性为主,兼具扭性,见有压碎灰岩或压碎白云岩;中期为压扭性,将早期的构造岩改造成透镜体和绿泥石化、片理化带;晚期仍表现为压扭性,形成新的碳酸盐化及片理化透镜体。

张家界-保靖-铜仁断裂(9) 又称江南地块北缘断裂,系"江南地块"与"湘-黔-渝-鄂褶断带"及江汉盆地的分界,在花垣地区称为麻栗场断裂。呈NNE—NE向延伸,横贯工作区中部。往东经慈利与澧水断裂连成一体,向西过贵州松桃、铜仁与独山深断裂带相接,主断面倾向南东,倾角一般在40°左右,北西盘下降,南东盘上升,致使西侧莫霍面深42km,东侧深38km,系一条切割整个地壳至上地幔深大断裂(王纪恒,1994)。区内长约230km。垂直地层断距800~1500m,破碎带宽20~150m,沿断裂不同部位发育北西向或南东向陡倾的破劈理和各类牵引构造,破碎带内发育压性角砾岩和挤压透镜体,在麻栗场附近沿断裂带，岩层发生强烈变形，显示向北西向的逆冲特点；同时也发育张性角砾岩，显示正滑特点。断裂带具多期活动的特点，前期构造通常被后期构造改造和利用。断裂带中脉状石英、方解石的流体包裹体测温结果表明，断裂至少经历了3个阶段的热演化历史，剧烈活动期在131.8~86Ma期间（谢建磊等，2006）。该断裂对其两侧的岩相、古生物面貌及矿产有明显的控制作用，其北西侧主要为碳酸盐岩台地相的巨厚层沉积，广泛发育和出露早古生代地层，南东侧沉积厚度相对变薄，以泥岩、泥灰岩、泥晶灰岩等陆棚-斜坡-深水盆地相沉积为主，且斜坡相重力沉积发育（高振中，1985）；在早古生代，其主干断裂带成为华南过渡区和扬子稳定区两个一级地层区划的边界。断裂北西侧为北东向的重力梯度带，南东侧为孤立的短轴或穹隆状重力异常，磁场特征也明显不同，断裂带位于磁性基底埋藏深度的陡变带上（袁照令等，2000）。断裂北西侧和南东侧构造具有明显的差异，北西侧构造走向NE，局部NEE向和EW向，除基底构造外，盖层褶皱构造大多表现为简单、宽缓；断裂东南侧构造NE—NEE走向，发育具有复杂结构的挤压逆冲构造。自燕山早期（大约192.8Ma）至更新世以来，断裂大致经历了4次主要构造变形，总体处于脆性、低温、浅层低差异应力构造环境（齐小兵等，2009）。

该断裂可能对南华纪沉积盆地也有控制作用，锰矿沿断裂带两侧分布，对锰矿控制较为明显。以李梅铅锌矿为代表的低温热液矿床分布于断裂的北西侧，而钼镍钒矿、汞矿等主要分布于南东侧（杨绍祥等，1998）。湘黔交界下寒武统清虚洞组礁灰岩及铅锌矿、汞矿的分带基本与该断裂一致，矿化带总长达220km，宽10~20km。

在以往工作中，大多数学者将江南地块的北缘断裂称为张家界-花垣断裂，并认为向南西方向经茶洞进入贵州境内，属控盆、控相断裂。近年来的研究结果表明，花垣-茶洞断裂两侧寒武系地层和铅锌矿化特征具有很好的可比性，二者之间无明显的沉积相变化。2011年在该断裂带北西侧的杨家坪地区于600余米的深度发现了与李梅矿床相似的铅锌富矿体，标志着跨过花垣断裂找矿取得了重大突破，也一举改变了以往对该断裂的认识，即该断裂是后期断裂，而不是清虚洞期的同沉积断裂，它破坏了花垣矿田的完整性，使得断裂带北西侧的矿体埋深较大，不利于矿产勘查。

吉首-古丈断裂(10) 从古丈复背斜核部通过，在北东端后坪一带与花垣-张家界断裂交汇，南西延至凤凰县城以南，长约150km。走向北东35°~40°，主断面倾向北西，倾角35°~70°，受后期构造改造利用痕迹明显。断面呈舒缓波状，破碎带最大宽度70余米，最大地层断距达600m，属压扭性逆断层，断裂带糜棱岩化、片理化、挤压带、地层倒转和白云岩化蚀变强烈。在断裂经过的古丈万岩、盘草、龙鼻咀等地，分别出露有喷发玄武岩质熔岩或钠质基性岩等深源浅成相小侵入体，表明该断裂可能已切穿下部地壳。

该断裂控制了几个沉积小区的岩相分布，其北西盘为八面山岩相小区和过渡相区，主要出露下古生界地层，南东盘为武陵山岩相小区，大面积出露板溪群、震旦系及零星寒武系。控矿作用主要表现为古丈、凤凰一带的锰矿沿断裂的近轴部大致平行分布。此外，对铜、锑、重晶石等矿床（点）的分布也有一定的控制作用。

沅陵-麻阳断裂带(11) 主要由乌宿断裂、桦溪口断裂、栗坡断裂、舒溪口断裂和茶溪断裂等组成，具有压性或压扭性特征，往南西方向有收敛之势，最长可达100km，为负重力异常带，是一条形成较早的同沉积断裂，对中生代红盆沉积有一定的控制作用。

辰溪-怀化断裂带(12) 主要由茶溪断裂、大树坳断裂、皂泥潭断裂、竹林坪断裂、下古田断裂、潭湾断裂和青龙溪断裂等组成，夹持于麻阳-沅陵断裂和新晃-芷江断裂之间，截切板溪群、下古生界及中生界，长30~50km。沿断裂带发育碎裂岩、断层角砾岩、水平擦痕。次一级断裂、派生性羽状裂隙等十分发育，硅化、绿泥石化和糜棱岩化强烈而明显。沿断裂带分布多处铅锌矿床（点）。

凯里-新晃-芷江断裂带(13) 属湘黔大断裂东段，走向70°左右，倾向南，局部北西，倾角大于60°，长160km以上，宽5~10km，为扬子地块与华南褶皱带的分界。断裂控制并截切白垩纪红盆，沿断裂带发育基性—超基性岩脉、糜棱岩化带、构造透镜体以及片理-劈理化带，反映断裂具有压扭性质。重、磁等值线同形扭曲，局部为重力梯度带。

安化-溆浦-四堡断裂带(14) 为雪峰陆块南缘断裂带,是扬子地块与华南褶皱带两个一级大地构造单元的分界线,也是印支期岩浆活动的分界。该断裂带北起安化,经溆浦穿过雪峰山,向南进入广西境内,湖南境内全长约340km,宽5~10km。断裂呈NE走向,平面上呈NW突出的弧形,由数条从溆浦向南撒开的断裂及其次级分支断层所组成。断面倾向南东或近直立,倾角一般为60°~70°,切割元古宇、下古生界,并构成溆浦、黔阳等一系列白垩纪红盆的控盆断层(湖南省地质矿产局,1988)。在洪江、溆浦一带板溪群或震旦系逆冲于石炭系壶天群或白垩系之上,普遍发育构造角砾岩、构造透镜体、挤压片理化带、糜棱岩化带等。该断裂带为区域重力梯度带和磁异常分界线。据四川大足-福建大地电磁剖面资料,该断裂为一深大断裂带,其东南莫霍面深35km,而西北莫霍面为40km。该断裂带控制了南华系和震旦系沉积(如断裂带南东侧沉积了数千米厚的南华纪、震旦纪地层,而北西侧仅有数百米厚),沿断裂西侧见有黄铁矿、铅锌矿床(点)分布。该断裂形成于晋宁期(丘元禧等,1998)),并经历了多次挤压、拉张及剪切的复合运动(梁新权等,1999),断裂带变形复杂,加之浅部岩层强烈缩短,使得在局部地段,数条逆冲断层叠置成花状。宏观上,逆冲断层(强变形域)与断层夹块(弱变形域)构成数千米宽的大型断裂带。

三、褶皱构造

工作区以发育侏罗山式褶皱而著称,从东往西由隔挡式褶皱变为隔槽式褶皱,反映在深部构造样式上,其卷入的构造层次逐渐变浅,至川东带已由湘西基底卷入式的厚皮构造转变为薄皮构造,构造样式也由复杂趋于简单,它是晚侏罗世末至早白垩世初期由南东向北西不断推进的挤压力作用的结果(胡召齐等,2009)。区内主要有神农架、黄陵、长阳、五峰-鹤峰、咸丰、恩施、古丈-吉首、齐岳山、梵净山等复背斜以及桑植、花果坪、利川复向斜,总体上表现为东南翼陡、西北翼缓的特点。

神农架复背斜① 为一穹隆状背斜构造,亦称神农架断穹,平面上呈近等轴状。北以阳日断裂为界,向东和黄陵断穹之间为新华断裂分隔,南以一组斜列褶皱与秭归向斜过渡。地貌上反映清楚,汉水的二、三级支流自穹隆中部呈放射状向四周分别注入东河、南河和白河。

神农架穹隆状复背斜核部出露中元古代神农架群,两个背斜和一个向斜组成,自西而东分别是:神农顶短轴背斜,轴向北西;木鱼坪向斜,轴向北西;黎花坪背斜,轴向北东。它们被马槽园群或震旦系不整合覆盖。震旦系和古生界环绕周缘分布,并向四周倾斜。穹隆脊部宽而平缓,残留的震旦系产状近于水平,脊的中部形成鞍形构造,恰与基底的木鱼坪向斜构造相吻合。北翼地层产状平缓,倾角一般小于20°,呈向北倾的单斜,局部有挠曲。东翼、西翼和南翼地层产状较陡,倾角一般在20°以上。穹隆南缘是寒武系至三叠系组成的一组斜列的边幕状褶皱,褶皱轴向北东或北东东,背斜朝南西方向倾伏,向斜朝北东方向扬起。

黄陵复背斜② 又称黄陵穹隆,周缘被仙女山断裂、天阳坪断裂、通城河断裂和新华断裂围割。水系的发育与穹隆形态相适应,后成河呈现椭圆形的型式。背斜轴向NNE向,长短轴之比约2:1。核部出露崆岭群和新元古代中酸性侵入岩,构造面目不甚清楚,总的看来,北部构造线方向北东,南部构造线方向北西西。背斜两翼不对称,东翼平缓,地层倾角小于15°;西翼较陡,地层倾角大于30°。断裂变动不甚强烈,除北端一组弧形断裂外,一组北西向的断裂比较醒目,如盐池河断裂、坦荡河断裂、雾渡河断裂和板苍河断裂等具扭性特征。据卫片解译,北北西和北东向两组密集的线性构造常构成棋盘格状。

秭归向斜③ 主体由三叠系和侏罗系组成,它正好位于北北东向的黄陵断穹、北西向南大巴山弧形褶皱带和北东-北东东向恩施弧形褶皱带之间。这一特殊的构造部位是应力作用微弱的地区,因此,地层变形和缓,向斜槽部产状平缓,一般小于20°,翼部产状变陡,一般为30°~40°,局部可达60°~70°。由于三个不同方向应力共同作用的结果,向斜的形态呈一顶点朝西的三角形。向斜长轴方向为北北东,与黄陵断穹轴向一致,东翼倾向西,北西翼和南西翼分别倾向南东、北东,向斜北西翼和南西翼的岩层走向,自内向外、自东向西,分别由东向和南东向逐渐转为东西向,在巴东以西合并为三叠系组成的东西向褶皱束。

长阳复背斜④ 呈 NE—NEE—近东西向弧形延伸,包括长阳背斜和中营背斜,呈斜列分布,其核部地层为震旦系,翼部地层为寒武系和奥陶系,呈西翼陡东翼缓的箱状。北北东向构造复合其上,褶皱轴发生"S"状弯曲。核部地震旦系地层中产铅锌矿和汞矿,寒武系底部牛蹄塘组黑色岩系产钼矿和钒矿。

宜都-鹤峰复背斜⑤ 主体鹤峰-来凤向斜在鹤峰附近分成两支:北支称鹤峰-和沿坪向斜,南支称鹤峰-燕子坪向斜,其间为麻泥山-八字山背斜。南支鹤峰-燕子坪向斜从主支分出后,轴线呈北东东向延伸,至老鸦山后渐转为 NNE 向伸至五峰。轴面略向北西方向歪斜,两翼产状略有差别,南东翼岩层倾角 30°～80°,以 40°左右为普遍,北西翼 20°～25°。核部地层为中—下三叠统下三叠统大冶组、嘉陵江组和巴东组,两翼地层为晚古生界,核部略向南东,为不对称向斜。

桑植-石门复向斜⑥ 次级褶皱比较发育,主要褶皱包括堰塘湾背斜、桑植-官地坪向斜、四望山背斜、走马坪向斜、天子山背斜和江垭向斜;褶皱轴多呈"S"形弯曲,单个褶皱延伸一般数十千米,有些可达百余千米以上,宽几千米至数十千米不等,明显呈线状伸展,多数背斜狭窄紧闭,向斜则开阔平缓,形成隔挡式、隔槽式、箱状、屉状等多种形态。整个褶皱群西南段和东段相对中段较为狭窄、紧密,反映了两端压缩,中间拉伸的应变作用机制。与桑植复向斜相伴随的断裂不甚发育,主要有二坪、洗洛、红岩溪、盐井等断裂,规模一般都不大。出露的地层主要为下志留统、中—上泥盆统、二叠系和三叠系,缺失前志留系、上志留统、下泥盆统和石炭系。

(1)堰塘湾背斜:位于桑植-石门复背斜的北西端桑植淋溪河一带,核部地层为寒武系,翼部地层为奥陶系,轴向 NEE,北东翼地层倾角 15°～40°,南东翼地层倾角 30°～40°,轴线长 40km,为一鼻状背斜构造。

(2)桑植-官地坪向斜:位于桑植-石门复向斜北西的桑植官地坪一带,核部地层为中三叠统巴东组,翼部地层为志留系—三叠系,轴向 NEE,剖面形态宽缓,北西翼地层倾角 40°～50°,南东翼 30°～40°,呈明显负地形。

(3)四望山背斜:位于桑植县境内的四望山—人潮溪—西莲一带,总体走向北东,平面上呈"S"形弯曲。核部地层为龙马溪组,翼部为罗惹坪组和中—上泥盆统,北西翼地层倾角 30°～44°,南东翼地层倾角 35°～58°,轴线长 50km。北西翼近核部被人潮溪平推正断层切割,地层断距为 400 余米。

(4)走马坪向斜:位于桑植县走马坪一带,核部地层为巴东组,翼部地层为栖霞组至巴东组,北西翼地层倾角 43°～52°,南东翼地层倾角 42°～58°。北西翼被蔡家坪逆断层相切,断距达 400m。向斜形态较开阔。

(5)天子山背斜:位于张家界武陵源一带,轴部出露地层为罗惹坪组—纱帽组,翼部地层为泥盆系—二叠系,北西翼地层倾角 10°～60°,南东翼地层倾角 20°～60°。

(6)江垭向斜:位于张家界武陵源一带。轴部出露地层为大冶组,翼部地层为志留系—二叠系,北西翼地层倾角 20°～30°,南东翼地层倾角 10°～35°,轴线走向北东向。

桑植复向斜的主要变形期为燕山早期(郭建华等,2005),北西翼主要产铅锌矿,为洛塔铅锌矿田的分布区域。

古丈-吉首复背斜⑦ 总体呈北北东—北东向线状延展,主要由万岩-四都坪复背斜、橡木营向斜、吉信-杨家坪向斜、天堂背斜和保靖向斜等组成,西南端终止于麻栗场断裂。

总之古丈-吉首复背斜其次级背向斜形态以开阔型水平褶皱为主,背斜核部仅在古丈沙鱼溪,见小块中元古界褶皱基底出露,其余则为板溪群、南华系,两翼为震旦系、寒武系组成,向斜核部出露寒武系,两翼为震旦系、南华系组成。褶皱两翼倾角,由南东往北西有变陡的趋势,倒转褶皱的出现是受断层影响的缘故。

咸丰背斜⑧ 呈北东-南西方向伸展,北起宣恩孟家湾,纵经咸丰县城,到达龚家坨再向南西进入重庆酉阳一带。总体呈北 20°东走向。轴部由寒武系构成,两翼为奥陶纪、志留纪地层。在翼部还发育一系列的次级褶皱和压性断裂。

花果坪复向斜⑨ 花果坪复向斜主体为花果坪-濯河坝-大集场复向斜,次级褶皱有花果坪向斜、野山关向斜、大集场向斜和濯河坝向斜,主体呈北东向延伸。斜核部为三叠系灰岩及侏罗系砂岩、页岩组成,两翼为奥陶系、志留系、泥盆系中上统、二叠系地层。在翼部还发育一系列的次级褶皱和压性断裂。

恩施复背斜⑩ 恩施复背斜构造带,大致从湖北的恩施向南延伸到重庆黔江、贵州务川、湄潭一带,总体走向北东20°～25°。平面上次级褶皱呈斜列式排列。轴部由下寒武和中寒武统组成,两翼为奥陶纪、志留纪地层。复背斜脊线起伏较大,多受断裂破坏。在两翼还发育有一系列同方向的次一级褶皱和压扭性断裂带。恩施台褶束的东缘大致沿杨柳池、鹤峰、沙道一线与长阳台褶束分界。在宣恩与鹤峰之间,是由古生界和三叠系组成的北宽南窄的褶皱群,背斜、向斜相间排列,有扭曲和分叉等现象。

利川复向斜⑪ 利川复向斜(亦称利川台褶束)西以齐岳山梳状背斜与四川台坳分界,东沿大山顶、文斗一线与恩施台褶束相邻。由中生代地层构成一复式向斜构造,轴向北北东,略向西弯曲,宽35～45km。利川复向斜主要有官渡向斜、马前-马槽坝向斜、普子向斜等。

南、北形变特征有一定差异。利川以南是三叠系和侏罗系组成的利川向斜。利川向斜形似一东翼略为拉长的矩形。南翼和北翼走向东西,东翼和西翼走向北东至北北东。向斜槽部由侏罗系组成,出露最新地层为上侏罗统,产状极为平缓(4°～10°),翼部三叠系产状突然变陡,呈一开阔的平底向斜。次级褶皱亦呈开阔状,轴向北北东。利川以北是由志留系至二叠系组成的复向斜。主体是以中、下三叠统为主构成的宽阔的槽状向斜,产状平缓,一般10°～20°。在向斜内部发育许多次级的褶皱,主要有展布在沐抚、鱼皮泽一带由古生代地层组成的背斜,褶皱宽缓,向北东、南西方向倾伏。整个复向斜呈北宽南窄的楔状。

与四川台坳分界的齐岳山背斜,由二叠系和三叠系组成,轴向北北东,区内长80km,宽约5km,为典型的梳状褶皱。背斜南延至九股林附近变得宽缓,并呈鼻状分叉。

齐岳山复背斜⑫ 北起奉节、巫山,向南西经齐岳山马落池、刘家槽,南至武隆一带的北东—北北东向的高陡背斜带,长约近300km。背斜两翼不对称,西翼地层倾角40°～50°,东翼地层陡峻直立,局部倒转,主要发育两条断层沿走向轴面有倾向北西、南东或直立之扭转现象;轴线由东北20°渐转为北东75°,呈微突向北西的略弧形展布。枢纽起伏较大,总体往北东降低。

梵净山穹隆⑬ 自北西向南东依次为大罗背斜、铜厂向斜和芋头背斜,轴向北东40°～60°,总体呈向南东凸出的弧形,长10～20km,宽5～10km,钟灵-梵净山复背斜是一条总体上呈北东20°走向的复背斜,它南起贵州东北部的龙洞河附近,往北经梵净山一直延伸到湘西北的龙山一带。复背斜脊线时起时伏,轴部最老地层为中—晚元古代早期梵净山群和南华纪板溪群,两翼地层为南华系—震旦系、寒武系、奥陶系和志留系。在复背斜两翼还发育有许多与复背斜轴平行的次级褶皱和压扭性断裂。

主要由分布于古隆起的梵净山穹隆、猴子坳构造盆地及钟灵复式背斜等到三个大型的次一级褶曲及一系列纵横切割的断裂组成穹褶断束类型。其中褶曲轴向呈北北东向,为开阔平缓的穹状背斜的盆状向斜;断裂以北东组最为发育,上述岭龙正断层、三阳枢纽断层、新华枢纽断层及团坡正断层等4条一级断层平行地切割上述复式背斜的核部及背、向斜的交接处。现将其中主要褶曲及断裂简述于下。

(1)钟灵复式背斜:和猴子坳构造盆地相连,轴向北东,其北东端倾伏于秀山县城附近,长约30km。组成钟灵复式背斜的次级折曲有孝溪背斜、大梁子向斜、贵贤溪背斜及平穴背斜等。其中以平穴背斜为其主体。复式背斜核部为上板溪群乌叶组第一段第一亚段,两翼为寒武系及下奥陶统,倾角一般为15°～45°。由于该复式背斜的北西、南东两翼分别受岭龙正断层和新华枢纽断层所切割,中部又被三阳枢纽断层所斜切,且上述断层间尚有一系列大致平行的次级高角度断裂,故破坏了复式背斜完整的形态,从而形成目前复式背斜上发育着一系列次级褶曲和断裂组成的地堑、地垒,以及阶梯状断块的构造景观。

已知内生矿产主要为汞矿,多分布于北东倾伏端大断层;其次有铅锌矿及少量锑矿、重晶石等。外生矿产仅有震旦系底部产出的碳酸锰矿及寒武系底部的含铀磷矿。

(2)猴子坳构造盆:介于梵净山穹隆和钟灵复式背斜之间,形似圆盆,面积约220km²。东西两侧为三阳枢纽断层及新华枢纽断层所切割,其间并发育着若干北东向的次级断层,破坏了构造盆的完整形态。构造盆之中心为下奥陶统大湾组,向外为寒武系及震旦系。地层倾角一般为10°～30°,局部断裂附近地层变陡,倾角可达40°～50°。其间已知矿产主要为铅锌矿,多产出于构造盆东侧断裂带附近的灰岩中,其次,尚有产出于寒武系底部的含铀磷矿。

(3) 梵净山穹隆：该穹隆主体在南邻江口幅中。区内出露者仅为其向北倾伏的尖端部分,长约10km,其长轴呈北北东向,东西两侧分别为团坡正断层及三阳枢纽断层所切割。穹隆核部为本区最老的下板溪群,南邻江口幅中并有花岗岩及基性小岩体侵入,四周为上板溪群—奥陶系地层。核部地层陡立,一般倾角50°～85°,甚至直立或倒转,为一系列武陵期形成的北北东向的线状褶皱。翼部的上板溪群与核部的下板溪群成角度不整合接触,地层倾角较平缓,一般为20°～45°。倾伏端地层倾向北北西及北东,倾角一般为20°～40°。在区内及邻区已知有钨、锡、金、铜、铀等内生矿产与产出于震旦系底部的外生碳酸锰矿及寒武系底部的含铀磷矿等分布。

综上所述,从钟灵-梵净山复式背斜总体来看,断裂极为发育,前述四组断裂均有,但以北东组断裂最为发育。其中如岭龙正断层、三阳枢纽断层、新华枢纽断层、团坡正断层等4条区域性大断裂均切割了钟灵-梵净复式背斜,其他同组的次级断层则数量更多。上述4个大断层延长达30～50km以上,并均穿过本图幅进入吉首幅及江口幅中。此组断裂以高角度的正断层为主,断面倾角一般为50°～80°,由于断面陡立,时而有反转现象,常形成枢纽断层。如三阳枢纽断层在云陉之北东,断面倾向南东,延至旗盘渡附近断层分支成两条平行的断层,分别再向南西延至木黄和格山洞附近,断面又倾向北西,倾角50°～80°,故形成一枢纽断层。该断层垂直断距一般不大,仅数百米,部分地段可达千米以上。此外,该断层还具平稳性质,其南东盘推向北东,水平移距最大可达5km左右。已知三阳枢纽断层切断了前震旦纪及下古生代地层,并控制着寒武系沉积岩相和生物群的明显变化。由此分析该断层可能为雪峰期产生,后又经多次复活而成为区域性大断裂。同样新华枢纽断层、团坡正断层等大断裂的性质亦与之相似。沿这些大断裂带或其旁侧常见汞、铅锌等矿点或重砂异常的分布,可见此种断裂对区内热液矿产起着导矿构造的作用。

北东东组与北西西—东西组断裂在钟灵-梵净山复式背斜中较普遍,但规模较小,一般延长仅3～8km,断面倾向不一,倾角较陡,一般为50°～75°,但以正断层为主,逆断层甚少。该两组断层常与地层近于直交,一般垂直断距较小,仅数十米至100～200m,水平移距较大,常有数百米至千余米。其形成时期较晚,常见切断北东组断层。区内部分脉状铅锌矿及重晶石脉常沿北西组断裂破碎带分布。

南北组断裂较不发育,多为高角度的正断层,较大者如石塘正断层已知延长十余千米,断面倾向东,倾角50°～70°,垂直断距一般为百余米至200～300m。可能与北东组同期,常见此组小断层与北东组断层相交,呈次级羽状断裂出现。

此外应该提到钟灵-梵净山复式背斜北西翼的木黄附近,鸡公岭背斜脊线的南延部分与北东组三阳枢纽断裂带的交汇处,次级褶曲和断裂密集相交,形成木黄断裂褶皱构造束,在此构造束的收缩端,常见汞矿点及矿化,为有利的成矿地段。

雪峰山断褶带 该断褶带为北起湖南的安化,往南经绥宁、通道,直抵广西柳城带,长达400km,宽60～80km的雪峰山脉。该断褶带以规模巨大的断裂带为主,褶皱及红盆次之。断裂带彼此相互平行,呈多型排列,其走向均呈北东20°,倾角70°～80°,为高角度冲断层。断裂带延长30～40km,最长可达300km以上,最宽可达20～30km。断裂带强烈挤压破碎,显示了压扭性特征。褶皱带多分布在洞口至绥宁一带的南华系(板溪群、江口组砂岩、南沱组冰碛岩)、震旦系、下古生界及上古生界中,单条褶皱长度多为30～60km,是与断裂带相互平行的线状褶皱。红盆地有溆浦、黔阳和通道等盆地。它们都是沿这条断裂带呈北北东向多字型排列的中新生代沉积盆地。

四、构造演化与成矿

大约在新太古代扬子陆块的陆核形成,于古元古代(2500～1800Ma)进一步增生而形成初始陆块,随后于中元古代至新元古代早期(1800～800Ma)经历了裂解-拼合两个重要过程(高长林等,2005;高坪仙,1999)。裂解作用主要发生在中元古代早、中期,在扬子古陆周围形成小洋盆,如扬子古陆东南缘裂解形成黔东小洋盆与四堡、九岭岛弧分隔,岛弧之外以边缘海与华夏陆块分隔(周祖翼等,1997;廖宗廷等,1994,1997);北缘以南秦岭裂陷槽分隔了中秦岭等地块。在全球陆块会聚形成 Rodinia 超级大陆的背景下,于新元古代早期(800Ma),川滇藏陆块、华夏陆块及一些微陆块与扬子陆块发生碰撞造山,即晋宁运动,形成最早的"华南古大陆"。此次地质构造事件奠定了新元古代—早古生代沉积盆地基底。

自晋宁运动形成统一的扬子地块以来,研究区经历了复杂的多旋回裂解-漂移-汇聚历史以及强烈的陆内构造活动,其构造演化可分为如下 4 个阶段:加里东期—海西期稳定的扬子克拉通沉积、沉降发展阶段,沉积了一套以碳酸盐岩及碎屑岩为主的海相地层,构造相对稳定,以差异升降运动为主,构造面貌主要表现为大隆大凹;印支期以来为构造变形、变位发展阶段;早燕山期奠定了本区中、古生界的基本构造格局,为构造主要形成时期(刘云生等,2004);喜马拉雅期以断块差异升降运动为主。

从新元古代青白纪末期至南华纪,扬子陆块地壳运动发生了巨大变化,由先前碰撞造山转变为拉张裂陷的伸展环境,使黄陵陆块北缘和雪峰地块北西侧成为稳定的被动陆缘,形成以马槽园组和板溪群为代表的裂谷型火山-沉积岩建造。南华系与下伏地层以超覆不整合或假整合—整合接触。在成矿带南、北两侧,沿扬子陆块边缘发育初始裂谷,如北侧南秦岭-大别裂陷带,青白口系—南华系(武当岩群、耀岭河群等)总体为一套海相火山-碎屑岩建造,岩性主要为酸性和基性火山碎屑岩、熔岩、复陆屑砂泥质岩,夹火山角砾岩、碳酸盐岩、硅质岩和铁锰质岩,与上覆地层呈整合或假整合接触。东南侧黔东—湘西—桂北一带,南华纪为一大型坳陷-断坳带,其内南华系(板溪群、丹洲群、下江群等)总体为一套浅(次)深海相火山复理石或钠质基性、酸性火山岩建造,以含炭泥质岩、火山碎屑沉积岩、粉砂岩和砂岩韵律互层夹硅质岩为主要特征,总的沉积面貌由西北向东南水体逐步加深,沉积相带相应由滨岸相—浅海相—(半)深海相过渡。

从震旦纪开始至早古生代早期,随着陆块边缘的裂离,海侵扩大,地层向克拉通内超覆,总体以发育台地相碳酸盐岩为主,在渝东南-黔北-鄂西地区发育一相对稳定的台内坳陷,其内堆积了近 3000m 厚震旦系—中寒武统膏盐岩夹碎屑岩沉积,为陆块离散背景下台地内产生热沉降坳陷的沉积反映,其他地区发育的坳陷规模一般不大,且时有时无,范围也不断变化。

震旦纪末受惠亭运动影响,在鄂西地区发生区域性整体抬升,于寒武纪早期出现鄂中古陆,使灯影组遭受风化剥蚀,形成分布广泛的古喀斯特地貌;寒武纪早期沉积环境发生突变,在鄂西地区于灯影组古岩溶面之上沉积了盆地相炭硅质泥岩建造,在成矿带南部的湘西-黔东地区早寒武世期间受江南深断裂活动影响,形成堑(盆地)-垒(台地)相间的沉积环境。表明早寒武世湘西-鄂西成矿带处于强烈拉张断陷的构造环境,形成了自南往北分布广泛的较深水的沉积盆地,在盆地内热水沉积特别发育,沉积了富含 Cu、Pb、Zn、Ni、Mo、U、V、Ag、Ba、P 等多种金属元素的黑色岩系,成为多金属元素富集层。这次拉张断陷活动,在成矿带南部形成超大型重晶石矿床(如大河边重晶石矿床)、(银)钒矿、镍钼矿,在成矿带北缘形成独具特色的(重晶石)毒重石矿带。中—晚寒武世研究区为碳酸盐岩台地生长阶段,经历了由开阔台地相灰岩至局限台地相白云岩、水体由深变浅的演化过程。

自中奥陶世起,由于先前裂解离散的一些微陆块(如浙闽、云开、湘赣、湘桂等)汇聚并拼贴到扬子陆块的东南缘,导致扬子陆块东南被动边缘盆地转化为前陆盆地,并在前陆盆地的雪峰—江南一带形成前陆隆起(雪峰地区最先露出水面)(郝杰和翟明国,2004;马文璞等,1995),遭受剥蚀。而湘西-鄂西地区发生沉降形成前陆坳陷,发育由台地相碳酸盐岩—浅陆棚相泥灰岩、泥岩组成的退积型沉积序列,奥陶纪末期包括工作区在内的扬子陆块再次发生区域性隆升(宜昌上升),并在工作区西侧的黔中地区形成古陆,即黔中古陆。在此期间,扬子陆块东北缘(成矿带北缘)仍保持被动边缘性质,基本继承了前期的构造-沉积格局,总体以欠补偿性的深水笔石相砂泥复理石、泥质岩沉积为主。

上述洋盆俯冲消减和陆块碰撞对扬子陆块产生的综合效应,改变了先前离散背景下扬子陆块呈"中间高、四周低"的构造-盆地格局,转化为"中间低、四周高"的古构造-盆地格局,形成较深水的台内坳陷盆地,并于晚奥陶世五峰期—早志留世龙马溪期沉积了一套区域稳定分布且厚度较薄的炭/硅质泥页岩,成为中国南方古生界重要的区域性烃源岩(刘光祥,2005;周明辉等,2005)。

在扬子陆块的东南缘志留纪中、晚期随着微陆块的进一步拼贴,冲断作用向北西推进,前陆盆地沉降沉积中心向西迁移至雪峰山-江南隆起带及其北侧附近,沉积物变粗。由于此次碰撞拼贴是由多个碎陆块向扬子陆块东南缘汇聚产生的,受一些碎陆块形态及其汇聚方向差异等因素影响,在一些碰撞地块的前后缘仍有残留海盆存在,如钦防、黔南地区,表现为"软碰撞、弱造山"的特征。

在扬子陆块北缘,随着扬子与华北两陆块的靠近,首先在中秦岭山阳—柞水一带发生隆升,陆源碎屑增多,盆地转为以补偿性充填为主,以砂泥岩和含丰富底栖生物的碳酸盐岩沉积为主,为陆块碰撞前奏的反应。从早泥盆世开始,扬子陆块与华北陆块发生碰撞,形成北秦岭造山带(是加里东晚期—早华力西期秦祁昆造山带的组成部分),并在其山前(山阳—柞水一带)形成南秦岭前陆盆地,沉积了3000~4500m的巨厚泥盆系,随后因北部褶皱冲断向南推进,前陆盆地沉降中心南移,于石炭纪逐步萎缩消亡。

早古生代末的加里东运动是整个华南地质历史演化过程中发生的重大构造热事件,它形成了巨型华南加里东褶皱带,基本奠定了华南板块的构造格局(王鹤年和周丽娅,2006;舒良树,2006;Wang et al,2007)。经加里东运动,扬子地块与华夏地块俯冲碰撞,沿江南造山带分布区拼贴,中国南方大陆再次得到新的增生,构成统一的华南地块,其基本构造格局已经形成,并成为晚古生代广大碳酸盐岩台地发育的基础。在海西—印支期,中扬子地区北部秦岭残余海扩张,西部古特提斯洋打开,海水相继进入本区,沉积了1400~5000m的碳酸盐岩和碎屑岩地层。

中三叠世末期发生的印支期构造运动,使华北与扬子碰撞对接成为统一板块,秦岭海槽关闭,大洋消失,结束了海相沉积历史(刘春平等,2006),印支运动基本上奠定了现今的构造格局雏形,是亚洲大陆古地理、古构造格架发生巨变的转折点,也是亚洲大陆构造体制演化新阶段的开始,自此,本区进入了环太平洋陆缘活动带发展阶段。随着主应力场由南北向转为近东西向,区内产生了应力松弛和区域沉降。晚三叠世—侏罗纪,出现河流、湖泊和沼泽环境,接受了2000余米的湖沼相含煤碎屑岩沉积。

早燕山期,中扬子区处于南、北对冲挤压构造环境(刘云生等,2004),沉积盖层强烈褶皱变形,为本区局部构造的主要形成期,由于南、北造山带的逆冲挤压,形成南、北两个弧形构造体系。晚燕山期中扬子区整体表现为拉张断陷(徐政语,2001),向西逐渐减弱,西部四川盆地表现为整体坳陷,白垩系假整合或超覆于侏罗系地层之上;工作区形成了张性断层和白垩系山间断陷小盆地;往江汉平原区形成系列白垩纪—第三纪箕状断陷盆地。喜马拉雅期由于西部印度板块对欧亚板块的强烈碰撞和东部太平洋板块运动方向的改变,构造再次反转,总体表现为隆升挤压。扬子区位于相对稳定带,构造作用较弱(马力等,2004)。

综上所述,研究区的地壳运动以晋宁(武陵、四堡)运动、加里东运动、印支运动和燕山运动表现最为强烈。其中加里东运动可能与铅锌矿的形成具有密切关系。

第四节 区域重磁场特征

一、重力场特征

中国东部最大的重力梯度带(大兴安岭—太行山—武陵山)南北贯穿研究区,这种东高西低的重力异常特征压制了其他异常特征,因此重力场特征分区域重力异常特征和局部(剩余)重力异常特征两部分来描述比较合适。

(一)区域布格重力异常特征

在60km×60km滑动平均布格重力异常图(图3-4)上,区域重力场呈东高西低的特征。大兴安岭-太行山-武陵山重力梯度带沿郧西—保康—桑植—松桃一线通过研究区。

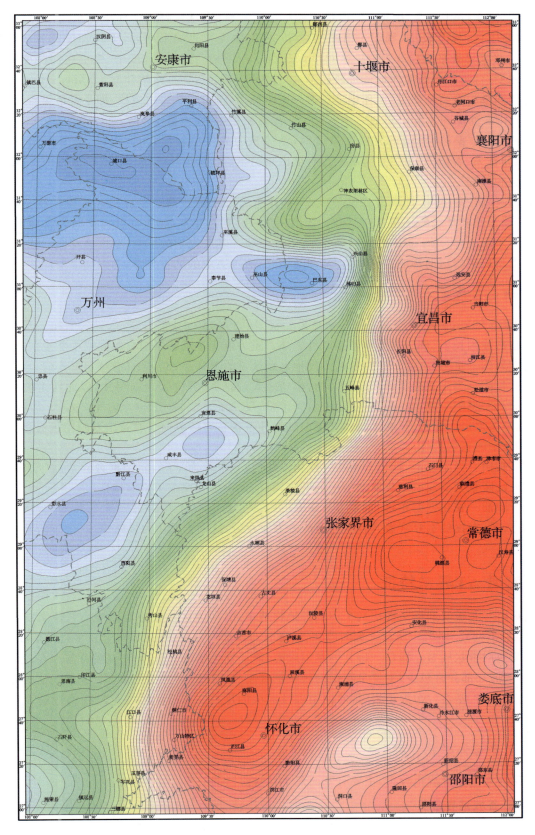

图 3-4 湘西-鄂西区域布格重力异常等值线平面图

(据武汉地质调查中心"区域地球物理调查成果集成与方法技术研究"项目组,2012)

大兴安岭-太行山-武陵山重力梯度带郧西—保康—桑植—松桃段，中部略向东凸出，平均宽度约110km，两端较宽，梯度较小，秭归—酉阳段较窄，梯度较大。北端十堰处，平均梯度为每千米$0.4\times10^{-5}m/s^2$。张家界处平均梯度为每千米$0.7\times10^{-5}m/s^2$。该巨型重力梯度带，受莫霍面深度陡变带的影响。阿尔泰-台湾地学断面深地震资料显示，由秀山到麻阳间，莫霍面抬升近6.3km。"长江三峡工程坝区及外围深部构造特征研究"工作中地震测深资料显示，重力梯度带对应段，即小溪塔至香溪段，莫霍面深度由34km变深到45km，形成一个坡度达9°地幔斜坡，深度差近11km。

在郧西-保康-桑植-松桃重力梯度带以西，整体重力异常值较低，由北向南，异常又呈"高—低—高—低"相间排列，有镇巴-旬阳重力高、万源-巫山重力低、恩施重力高、彭水-鹤峰重力低，主要反映莫霍面的隆起和坳陷。

在郧西-保康-桑植-松桃重力梯度带以东，整体重力异常值较高。在麻阳—常德存在一高重力异常，反映了莫霍面和基底的隆起。在洞口—新化存在一低重力异常，前人有资料推断为雪峰山幔坳，经过此地的阿尔泰-台湾地学断面并无幔坳显示，可能主要为基底坳陷的影响，在此地花岗岩体发育，不排除深部有大型岩浆岩房的影响。其次，在邓州之西北，有一宽缓的高重异常，为幔隆之反应。

(二) 剩余布格重力异常特征

在60km×60km滑动平均求取的布格重力异常图(图3-5)上，重力高、低异常密布。重力高多反映了背斜轴部或闪长岩、辉绿岩等中性偏基性岩体。重力低则多反映了向斜轴部或中新生代盆地、花岗岩类中酸性岩体。重力高(低)成带展布，不同地区剩余重力异常高(低)带具有特定的走向。

城口—长阳—当阳之北部，剩余重力异常幅值较大，高(低)异常带走向多变，以北西走向所占比例较大。沿房县—襄阳一线，有一北东东向低重异常带，反映了多个K—E断陷盆地。城口—房县—襄阳之南，异常带与之走向相近，反映了扬子北缘前陆褶冲带构造主体方向。在黄陵背斜附近有多个高重力异常，反映多个闪长岩岩体。

城口—长阳—当阳以南、黔阳—溆浦—安化以北西，异常较为平缓，剩余重力异常高(低)带多为北东向，吉首、沅陵重力低反映了沅麻盆地中的凹陷，其他异常主要反映了褶皱构造。

黔阳—溆浦—安化以南东，剩余重力异常高(低)带呈近东西向、略向北凸出的弧形异常带，由北向南，依次有辰溪-安化低重异常带、雪峰-寸石低重异常带，这两个低重力异常带，反映了两条中酸性岩浆岩带。

二、航磁 ΔT 异常特征

研究区跨华北板块和扬子板块两个一级大地构造单元，研究区两大板块航磁ΔT异常特征存在巨大的差异(图3-6)。城口—房县—襄阳以北，航磁ΔT异常十分复杂，局部异常众多且幅值变化很大，异常多呈北西向带状展布。城口—房县—襄阳以南，磁场变化比较平稳，除在黄陵背斜存在较强的局部异常，其他区域局部异常较少，主要呈宽缓的区域正磁或负磁场特征。变化梯度较大的局部磁异常正负伴生，多为岩浆岩、基性(次)火山岩、耀岭河组磁性地层的反映。宽缓的区域正磁或负磁场则反映了不同的基底。

(一) 主要局部磁异常群

局部磁异常多成群成带分布，主要有下面几个异常群。

1. 郧西-谷城磁异常群

该异常群多以北西—北西西走向的线性或条带状分布的磁异常为主，呈正负伴生、串珠状，幅值较强，线性走向以分布明显为特征。其中以郧西-丹江口和谷城两条磁异常带最为醒目，主要为震旦纪含磁铁矿基性火山岩和定向(沿基本构造线方向)排列分布的前震旦纪基性超基性岩引起的异常。在竹

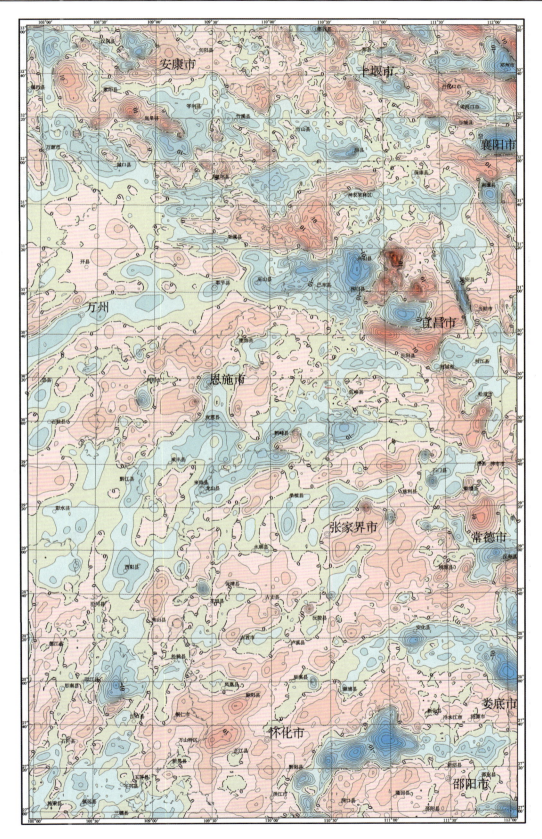

图 3-5 湘西-鄂西剩余布格重力异常等值线平面图
(据武汉地质调查中心"区域地球物理调查成果集成与方法技术研究"项目组,2012)

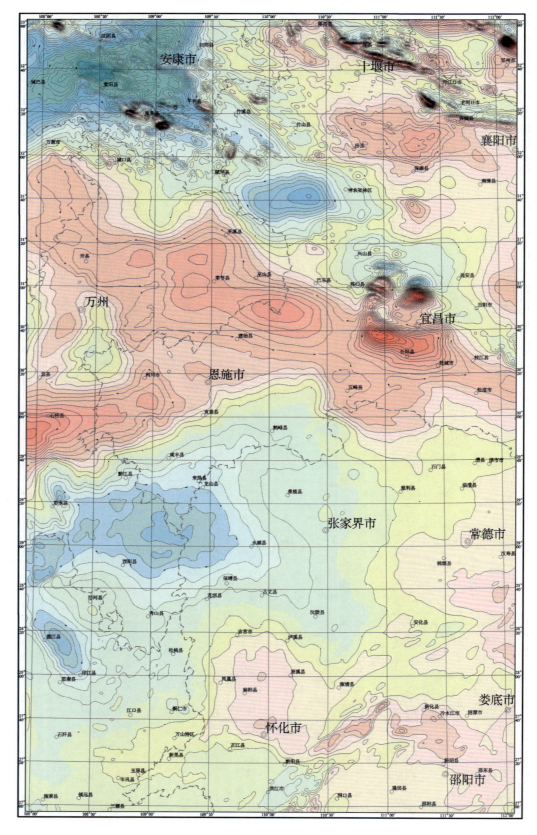

图 3-6 湘西-鄂西航磁 ΔT 异常等值线平面图
(据武汉地质调查中心"区域地球物理调查成果集成与方法技术研究"项目组,2012)

山—竹溪一带还有古生代辉石、辉石玢岩等基性超基性岩（走向和断裂、地层一致）所引起的异常。

2. 安康磁异常群

该磁异常群位于城口—房县以北，镇巴—镇平、旬阳—竹山两线夹限范围，异常十分复杂，形态、走向差异较大。北西向条带状异常多反映了基性（次）火山岩，椭圆形异常多为闪长岩岩、花岗岩岩体的影响。

3. 黄陵-长阳磁异常群

该磁异常群大多位于黄陵背斜核部邻近，均呈正负伴生、椭圆状，长轴为北西西向，主要受闪长岩岩体的影响。在长阳有一北西西向、较宽缓的椭圆状正磁异常，推断为隐伏闪长岩体。这些磁异常均与高重力异常相对应。黄陵背斜航磁异常最强的3号异常，经钻探验证是黑云母辉石闪长岩所引起，为偏基性的中性岩。

4. 黔阳-新化磁异常群

该磁异常群异常幅值较低，主要呈北东向串珠、条带状，在新化—新绍间磁异常变得更加宽缓，主要受中酸性岩体的影响。虽然岩体无磁性，但其和板溪群、冷家溪群元古宇地层接触，使局部地层中形成磁性矿物的集中，因而产生一系列形态不规整的局部磁异常。

（二）主要区域磁异常

研究区规模最大的磁异常是与川中前陆盆地相对应的磁异常，呈区域性宽缓的正磁异常，反映了"川中式"磁性基底。在万州市附近出现小范围低磁异常，可能为基底坳陷区。该区域性正磁异常向东并没有尖灭，在巴东—鹤峰以东为条带状进入江汉盆地，磁异常显示，该范围可能存在与"川中式"基底类似的基底。

"川中式"基底实际上是由强磁性超基性岩体、中性闪长岩类等中元古代老基底中的岩浆岩引起，四川盆地中心地带，到黄陵地区再到江汉盆地的磁异常实际上是在前震旦纪老基底形成发展的过程中经历过一次自川中向东、强度渐变弱的构造岩浆活动带（也可能是扬子元古基底形成过程中发生的古裂谷）。

第五节　区域地球化学特征和区域自然重砂异常特征

一、地球化学背景

上扬子地块周缘Pb、Zn异常分布广泛，浓集中心明显，并与已知矿点分布对应性良好。根据1∶20万水系沉积物测量成果，研究区可划分为中扬子地球化学区和雪峰地球化学区。

中扬子地球化学区包括湘西龙山-桑植地区、黔东沿河-石阡-都匀-荔波地区，以贵阳-施秉-玉屏为界可分为桑植-松桃-玉屏（北部）、都匀-荔波（南部）两个地球化学分区。桑植-松桃-玉屏分区主要以F、CaO、MgO地球化学高背景为典型特征，Ba、Be、Co、Cr、Hg、La、Li、Mn、Mo、Nb、Ni、P、Sr、Ti、U、V、W、Fe_2O_3、K_2O为地球化学高背景，As、B、Bi、Cd、Cu、Pb、Na_2O亦较高，Ag、Au、Sb、Sn、Th、Y、Zn、Zr、SiO_2、Al_2O_3等低于全区地球化学背景。其中As、Au、Cd、Hg、Mo、Ti、CaO、MgO离散程度大。都匀-荔波分区主要以Cd、Hg、Th、Bi地球化学高背景为主，且明显高于江南造山带地球化学分区和桑植-沿河-石阡分区。其次有Ag、As、B、Nb、Mo、U、Zr、Pb、Sb、SiO_2、CaO等也高于全区地球化学背景值。而Au、Ba、Be、Co、Cr、Cu、F、La、Li、Mn、Ni、P、Sn、Sr、Ti、V、Y、Zn及Al_2O_3、Fe_2O_3、K_2O、Na_2O、MgO则低于全区地球化学背景。其中As、Au、Ba、Cd、Cu、Hg、Mn、Mo、Sb、Zn及K_2O、Na_2O、MgO、CaO呈现出高离散，极不均匀分布的特点。

雪峰地球化学区以Ag、Ba、Nb、Sb、Y、Zn、Zr及SiO_2、Al_2O_3、K_2O、Na_2O等元素（氧化物）高背景、

其他元素（氧化物）低于全区背景含量为特征。分布特点是 As、Sr、CaO、MgO 为极贫化类元素（氧化物），Na$_2$O、Sb、Au、As、Hg 多呈对数离差值较大的离散型分布，其余元素较为均匀。

二、铅锌地球化学异常特征

据前人资料，鄂西震旦系—寒武系中铅锌土壤异常和分散流异常共有 146 个，其中土壤铅锌异常 72 个（单元素锌异常 1 个，铅异常 33 个，铅锌异常 13 个，汞-铅-锌、铜-铅-锌、铅-镍、铜-铅-镍和汞-锌异常 27 个），分散流异常 74 个（铅/铅-银异常 23 个，锌异常 1 个，铅-锌/铅-锌-银±镉异常 23 个，铅锌多元素异常 27 个）。目前已发现的铅锌矿床（点）基本上都分布于上述异常范围内，反映异常对找矿具有指示意义。

在湘西-鄂西 1:20 万水系沉积物 4km^2 组合样分析原始数据的基础上，采用原点网格化的直观方法对铅锌元素数据进行初步处理，作出了该地区 Pb、Zn 元素地球化学图（图 3-7、图 3-8）。总体看来，元素地球化学异常以高背景或低背景、强离散分布为特色，形态一般呈带状或由断续点状组成的带状，以 NE、EW 向为主，次为 SN、NW 向，空间分布总体与断裂、褶皱相一致，对指示区内矿产分布具有重要意义。

从 Pb、Zn 元素浓集中心分布来看，与铅锌矿点套合及耦合程度好，且 Zn 浓集中心相对要大。Pb、Zn 异常带主要分布于以下几个地区：①中扬子陆块北缘青峰断裂、郧县-郧西断裂、竹山-竹溪断裂两侧异常带；②神农架断穹、黄陵断穹周缘异常区；③八面山复式背斜与建始-恩施断裂带、咸丰断裂带、保靖-花恒-铜仁断裂带及古丈-吉首断裂带交切部位异常带（区），局部呈"S"形分布，主要异常带走向长 20～200km；④雪峰地块辰溪-董家河异常区，铅锌异常面积大，强度高。

从图 3-7、图 3-8 中可知，鄂西地区铅锌元素背景值比湘西地区明显要低，为了更好地反映铅、锌地球化学异常与分布特征，李堃等（2010，2013）分别对这两个地区的地球化学异常采用不同方法进行计算和描述。

1. 鄂西地区铅锌地球化学异常特征

地球化学背景值和异常下限的确定是勘查地球化学的一个基本问题，也是勘查地球化学用于矿产勘查时的一个关键环节。本次采用均值加 1.5 倍的标准差作为异常下限值（吴锡生等，1994；陈明等，1999）。为了准确地反映元素的浓集趋势，突出浓集中心，采用了 3 个区间来描述元素的分布特征，即背景区、高背景区和异常区。这 3 个区间的确定方法和数值见表 3-2。

表 3-2 鄂西地区铅锌元素背景区和异常区范围

区间	确定方法	Pb	Zn
背景区	$\leqslant \overline{X}+0.5\delta$	$\leqslant 29.392$	$\leqslant 90.121$
高背景区	$\overline{X}+0.5\delta \sim \overline{X}+1.5\delta$	$29.392 \sim 36.890$	$90.121 \sim 113.623$
异常区	$\geqslant \overline{X}+1.5\delta$	$\geqslant 36.890$	$\geqslant 113.623$

注：表中元素含量单位为 10^{-6}，数据来源于全国 1:20 万水系沉积物化探数据。

根据上述方法作出了鄂西地区 Pb、Zn 两元素的地球化学异常图（图 3-9、图 3-10）。从两图中可以看出，已知的大部分铅锌矿床（点）都落在 Pb、Zn 异常区，表明 Pb、Zn 两元素的地球化学异常能比较准确地反映铅锌矿产地，两元素的地球化学异常与背景的划分是比较准确的。Pb、Zn 两元素异常区主要集中在以下 5 个区。

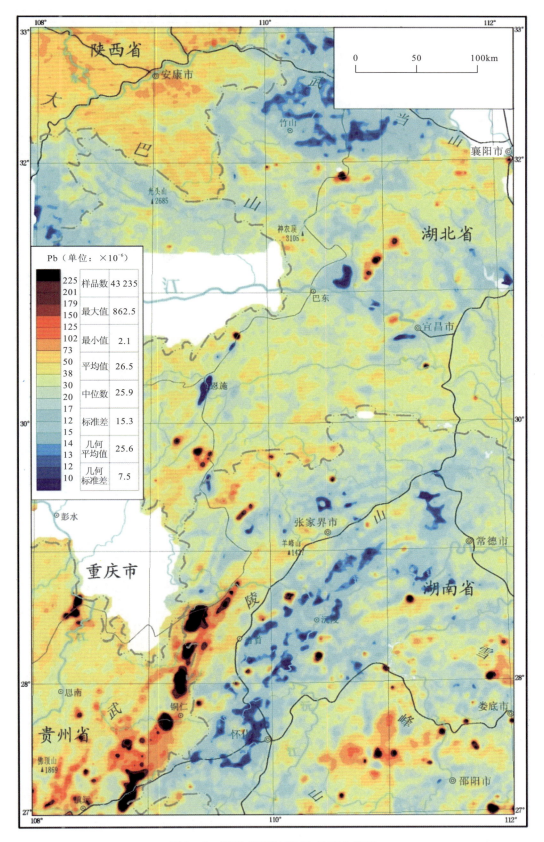

图 3-7 湘西-鄂西地区 Pb 地球化学图

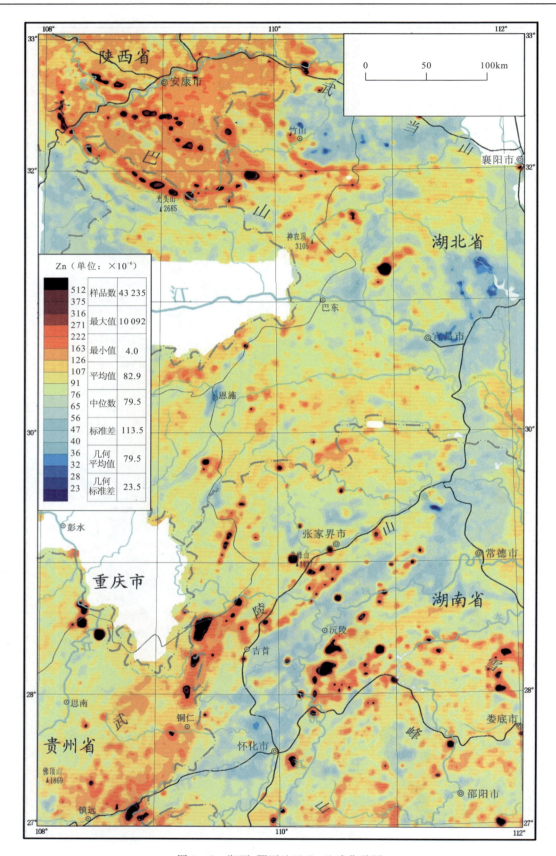

图 3-8 湘西-鄂西地区 Zn 地球化学图

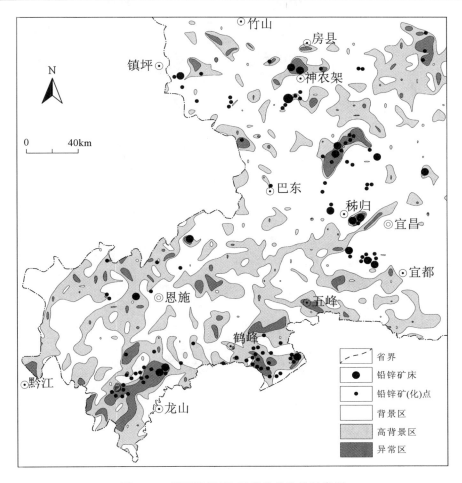

图 3-9 鄂西地区 Pb 元素地球化学异常图
(据李堃等,2010)

(1)青峰断裂带附近:该区以 Zn 异常为主,尤其是靠近陕西镇坪一带出现大面积异常,而 Pb 异常主要出露在房县南部。该区靠近镇坪一带主要分布着朝阳、桃源、头道河、小水桶沟、迷魂阵等铅锌矿床(点),在房县南部分布着西蒿坪、东蒿坪、贵子沟等铅锌矿床(点),在断裂带东边则分布着头道峡、黄粱沟、黄龙庙等铅锌矿点。

(2)神农架地区:该区两元素异常范围都不大,但在冰洞山铅锌矿附近都出现了异常。除了冰洞山铅锌矿之外,该区还分布着沐浴河、银洞坡、连连坪等铅锌矿床(点)。

(3)黄陵背斜周缘:该区北部两元素异常明显,异常面积与形态非常一致,分布着白鸡河、滩淤河、凹子岗等铅锌矿床(点)。在南部长阳背斜附近分布着何家坪、王家湾、西寺坪等铅锌矿床(点)。

(4)鹤峰地区:该区两元素都有异常反映,但异常形态略有不同。该区矿床(点)分布很密集,主要有铅厂沟、五峰山、凤凰岭、简草峪、万寺坪、楠木坪等铅锌矿床(点)。

(5)恩施南部地区:该区 Pb 异常与矿点吻合很好,而 Zn 异常只与东边部分矿点吻合。区内主要分布着咸丰老寨、白家坝、板桥和宣恩埃山、魏家坳等铅锌矿床(点)。

2. 湘西-黔东地区铅锌地球化学异常特征

对湘西-黔东地区地球化学异常的计算采用地球化学块体理论方法(谢学锦,1995),该理论指出除了各种类型的局部分散晕及区域异常之外,还存在一系列更宽阔套合的地球化学模式谱系(谢学锦等,2002),表明地球上存在着特别富含某些元素的地球化学块体,是地球从形成与演化至今不均匀性的总显示,为大型—超大型矿床的形成提供了必要的物质条件(王学求等,2007)。

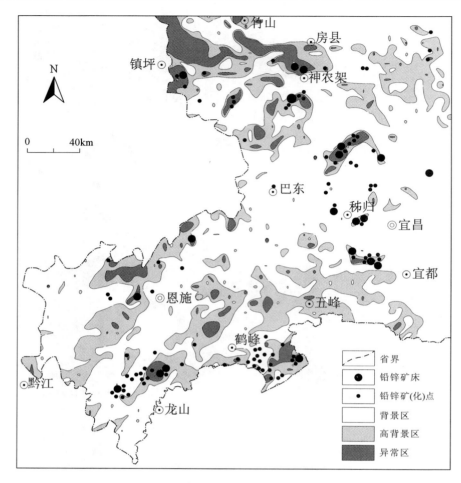

图 3-10 鄂西地区 Zn 元素地球化学异常图
(据李堃等,2010)

利用地球化学块体理论方法圈定地球化学块体与常规方法略有不同,它利用 10km×10km 的窗口进行了数据平滑,相当于取 100km² 窗口内所有数据的平均值作为窗口中心位置的值。对于块体下限值确定的方法通常采用的是选取金属元素含量累计频率在 80%~85% 之间的数值,或者是通过剔除大于 3 倍离差的特高值后,计算平均值加上 1 倍的标准差所得的数值(刘大文等,2002)。本次计算方法采用了后者,得出 Zn 元素的下限值为 $110×10^{-6}$,该含量值的累计频率在 85%。为了更好地追索研究区内 Zn 地球化学块体的结构和分布特征,地球化学块体的分级采用 $0.1 \lg X$(X 为含量值)间隔,通常分为 6 个等级。该地区 Zn 元素含量统计特征及地球化学块体含量水平分级见表 3-3。

表 3-3 湘西黔东地区 Zn 元素含量统计特征及地球化学块体含量水平分级

元素	数据量	最小值	最大值	四分位值			平均值	标准差
				25%	50%	75%		
Zn	62 998	1	21 492	68	84	100	91	142

元素	剔除 3 倍离差后		不同级别块体含量水平					
	平均值	标准差	1 级	2 级	3 级	4 级	5 级	6 级
Zn	84	26	110	138	174	219	276	348

注:表中 Zn 元素含量单位为 10^{-6},数据来源于全国 1:20 万水系沉积物化探数据。

根据地球化学块体理论,将研究区内 Zn 地球化学区面积大于 1000km² 定义为 Zn 地球化学块体,把面积在 100～1000km² 之间的地球化学区定义为 Zn 地球化学区域异常。考虑到每一个数值代表 100km² 的面积,把异常面积小于 100km² 和异常样本数小于 2 个的区域异常不参与讨论。根据表 3-3 确定的各级地球化学块体含量值,运用 GeoEXPL 软件和 MapGIS 软件,在湘西-黔东地区共圈定出地球化学块体 4 个、区域异常 7 个(图 3-11),地球化学块体特征进行描述如下。

1 号地球化学块体 位于都匀—凯里一带,呈北东向展布,属 3 号块体往西南延伸的部分,Zn 元素形成两个浓集中心,这两个浓集中心分别与都匀牛角塘和凯里柏松铅锌矿床的位置吻合。该块体内 NE 向断裂发育,出露震旦系至寒武系地层,其中震旦系—下寒武统以碳酸盐岩和细碎屑岩为主。牛角塘铅锌矿主要赋存于下寒武统清虚洞组,现已发现 4 个矿化层,90 多个矿体(叶霖等,2005),矿体呈似层状、透镜状产出,与赋矿围岩的产状基本一致,以 Zn 为主,Cd 的含量异常高,目前已探明 Zn 储量为 $35×10^4$ t 以上,Cd 的储量为 5299t,已达到大型规模。

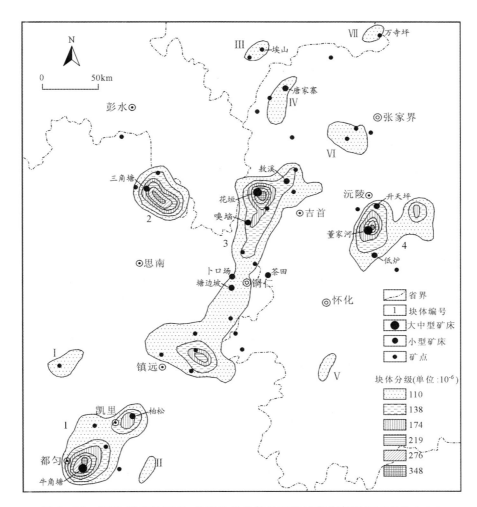

图 3-11 湘西-黔东地区 Zn 地球化学块体及区域异常分布图(据李堃等,2013)
1、2 等地球化学块体的编号,Ⅰ、Ⅱ 等为区域异常编号

2 号地球化学块体 位于贵州沿河一带,Zn 形成一个浓集中心。该块体位于扬子地块南缘 NNE 向凤冈构造变形区,构造以 NNE 向多字型构造为主,出露地层主要为寒武系和奥陶系(邓小万等,2004)。块体内分布有沿河三角塘中型铅锌矿产出,已知有官山和天仙洞两个含矿带。官山含矿带沿北东向官山正断层充填并交代,呈脉状产出,倾向 322°,倾角 70°～80°,长 1700m,宽 2～20m。

3号地球化学块体 位于花垣—铜仁—镇远一带,与保靖-铜仁-凯里深大断裂关系密切,分布范围大,集中分布于花垣李梅、松桃嗅硐、铜仁卜口场等铅锌矿床,呈北东向展布,矿化连绵百余千米,发现有矿床和矿化点上百处。据前人统计资料表明,区内下寒武统清虚洞组(尤其是藻灰岩)Pb、Zn 背景值均比其他层位高,反映其具有矿源层的特点(李宗发,1991),也可能是该地区地球化学异常分布广、强度大的原因之一。

3号块体有两个浓集中心,南边的子块体位于镇远县北东东方向,该区仅分布有一小型铅锌矿床,即都坪铅锌矿床。另外分布关口、竹坪等矿点,该区 Zn 异常较大,有进一步工作的必要。北边的子块体主要包含了湘西北花垣李梅铅锌矿床,还包含了松桃嗅硐、水源寨等铅锌矿床。该地区下寒武统清虚洞组藻灰岩直接控制着铅锌矿床的分布,矿体分为似层状、层状、顺层状产出的整合型及沿明显切穿岩层的断层、裂隙产出的脉状交错型矿体两类。矿体大小差异悬殊,层状矿一般长数百米至千余米,少数达 3000 余米,厚度一般 1~3m,少数 5~10m,最大延伸数十米至千余米不等。该块体内已发现铅锌矿床(点)205 处,其中大型矿床 1 处,中型矿床 4 处,小型 12 处,矿点和矿化点 188 处(杨绍祥等,2006;罗卫等,2009)。

4号地球化学块体 主要分布于沅陵董家河一带,块体主要沿董家河铅锌矿呈环状分布,该块体还包含了低炉、升天坪、用坪、尖岩等铅锌矿。该块体内出露地层从老至新有南华系、震旦系、寒武系及石炭系,铅锌矿体主要赋存于震旦系陡山沱组下段,厚度较稳定,一般在 6~10m(曾勇等,2007)。矿体与围岩产状一致,严格受地层控制。矿体呈层状、似层状产出,已圈定 1 个 Zn 矿体和 6 个 Pb 矿体,Zn 矿体走向长达 5000m,最大控制斜深 1500m,厚度十分稳定,平均厚 1.39m,Zn 平均品位 2.76%。

三、区域自然重砂异常特征

鄂西地区除锰未形成矿物重砂异常外,铅、锌和铜均已形成重砂异常,其中铜矿物异常 36 个,铅-锌矿物异常 52 个。这些重砂异常面积大,一般为 20~100km^2,个别达 777km^2,矿石矿物含量一般为:铜矿物 1~100 粒/20kg,个别大于 10g/20kg;锌矿物 1~12 粒/20kg,个别大于 0.7g/20kg;铅矿物 1~100 粒/20kg,个别大于 10g/20kg。

根据重砂矿石矿物的分布规律和富集特征、重砂异常分布的连续性,结合已知矿床或矿(化)点的分布及成矿规律,已在鄂西地区共圈定铜、铅、锌重砂异常区带 8 处:①房县-石门集铅锌异常带;②神农架铜矿异常区;③兴山张官店-南漳店垭铅锌异常带;④长阳乐园-城关铅锌异常带;⑤宣恩砂坪-鹤峰八字山铜异常带;⑥鹤峰走马坪铜铅锌异常带;⑦宣恩桐子营-咸丰坝坪营铜铅异常带;⑧神农架冰洞山铅锌异常区。湘西区域重砂测量工作程度低,目前未能形成较系统的资料。

第六节 区域矿产特征

湘西-鄂西成矿带矿产资源十分丰富,主要矿种有金、银、铜、铅锌、铁、磷、锰、钒、钼、石墨、硫铁矿和黏土等。区内已发现大型以上矿床 37 处、中型 177 处(附图 5,表 3-4)、小型 177 处、矿点 667 处。

铅-锌矿主要分布于鄂西地区的青峰断裂带南侧、神农架-黄陵隆起周缘、高罗背斜、走马坪(东山峰)背斜等矿化集中区和湘西地区的龙山、保靖、花恒、凤凰和辰溪-董家河等矿化集中区。这些矿集区具有以下特征:①点多、面广且成带、成片分布;②赋存层位多,包括震旦系陡山沱组、灯影组、寒武系中上统至奥陶系中下统;③探明或已知的大中型矿床较多,如渔塘矿田李梅铅锌矿区和鱼塘铅锌矿区已探明铅锌资源储量达 297×10^{4}t,鄂西神农架冰洞山铅锌矿控制(333+334$_1$)铅锌资源量为 144×10^{4}t,湘西龙山-保靖地区控制(333+334$_1$)铅锌资源量为 255×10^{4}t。

铜矿规模一般较小,具矿(化)点多而分散的特点。相对集中的铜矿化区有神农架断穹核部、荆当盆地周缘、麻阳盆地和雪峰地块官庄背斜周缘,具有较好的找矿远景。断续零星出露铜矿(化)点及异常的地区有武当地区,黄陵断穹周缘,建始—恩施及咸丰一带。

表 3-4 中型以上矿产地一览表

序号	省份	主矿种	产地名称	矿床成因	规模	成矿区带	图面编号
1	湖南	磷矿	石门东山峰磷矿清官渡	沉积型	特大型矿床	Ⅲ-77	1162
2	湖南	磷矿	石门东山峰磷矿板桥矿	沉积型	特大型矿床	Ⅲ-77	1145
3	湖南	磷矿	石门东山峰磷矿枫箱坡	沉积型	特大型矿床	Ⅲ-77	1146
4	湖南	磷矿	石门东山峰磷矿大成	沉积型	特大型矿床	Ⅲ-77	1166
5	湖南	磷矿	石门东山峰鼓罗坪	沉积型	特大型矿床	Ⅲ-77	1129
6	湖南	磷矿	沅陵县升天坪矿区	沉积型	特大型矿床	Ⅲ-78	1454
7	湖南	重晶石	新晃贡溪重晶石矿	沉积型	特大型矿床	Ⅲ-78	1832
8	湖南	锑矿	锡矿山锑矿田南矿区	热液型	特大型矿床	Ⅲ-86	1686
9	湖北	铁矿	谷城兴隆观铁矿	岩浆型	大型矿床	Ⅲ-66	148
10	湖北	硫铁矿	竹山县文峪河硫铁矿矿床	沉积型	大型矿床	Ⅲ-66	137
11	湖北	轻稀土矿	庙垭铌稀土	岩浆型	大型矿床	Ⅲ-66	138
12	湖北	银矿	银洞沟银金矿	热液充填型	大型矿床	Ⅲ-66	126
13	湖北	铁矿	龙角坝铁矿	海相沉积型	大型矿床	Ⅲ-77	890
14	湖北	铁矿	建始县官店(凉水井—大庄)矿区	海相沉积型	大型矿床	Ⅲ-77	912
15	湖北	铁矿	巴东县黑石板赤铁矿	海相沉积型	大型矿床	Ⅲ-77	910
16	湖北	铁矿	长阳县火烧坪铁矿	海相沉积型	大型矿床	Ⅲ-77	827
17	湖北	磷矿	丁家河磷矿区西矿段	海相沉积型	大型矿床	Ⅲ-77	593
18	湖北	磷矿	樟村坪磷矿区Ⅲ矿段	海相沉积型	大型矿床	Ⅲ-77	586
19	湖北	磷矿	丁家河磷矿区东部矿段	海相沉积型	大型矿床	Ⅲ-77	594
20	湖北	磷矿	栗西磷矿西岔河磷矿	海相沉积型	大型矿床	Ⅲ-77	558
21	湖北	磷矿	杉树垭磷矿	海相沉积型	大型矿床	Ⅲ-77	550
22	湖北	磷矿	店子坪磷矿区	海相沉积型	大型矿床	Ⅲ-77	581
23	湖北	磷矿	宜昌磷矿挑水河矿区	海相沉积型	大型矿床	Ⅲ-77	520
24	湖北	磷矿	远安县宜昌磷矿桃坪河矿区	海相沉积型	大型矿床	Ⅲ-77	623
25	湖北	磷矿	树空坪磷矿树空坪矿段	海相沉积型	大型矿床	Ⅲ-77	566
26	湖北	磷矿	兴-神磷矿瓦屋磷矿区	海相沉积型	大型矿床	Ⅲ-77	427
27	湖北	磷矿	保康磷矿白竹矿区Ⅰ矿段	海相沉积型	大型矿床	Ⅲ-77	372
28	湖北	磷矿	神农架林区连-武矿区寨湾磷矿区	海相沉积型	大型矿床	Ⅲ-77	376
29	湖北	磷矿	宜昌磷矿殷家坪矿区	海相沉积型	大型矿床	Ⅲ-77	603
30	湖南	磷矿	石门东山峰磷矿杨家坪	沉积型	大型矿床	Ⅲ-77	1126
31	湖南	锌矿	花垣县李梅锌矿区	碳酸盐岩-细碎屑岩型(Sedex)	大型矿床	Ⅲ-77	1452
32	湖南	磷矿	沅陵县张家滩	沉积型	大型矿床	Ⅲ-78	1500

续表 3-4

序号	省份	主矿种	产地名称	矿床成因	规模	成矿区带	图面编号
33	湖南	磷矿	辰溪县田湾云雾山矿岭	沉积型	大型矿床	Ⅲ-78	1567
34	湖南	磷矿	泸溪洗溪磷矿	沉积型	大型矿床	Ⅲ-78	1530
35	湖南	钨矿	沅凌县沃溪	构造破碎蚀变岩型	大型矿床	Ⅲ-78	1448
36	湖南	锑矿	新邵县龙山岩金矿	热液型	大型矿床	Ⅲ-86	1750
37	湖南	锑矿	锡矿山锑矿田北矿区	热液型	大型矿床	Ⅲ-86	1676
38	湖北	铁矿	郧县崖屋沟磁铁矿	海相火山岩型	中型矿床	Ⅲ-66	72
39	湖北	铁矿	陈家垭铁矿	海相火山岩型	中型矿床	Ⅲ-66	85
40	湖北	铁矿	丹江口市银洞山钛磁铁	岩浆型	中型矿床	Ⅲ-66	147
41	湖北	铁矿	田家沟矿段钛磁铁矿	岩浆型	中型矿床	Ⅲ-66	146
42	湖北	铁矿	丹江口市王家梁赤铁矿	海相沉积型	中型矿床	Ⅲ-66	101
43	湖北	重晶石	竹山县王家湾重晶石矿	沉积型	中型矿床	Ⅲ-66	157
44	湖南	锰矿	宁乡县甘棠山锰矿	沉积型	中型矿床	Ⅲ-70	1607
45	湖南	锰矿	桃江县响涛源锰矿区斗笠山段	沉积型	中型矿床	Ⅲ-70	1507
46	湖南	锰矿	涟源县三尖峰锰矿区	沉积型	中型矿床	Ⅲ-70	1623
47	湖南	钨矿	安化司徒铺矿区钨矿	热液型	中型矿床	Ⅲ-70	1582
48	湖北	磷矿	房县东嵩磷矿区	海相沉积型	中型矿床	Ⅲ-73	312
49	湖北	磷矿	保康磷矿区九里川矿段	海相沉积型	中型矿床	Ⅲ-73	338
50	湖北	磷矿	保康磷矿马桥磷矿区	海相沉积型	中型矿床	Ⅲ-73	336
51	湖北	磷矿	保康磷矿洞河磷矿区	海相沉积型	中型矿床	Ⅲ-73	313
52	湖北	磷矿	保康磷矿区菜子岭矿段	海相沉积型	中型矿床	Ⅲ-73	296
53	湖北	磷矿	保康县寨沟磷矿区	海相沉积型	中型矿床	Ⅲ-73	340
54	湖北	磷矿	保康磷矿石灰山矿区	海相沉积型	中型矿床	Ⅲ-73	314
55	湖北	磷矿	邓家崖磷矿Ⅰ-1矿体	海相沉积型	中型矿床	Ⅲ-73	274
56	湖北	硫铁矿	管驿沟硫铁矿	沉积型	中型矿床	Ⅲ-73	273
57	湖北	铅锌	房县常家坡铅锌矿	层控型	中型矿床	Ⅲ-73	281
58	湖北	铁矿	铁厂坝铁矿	海相沉积型	中型矿床	Ⅲ-74	849
59	湖北	铁矿	太平口铁矿	海相沉积型	中型矿床	Ⅲ-74	795
60	湖北	硫铁矿	磺厂坪双土坎井田	沉积型	中型矿床	Ⅲ-74	788
61	湖北	硫铁矿	磺厂坪狮子崖井田	沉积型	中型矿床	Ⅲ-74	791
62	湖北	硫铁矿	建始县天鹅池硫铁矿	沉积型	中型矿床	Ⅲ-74	773
63	湖北	硫铁矿	恩施市太阳河道路湾硫	沉积型	中型矿床	Ⅲ-74	802
64	湖北	硫铁矿	沐抚硫铁矿	沉积型	中型矿床	Ⅲ-74	841
65	湖北	硫铁矿	利川市罗圈坝硫铁矿	沉积型	中型矿床	Ⅲ-74	822
66	湖北	铁矿	神农架林区主峰铁矿	海相沉积型	中型矿床	Ⅲ-77	489
67	湖北	铁矿	官庄铁矿	海相沉积型	中型矿床	Ⅲ-77	742

续表 3-4

序号	省份	主矿种	产地名称	矿床成因	规模	成矿区带	图面编号
68	湖北	铁矿	杨柳池铁矿	海相沉积型	中型矿床	Ⅲ-77	800
69	湖北	铁矿	秭归樊家湾铁矿	海相沉积型	中型矿床	Ⅲ-77	760
70	湖北	铁矿	马鞍山铁矿床	海相沉积型	中型矿床	Ⅲ-77	862
71	湖北	铁矿	石板坡铁矿	海相沉积型	中型矿床	Ⅲ-77	871
72	湖北	铁矿	谢家坪铁矿	海相沉积型	中型矿床	Ⅲ-77	887
73	湖北	铁矿	阮家河铁矿	海相沉积型	中型矿床	Ⅲ-77	987
74	湖北	铁矿	黄粮坪铁矿	海相沉积型	中型矿床	Ⅲ-77	888
75	湖北	铁矿	松木坪铁矿	海相沉积型	中型矿床	Ⅲ-77	990
76	湖北	铁矿	五家河铁矿	海相沉积型	中型矿床	Ⅲ-77	916
77	湖北	铁矿	十八格铁矿	海相沉积型	中型矿床	Ⅲ-77	781
78	湖北	铁矿	仙人岩铁矿	海相沉积型	中型矿床	Ⅲ-77	808
79	湖北	铁矿	瓦屋场铁矿	海相沉积型	中型矿床	Ⅲ-77	818
80	湖北	铁矿	龙坪铁矿	海相沉积型	中型矿床	Ⅲ-77	881
81	湖北	铁矿	野花坪铁矿	海相沉积型	中型矿床	Ⅲ-77	780
82	湖北	铁矿	长潭河铁矿	海相沉积型	中型矿床	Ⅲ-77	1064
83	湖北	铁矿	马虎坪铁矿马虎坪矿段	海相沉积型	中型矿床	Ⅲ-77	1106
84	湖北	铁矿	长阳县青岗坪铁矿	海相沉积型	中型矿床	Ⅲ-77	836
85	湖北	锰矿	古城锰矿	沉积型	中型矿床	Ⅲ-77	817
86	湖北	磷矿	栗西磷矿栗林河东侧矿	海相沉积型	中型矿床	Ⅲ-77	575
87	湖北	磷矿	夷陵区灰石垭磷矿区	海相沉积型	中型矿床	Ⅲ-77	563
88	湖北	磷矿	樟村坪Ⅰ矿段柳树沟矿	海相沉积型	中型矿床	Ⅲ-77	598
89	湖北	磷矿	董家包磷矿	海相沉积型	中型矿床	Ⅲ-77	532
90	湖北	磷矿	云台观磷矿	海相沉积型	中型矿床	Ⅲ-77	551
91	湖北	磷矿	宜昌磷矿孙家墩矿区	海相沉积型	中型矿床	Ⅲ-77	509
92	湖北	磷矿	盐池河磷矿区	海相沉积型	中型矿床	Ⅲ-77	666
93	湖北	磷矿	远安县殷家沟磷矿区	海相沉积型	中型矿床	Ⅲ-77	639
94	湖北	磷矿	白果园磷矿区安家河矿段	海相沉积型	中型矿床	Ⅲ-77	587
95	湖北	磷矿	树空坪磷矿区后坪矿段	海相沉积型	中型矿床	Ⅲ-77	544
96	湖北	磷矿	兴-神磷矿郑家河矿段	海相沉积型	中型矿床	Ⅲ-77	396
97	湖北	磷矿	鹤峰县走马坪磷矿区风化矿	海相沉积型	中型矿床	Ⅲ-77	1187
98	湖北	磷矿	鹤峰县磷矿走马矿区白果坪矿段	海相沉积型	中型矿床	Ⅲ-77	1160
99	湖北	磷矿	鹤峰走马坪岩湾风化磷矿	海相沉积型	中型矿床	Ⅲ-77	1173
100	湖北	磷矿	神农架林区宋洛磷矿连坪矿段	海相沉积型	中型矿床	Ⅲ-77	375
101	湖北	磷矿	神农架林区莲花磷矿	海相沉积型	中型矿床	Ⅲ-77	374
102	湖北	磷矿	神农架林区宋洛磷矿石家河矿段	海相沉积型	中型矿床	Ⅲ-77	368

续表 3-4

序号	省份	主矿种	产地名称	矿床成因	规模	成矿区带	图面编号
103	湖北	磷矿	神农架林区武山磷矿	海相沉积型	中型矿床	Ⅲ-77	377
104	湖北	磷矿	神农架林区柳树袍磷矿	海相沉积型	中型矿床	Ⅲ-77	384
105	湖北	磷矿	树崆坪磷矿区马家湾矿段	海相沉积型	中型矿床	Ⅲ-77	565
106	湖北	硫铁矿	鹤峰县鹤峰煤田留驾煤矿区	沉积型	中型矿床	Ⅲ-77	1085
107	湖北	硫铁矿	鹤峰县黄家营硫铁矿	沉积型	中型矿床	Ⅲ-77	1071
108	湖北	硫铁矿	恩施市向家村硫铁矿	沉积型	中型矿床	Ⅲ-77	865
109	湖北	硫铁矿	建始县大理硫铁矿	沉积型	中型矿床	Ⅲ-77	845
110	湖北	硫铁矿	宣恩县勾腰坝硫铁矿	沉积型	中型矿床	Ⅲ-77	1096
111	湖北	硫铁矿	恩施市漂水岩硫铁矿	沉积型	中型矿床	Ⅲ-77	878
112	湖北	硫铁矿	松滋市锈水沟硫铁矿床	沉积型	中型矿床	Ⅲ-77	1025
113	湖北	银矿	兴山白果园矿区白果园段	沉积型	中型矿床	Ⅲ-77	579
114	湖北	银矿	兴山白果园矿区安家河矿段	沉积型	中型矿床	Ⅲ-77	588
115	湖北	银矿	兴山白果园矿区茅草坪矿段	沉积型	中型矿床	Ⅲ-77	578
116	湖北	银矿	长阳向家岭银钒矿	海相沉积型	中型矿床	Ⅲ-77	811
117	湖南	铁矿	澧县杨家坊铁矿	沉积型	中型矿床	Ⅲ-77	1209
118	湖南	铁矿	石门县新关铁矿	沉积型	中型矿床	Ⅲ-77	1260
119	湖南	铁矿	石门县太清山铁矿	沉积型	中型矿床	Ⅲ-77	1135
120	湖南	铁矿	大庸县槟榔坪铁矿	沉积型	中型矿床	Ⅲ-77	1372
121	湖南	铁矿	慈利县小溪峪铁矿	沉积型	中型矿床	Ⅲ-77	1275
122	湖南	铁矿	慈利县喻家咀铁矿	沉积型	中型矿床	Ⅲ-77	1350
123	湖南	铁矿	桑植县利秘溪铁矿	沉积型	中型矿床	Ⅲ-77	1355
124	湖南	铁矿	桑植县麦地坪铁矿	沉积型	中型矿床	Ⅲ-77	1316
125	湖南	铁矿	保靖县四里坡赤铁矿,方铅矿	沉积型	中型矿床	Ⅲ-77	1358
126	湖南	锌矿	花垣县李梅矿区耐子堡矿段铅锌矿	碳酸盐岩-细碎屑岩型	中型矿床	Ⅲ-77	1451
127	湖南	磷矿	怀化市花桥	沉积型	中型矿床	Ⅲ-78	1698
128	湖南	磷矿	辰溪田湾磷矿牛楠溪块	沉积型	中型矿床	Ⅲ-78	1566
129	湖南	磷矿	辰溪县田湾船溪驿岭矿	沉积型	中型矿床	Ⅲ-78	1546
130	湖南	磷矿	泸溪县浦市磷矿	沉积型	中型矿床	Ⅲ-78	1578
131	湖南	磷矿	古丈天平界竹溪段磷矿	沉积型	中型矿床	Ⅲ-78	1438
132	湖南	硫铁矿	沅陵县用坪黄铁矿	沉积变质型	中型矿床	Ⅲ-78	1556
133	湖南	硫铁矿	辰溪县尖岩矿区黄铁铅锌矿	沉积变质型	中型矿床	Ⅲ-78	1563
134	湖南	铝矿	泸溪县李家田铝土	沉积型	中型矿床	Ⅲ-78	1551
135	湖南	锰矿	洞口县江口锰矿	沉积型	中型矿床	Ⅲ-78	1817
136	湖南	钼矿	大庸县大坪-晓坪矿	沉积型	中型矿床	Ⅲ-78	1396

续表 3-4

序号	省份	主矿种	产地名称	矿床成因	规模	成矿区带	图面编号
137	湖南	钼矿	大庸县杆子坪-汪家寨镍钼	沉积型	中型矿床	Ⅲ-78	1390
138	湖南	钼矿	慈利县大浒矿区五里塔矿段钼矿	沉积型	中型矿床	Ⅲ-78	1383
139	湖南	锑矿	桃江县板溪	热液型	中型矿床	Ⅲ-78	1492
140	湖南	锑矿	桃江县王家冲	构造破碎蚀变岩型	中型矿床	Ⅲ-78	1480
141	湖南	锑矿	安化县渣滓溪	构造破碎蚀变岩型	中型矿床	Ⅲ-78	1525
142	湖南	锑矿	溆浦县江溪垅金锑矿	构造破碎蚀变岩型	中型矿床	Ⅲ-78	1681
143	湖南	铁矿	洞口县江口矿区黄花坪矿段南段铁矿	沉积变质型	中型矿床	Ⅲ-78	1829
144	湖南	铜矿	麻阳县九曲湾铜矿区	砂岩型	中型矿床	Ⅲ-78	1647
145	湖南	钨矿	安化县唐溪乡大溶溪	热液型	中型矿床	Ⅲ-78	1515
146	湖南	锌矿	沅陵县董家河黄铁铅锌矿	沉积变质型	中型矿床	Ⅲ-78	1545
147	湖南	锌矿	沅陵县低炉黄铁铅锌矿	沉积变质型	中型矿床	Ⅲ-78	1558
148	湖南	硫铁矿	冷水江市洪水坪	海相沉积型	中型矿床	Ⅲ-86	1718
149	湖南	锰矿	邵阳市清水塘铁锰矿	风化淋积	中型矿床	Ⅲ-86	1813
150	湖南	铅矿	祁东县清水塘锌矿	热液脉型	中型矿床	Ⅲ-86	1881
151	湖南	锌矿	冷水江市禾青	海相沉积型	中型矿床	Ⅲ-86	1711
152	湖南	金矿	洪江市铲子坪金矿	热液型	中型矿床	Ⅲ-78	1785
153	湖南	金矿	新邵县高家坳金矿	热液型	中型矿床	Ⅲ-78	1766
154	湖北	金矿	银洞沟银金矿	热液型	中型矿床	Ⅲ-77	124

铁矿主要为"宁乡式"铁矿，系指产于华南泥盆纪海相地层中的鲕状赤铁矿和赤铁矿，是我国南方的主要铁矿类型之一。渝东-鄂西-湘西地区为"宁乡式"铁矿集中区，区内铁矿分布广、规模大，鄂西地区已探明的工业矿床有 30 余处，铁矿资源量达 20×10^8 t，湘西地区已查明铁矿产地 50 处，累计探明表内矿石储量 2×10^8 t。"宁乡式"铁矿赋矿层位位于加里东运动后第一个沉积旋回的中、下部碎屑岩向泥页岩和碳酸盐岩过渡的地层（胡宁和徐安武，1998），成矿作用发生于半封闭的海盆中。含矿层为上泥盆统黄家磴组和写经寺组，主要岩性为灰绿色、灰紫色细薄—中层状细砂岩、粉砂岩、粉砂质页岩、含铁质粉砂质页岩夹紫红色鲕状赤铁矿层。矿体呈层状、似层状和透镜状，矿体与顶底板围岩界线清楚。矿石颜色为紫红色、深紫红色和钢灰色，以鲕状结构为主，其次为豆状结构和砂状结构，发育块状和条带状构造。矿石矿物以赤铁矿为主，其次为菱铁矿，为高磷、低杂质和低品位鲕状赤铁矿矿石，脉石矿物有石英、水云母、胶鳞矿、鲕绿泥石和方解石等。区域上一般可见 2 层矿，最多可见 4 层矿。"宁乡式"铁矿由于含磷高，其选冶技术在实验阶段取得进展，但大规模开发利用还存在一定的难度，目前利用程度较低。

此外，在湘西南地区的南华系浅变质岩地层中，如江口组（相当于板溪群）中产有铁矿，即"江口式"铁矿，其空间分布严格受雪峰山隆起带控制。江口组下部主要为长英质砂岩、板岩和冰碛砾泥岩，厚度为数百米至 4000m，沿雪峰山带形成一显著的沉积凹陷；江口组中部为含铁岩组，主要由条带状赤铁矿、含铁硅质岩和绿泥石板岩组成，夹有砂岩、粉砂岩和透镜状灰岩，一般厚十余米至数十米，岩性和厚度较稳定；江口组上部主要为板岩、砂质板岩和长英质砂岩，夹少量冰碛砾泥岩，厚数百米至千余米，其上连续沉积了湘锰组黑色页岩、含锰硅质岩和南沱组冰碛层。原生沉积铁矿主要由赤铁矿、含铁硅质岩（碧玉岩）和绿泥石板岩组成，夹透镜状砂岩、粉砂岩和少量碳酸盐岩，具典型的条带状构造。条带状构造是本类矿床的一大特点,它类似于前寒武纪的条带状铁建造(Banded Iron Formation,简称BIF)。矿层质量不仅取决于赤铁矿条带的数量和厚度,还与其中的硅含量有关。矿层中普遍发育为1层矿,局部为2~3层,矿体形状呈层状、似层状和透镜状,产状与围岩基本一致。矿体延长一般数百米至几千米,极少数可达十余千米,延深数百米至千米以上。厚度一般几米至40余米,矿层厚度与含铁岩系的厚度成正相关关系。矿石矿物一般以赤铁矿和磁铁矿为主,有少量为假象赤铁矿、褐铁矿和镜铁矿,矿石中普遍含少量碳酸铁和硅酸铁。脉石矿物主要为石英,其次为黏土矿物、绿泥石和绢云母等。磁性矿体主要分布在褶皱强烈发育部位及岩体或各类岩脉侵入部位,非磁性矿体则与含铁岩系的空间分布基本一致,沿走向及倾向均呈现明显相变特征。矿石品位:赤铁矿石一般为 28.10%~30.50%,混合矿石一般为 26.63%~33.73%,磁铁矿石一般为 25.87%~28.63%。其中 SiO_2 含量高,属含S、低P的高硅性贫铁矿;伴生成矿元素有Au,含铁岩系中Au含量为$(0.14\sim0.29)\times10^{-6}$,铁矿石中为$(0.14\sim0.19)\times10^{-6}$。该类型矿床一般可达中—大型规模。

根据"雪球地球"假说,在"雪球地球"时期全球海洋都被冰雪覆盖,出现了还原性的海洋水体,使 Fe^{2+} 可以大量溶解在海水中,为再次形成全球性BIF铁矿提供了环境基础。一旦还原的海水被氧化,将大量沉积铁矿层。因此,铁矿层也是新元古代斯图特冰期(Sturtian)国际地层对比中一个重要的全球性标志,成为提出"雪球地球"假说的依据之一(Kirschvink,1992;Hoffman et al,1998)。因此,"江口式"铁矿是冰期后期气温有所回升的标志,但未进入典型间冰期阶段。湖南省洞口市江口剖面上的铁矿层含有的砾石与杂砾岩相似,说明其仍具有冰期的沉积特征(张启锐和储雪蕾,2006)。"江口式"铁矿是新元古代早冰期后形成的沉积型铁矿,并经历了加里东期、印支期、燕山期和喜马拉雅期多次构造活动、区域变质和岩浆活动等多种地质作用叠加,致使部分赤铁矿转变为磁铁矿。

锰矿的赋存层位相对单一,主要是南华系大塘坡组(湘锰组),在奥陶纪地层中发育有零星的锰矿点。目前区内有大中型矿床4处(湖南花恒民乐锰矿、湖南怀化新路河锰矿、湖北长阳古城锰矿和重庆城口高燕锰矿)。大调查以来先后对湖南团山-牛坡头锰矿和花垣-古丈锰矿开展了资源调查评价工作,提交锰矿石($333+334_1$)资源量 2028×10^4 t,该区仍然具有较大的找矿潜力。

锑矿主要分布在湘西雪峰山地区,已探明的大型—超大型矿床有湖南锡矿山锑矿、沃溪锑金矿和板溪锑矿,区内新化、安化断裂带两侧和相关地层中见有脉状和薄层—似透镜状锑矿。这类矿床的矿产地质调查评价程度较低,但具有较好的找矿前景。

第四章 重要矿产特征

第一节 铅锌(铜)矿

一、大调查找矿新成果

自地质大调查项目启动以来,以铅锌为主要调查评价矿种,在湘西-鄂西成矿带,先后开展了湖南辰溪-马底驿铜铅锌矿、湖南龙山-保靖铅锌矿、湖北武当-神农架地区铅锌矿和湖北宜昌-恩施地区铅锌矿等重要地区的调查评价工作,取得了以下主要成果和进展。

(一)湖南辰溪-马底驿铜铅锌矿评价

1. 区域成矿地质条件

工作区位于雪峰隆起北东段(图4-1),西与沅麻盆地毗邻,东为冷家溪隆起。受晋宁运动影响,新元古界青白口系及其以前地层发生强烈变形和区域变质作用,形成褶皱基底,之后经历了长期的隆升剥蚀过程,大约自新元古界青白口系(820Ma)开始沉积了厚度巨大的板溪群、江口组、大塘坡组、南沱组、震旦系、寒武系、奥陶系、志留系海相沉积以及侏罗系、白垩系、第四系陆相沉积。

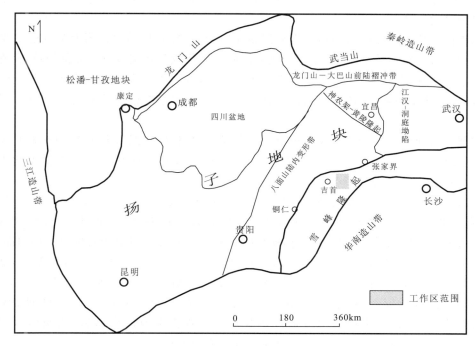

图4-1 工作区大地构造位置图

冷家溪群分布于张家坪、齐眉界、大金、香炉兴一带，呈北东向展布。岩性主要为灰绿色条带状砂质绢云母板岩、含粉砂质绢云母板岩夹中层状变质泥质石英砂岩、粉砂岩，内部层序界面多被剪切构造破坏或掩盖，反映了浅海陆棚相浊流沉积。地层厚度大于787m。

板溪群主要出露于冷家溪隆起的两侧，是本区发育齐全、分布最广的地层之一，也是金、铜、锑矿产出的重要层位，厚1181～2970m。板溪群从下往上划分为马底驿组和五强溪组。马底驿组是区内分布最广的地层之一，也是区内主要含矿岩系，厚242～2406m。马底驿组由下往上可分为5个岩性段：一段为紫红色薄层状粉砂质板岩夹灰绿色粉砂质板岩、泥质粉砂岩及细晶白云岩，厚1485m；二段以灰绿色薄层状粉砂质板岩为主，含钙质粉砂质微层或条带，厚172～271m；三段主要为紫红色粉砂质板岩夹灰绿色粉砂质板岩，富含粉砂质条带及砂质透镜体，是区内铜矿的主要赋矿层位，厚度大于166m；四段主要为灰绿色粉砂质板岩夹浅灰色中薄层状细粒岩屑石英砂岩，富含钙质砂质条带或透镜体，是金矿的主要赋矿层位，厚273～338.3m；五段为灰紫色薄层状粉砂质板岩夹灰色中层状变质细—粉砂岩，厚211m。五强溪组自下而上分为3个岩性段：一段为灰白色及灰黄色中厚层状中—细粒长石石英砂岩夹灰绿色粉砂质板岩，底部为含砾粗砂岩及变质石英细砾岩，发育水平层理，可见板状斜层理，为滨岸沉积；二段为灰绿色条带状板岩、含粉砂质板岩、砂质板岩夹浅灰色中至厚层状浅变质粉砂岩，水平条带发育，可见微波状层理，为浅水陆棚沉积；三段为浅灰色厚层状浅变质细粒长石石英砂岩，偶夹灰绿色粉砂质板岩，发育水平层理，为浅水陆棚沉积，厚847m。

江口组为灰绿色含凝灰质长石石英砂岩、含砾砂岩夹似层状、透镜状含锰灰岩、板岩，底部为砾岩、砂砾岩。与下伏板溪群呈不整合接触。

南沱组为冰川-冰水泥石流沉积的灰绿色块状含砾砂岩和含砾泥岩。

震旦系主要分布于西南部，出露陡山沱组和留茶坡组。陡山沱组主要分布于升天坪、池坪、董家河、米家坡、谭家场一带，呈带状展布。下部岩性为黄铁铅锌矿化白云岩、环带状白云岩；中部为灰黑色白云岩、炭质板岩和条带状板岩夹磷块岩；上部为灰、灰白色白云质灰岩夹深灰色薄—中层白云岩及炭质板岩、白云质板岩，属半封闭的海湾或泻湖沉积环境，厚21～180m。升天坪、池坪、董家河、谭家场等黄铁矿、铅-锌矿矿床(点)皆赋存于此层，为本区铅锌矿的主要赋矿层位。留茶坡组为黑、灰白薄层—中厚层状硅质岩，其上部夹炭质板岩，地层厚度30～108m。

寒武系主要分布于升天坪至谭家场一带及小烟溪以南，下统岩石由黑色藻纹层硅质岩、绢云母炭质板岩、含石英粉砂绢云黏土岩、硅质泥岩及炭泥质粉晶—细晶灰岩组成，含硅质海绵骨针和磷结核，富含Mo、Ni、V、U等多种金属元素，Cu元素的背景含量较高，局部可见铜矿化，属深水陆棚沉积；中上统以纹层状灰岩、炭泥质板岩为主，属浅水陆棚沉积，与下伏震旦系地层为整合接触。

奥陶系为细碎屑岩夹硅质岩和碳酸盐岩。

志留系为灰色薄层块状粉砂岩、泥质粉砂岩夹粉砂质板岩。

上古生界地层局限分布于升天坪—马底驿之间的北东向狭长地带内及谭家场、麻阳水等地，与下古生界为区域性不整合。缺失下泥盆统，发育中—上泥盆统，下部为灰白色、灰色中厚层石英砂岩，中上部为灰色、深灰色中厚层状灰岩、泥质灰岩夹泥质粉砂岩，属滨海碎屑岩相及碳酸盐岩开阔台地相沉积。

石炭系至下三叠统岩性以台地碳酸盐岩为主，夹砂岩及煤层。

侏罗系为一套中厚层砂岩及泥质粉砂岩，炭质页岩夹煤层，与下伏地层呈角度不整合接触。

白垩系主要分布在工作区的北西部沅麻盆地和麻阳水一带，为巨厚层状红色砾岩、砂砾岩夹含砾砂岩及粉砂质泥岩，属洪-冲积相沉积，为砂岩型铜的赋矿层位。与下伏地层呈角度不整合接触。第四系沿沟谷分布，为河流阶地冲积物，有砂金矿。

区内褶皱和断裂构造发育，构造线以北东向为主。褶皱主要发育于雪峰—加里东构造层及武陵构造层内，多数为线状褶皱，少数为短轴或等轴状褶皱。由于断裂的破坏，多数褶皱残缺不全；武陵构造层内褶皱形态以紧闭、倒转、斜歪、斜卧、平卧为主，发育尖棱次级褶皱，雪峰—加里东构造层内褶皱较为宽缓。区内断裂相互切割、交叉、迁就和利用，关系较为复杂。这些断裂多数形成于加里东期，但在海西期—印支期和燕山期有明显的继承性活动。北东向断裂为主体构造,具有最发育和规模较大的特点;而近东西向、北西向断裂发育较弱,且规模小,这组断裂切割或错断北东向断裂,形成时间较晚。根据断裂的集中分布和走向特征,可大致划分出从北往南的3个断裂带,即麻溪铺-马底驿断裂带、竹园-湖南坡断裂带和谭家场-铁马岩断裂带。

区内出露的少量岩浆岩,岩性主要为辉绿岩,呈岩脉或岩墙产出,总体呈北东向沿深大断裂分布于方子垭、竹园等地,部分成群出露于板溪群马底驿组地层中。岩脉(墙)大小不一,多数为长1000～1500m,宽30～50m,地表可见的脉岩体26个,总面积约14km^2。从脉岩体边缘到内部颜色由浅变深,结晶由细变粗,暗色矿物含量增高,结构由显微鳞片变晶结构或变余显微辉绿结构渐变为变余他形至半自形粒状结构或辉长辉绿结构。与脉岩体接触的围岩蚀变强烈,主要为绢云母化、碳酸盐化、硅化和黄铁矿化,蚀变宽度5～20m。脉岩体含铜背景值较高,岩体内局部发育脉状铜矿化,主要呈含铜石英脉。

冷家溪群和板溪群普遍经历了较弱的区域变质作用,其中冷家溪群遭受极低级—低级区域变质作用,岩石中碎屑状黑云母变为绿泥石,基质中变质矿物组合为绢云母、绿泥石,沿层理及板劈理呈定向排列;板溪群遭受极低级区域变质作用,主要矿物组成为绢云母和绿泥石,发育区域透入性板劈理等。总之本区变质程度低,构成以绢云母、绿泥石等低温变质矿物为特征的低绿片岩相岩石。

区内发现的矿产主要有铜、铅、锌、金、锑、磷、耐火黏土、煤及石灰岩、石煤和海泡石、铁、锰、钒等30余种。铜矿床(点)较多,且具多种成因类型,主要分布于板溪群马底驿组中的含矿岩系,目前已知铜矿(化)点38处,其中沉积成岩-变质改造型铜矿15处,破碎蚀变型铜矿和石英脉型铜矿11处,碳酸盐岩层中充填浸染型铜矿9处,砂岩型铜矿3处。铅锌矿主要产于陡山沱组底部块状泥-粉晶白云岩中,典型矿床有董家河黄铁-铅锌矿(伴生镉矿),并在其周围发现了数十个铅锌矿(化)点(图4-2)。

2. 主要找矿成果

根据成矿地质条件、异常的分布特征及矿种特点,将本区划分为2个成矿远景区,即寺田坪-湖南坡铜矿成矿远景区和凉水井-谭家场铅锌矿成矿远景区,并在两远景区取得了相应的找矿成果。

1)寺田坪-湖南坡铜矿成矿远景区

区内出露地层主要为新元古界冷家溪群小木坪组、板溪群、震旦系和古生界。广泛出露的板溪群马底驿组一至五段发育齐全,为一套紫红色夹灰绿色中厚层状含钙质砂泥质类复理石建造,铜的背景含量明显高于上部大陆地壳丰度。其中第一、第三段分布较广,是本区铜矿的赋矿层位,尤其是第三段紫红色粉砂质板岩夹大量灰绿色薄层状粉砂质板岩,富含深灰、灰黑色含铜细—粉砂质条带或透镜体,是区内铜矿主要的矿源层和赋存层位。

构造形态总体上呈北东东向复式背斜,其核部为小木坪组,两翼为板溪群和震旦系等地层,铜矿床赋存于翼部板溪群马底驿组,受地层岩性控制明显;北东—北东东向的走向断裂发育,具长期多次活动的特点。断层破碎带宽数米至数十米,带内岩石强烈挤压揉皱破碎,劈理-片理化、构造透镜体化、构造角砾岩及石英脉、碳酸盐脉发育且具分带性。断层破碎带硅化、白云石化、绿泥石化、黄铁矿化等蚀变强烈,既对矿层后期改造富集具有明显的控矿作用,也是石英脉型铜矿赋存的场所。

本区辉绿岩脉(墙)发育,总体呈北东向沿深大断裂分布于方子垭、竹园等地,成群出露于板溪群马底驿组地层中,地表见脉岩体26个,总面积约14km^2,属钙碱性系列的铁质基性岩,矿物主要为辉石、黑云母、长石、石英;他形至半自形粒状结构、辉长辉绿结构。接触带围岩蚀变强烈,主要为绢云母化、碳酸盐化、硅化和黄铁矿化,蚀变宽度5～20m。岩体含铜背景值较高,岩体内局部发育含铜石英脉。

根据1:20万水系沉积物测量在本区圈出铜异常7个,异常面积2～47.4km^2,浓度级别为1～4级,主要分布于板溪群马底驿组地层中,主体受北东—北东东向构造控制。目前已在异常区内及周边发现了铜矿床(点),如根据Cu1-2异常已发现寺田坪铜矿;在Cu1-2与Cu1-4异常之间发现了张家坪铜矿;在Cu2-5异常周边发现了晒谷塔、响水洞、松溪、齐眉界铜矿;在Cu1-11异常内发现了竹园、瞿家坳铜矿点;Cu2-28异常中发现了黄花坪、湖南坪、湖南坡、石板溪、磨子坪铜矿点等。通过对暂未发现铜矿床(点)的异常(Cu3-3、Cu1-29)与已发现铜矿床(点)的异常进行比较,发现异常面积大,浓度

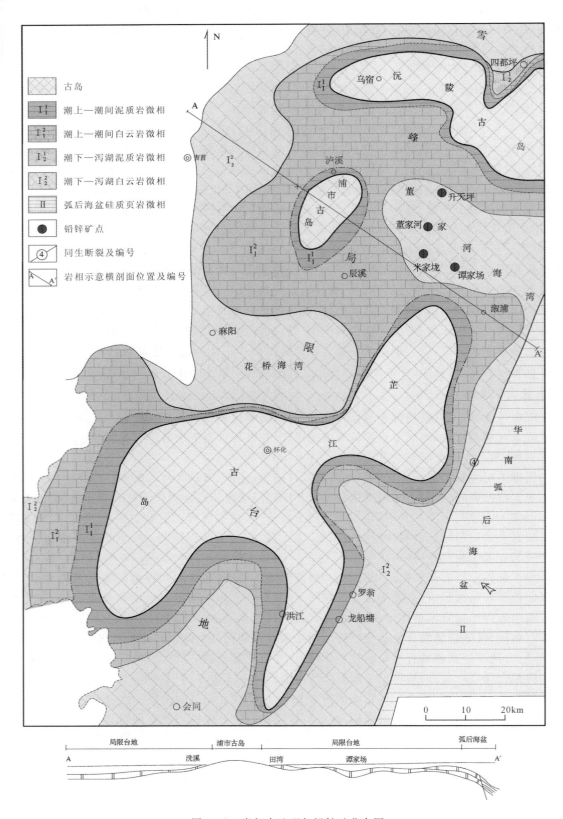

图 4-2 岩相古地理与铅锌矿分布图

级别高的大异常区域应是寻找铜矿最有利的间接标志。另外分布于震旦系、寒武系地层中的Cu1-4异常,具有面积大、强度高,与铅锌异常叠合的特点,有望寻找到新的铜矿床。

区内已发现的寺田坪、楠木铺、五里山矿床同属沉积成岩-变质改造型铜矿,矿体呈层状、似层状或透镜状,产于板溪群马底驿组第三段紫红色粉砂质板岩所夹的富含深灰、灰黑色细—粉砂质条带或透镜体的灰绿色粉砂质板岩中,其与地层产状一致,倾角多为30°～80°。寺田坪、楠木铺和五里山矿区矿体平均厚度分别为1.82m、1.19m和1.12m。估算($333+334_1$)资源量寺田坪为45 708t(其中333为1437t),楠木铺为10 927t(其中333为1523t),五里山为4185t,三矿区合计为60 820t。各矿区的铜资源量分布的层位有所不同:在寺田坪矿区主要集中分布在Ⅱ、Ⅲ、Ⅳ、Ⅵ号矿层,在楠木铺矿区主要分布在Ⅲ、Ⅴ、Ⅵ、Ⅷ、Ⅺ、ⅩⅢ号矿层,五里山矿区主要分布于Ⅰ、Ⅱ、Ⅲ号矿层中。金属矿物以辉铜矿、斑铜矿为主(占95%以上),少量为蓝辉铜矿、铜蓝、孔雀石、黄铁矿和褐铁矿,偶见黄铜矿。脉石矿物有石英、黏土矿物及少量绿泥石、黑云母、长石、方解石和白云石等。铜矿物多呈细粒、微粒状浸染于薄层状(或透镜状)深灰或灰黑色细—粉砂岩中。矿石具纹层状、浸染状、条带状构造,交代蚀变结构。矿石类型为条带状、浸染状和块状斑铜矿-辉铜矿矿石。

目前评价的寺田坪、楠木铺、五里山铜矿的铜资源量达6.08×10^4t,在寺田坪东侧的张家坪、晒谷塔等地相继发现了一批铜矿点。上述成矿特征表明,远景区内找矿潜力巨大,预测远景区内铜资源远景达60×10^4t以上,具有进一步工作的价值。

2)凉水井—谭家场铅锌矿成矿远景区

区内出露地层主要为板溪群、震旦系及古生界。震旦系陡山沱组在本区分布广泛且稳定,由2～3个岩性韵律组成。每个韵律由下部碳酸盐岩类岩石(白云岩,泥、炭质白云岩,泥质灰岩)至上部泥岩类岩石(炭质白云质泥岩、炭质泥岩、白云质泥岩)组成。厚度稳定,一般为40～75m。其中赋存有以磷矿、黄铁矿和铅锌矿为主的多种矿产。矿化严格受层位控制,其中黄铁矿、铅锌矿赋存于下部韵律的底部白云岩中,磷矿赋存于下部韵律的上部炭质白云质板岩和中部韵律的下部白云岩的底部岩层中。含矿层陡山沱组呈狭长带状围绕板溪群及江口组分布,构成北起沅陵凉水井、南至辰溪谭家场—火马冲,面积近1200km²的矿化集中区。

区内褶皱构造发育,褶皱形态为北东向开阔型,主要由次级短轴背向斜组成,局部地段组成褶皱群。背斜两翼是成矿最有利的部位,特别是次一级小褶曲或地层局部挠曲产生的鞍部层间破碎带或虚脱部位,控制了矿体的空间分布。

断裂构造以北东向为主,次为北西向断层,北东向断裂为成矿期导矿、容矿断裂,使容矿白云岩破碎成角砾或产生裂隙,有利于角砾状、团块状、网脉状、脉状黄铁、铅锌矿富集。此外,由断裂或褶皱构造派生的低序次的层间破碎带或裂隙对矿源层中成矿元素重新活化、迁移、重结晶等改造富集成矿提供了场所。北西向断裂对矿体起破坏作用,但影响有限。

相对于湖南同类型其他含矿层岩石,本区含矿层陡山沱组具高Si、Al、Fe、K和低Ca、Mg的含量特点,同时富含有机质。在含硫化物的白云岩建造中,成矿元素Pb、Zn、S的含量高于地壳丰度几十倍至上百倍,并在区域上含量稳定,显示出典型的"矿源层"特点。

本区土壤属铅元素含量高背景区,由Ⅱ+Ⅲ+Ⅳ级(Ⅱ级30×10^{-6}～40×10^{-6}、Ⅲ级25×10^{-6}～30×10^{-6}、Ⅳ级20×10^{-6}～25×10^{-6})区域组成,董家河式铅锌矿床的分布与其关系密切。

本区1:20万水系沉积物测量结果显示,Cu、Pb、Zn异常明显,具强度大、叠合性好的特点,且与已知矿床(点)吻合。多数异常分布于震旦纪—寒武纪地层组成的北东向背斜、向斜的核部,异常长轴方向与地层的走向一致,个别异常位于下寒武统中的北东向断层与近东西向断层交汇处。通过对Cu1-4异常开展的1:5万水系沉积物测量,圈定出的异常与1:20万水系沉积物异常基本相似,进一步缩小了异常靶区。如在董家河异常区内找到了大型的黄铁-铅锌矿床。

区内已发现董家河、米家垅、升天坪、池坪等众多铅锌矿床(点),并以董家河黄铁-铅锌矿为本区的典型矿床。

综上所述，本成矿远景区具有十分有利的铅锌矿成矿条件，找矿前景好，是寻找董家河式沉积-低温热液改造型层控铅锌矿理想地区，初步预测区内铅锌资源量远景达 150×10^4 t 以上，具有进一步工作的价值。

3. 成矿规律新认识

1）矿床控矿因素

(1) 地层、岩性控矿：黄铁-铅锌矿化层产于陡山沱组底部粉—细晶白云岩中，白云石晶体大小一般为 0.01～0.03mm，底部环带状构造发育。矿化层厚度过大或过小均不利于矿化，最佳矿化厚度为 5～11m。

(2) 岩相古地理的控矿：黄铁-铅锌矿化受震旦纪陡山沱早期半封闭停滞的海湾、泻湖白云岩微相控制（图 4-2）。

该微相有利的矿化条件：一是具有较高的成矿孔隙度。潮上—潮间白云岩重结晶微弱，以泥—微晶结构为主，他形粒状，晶间孔隙度很低；泻湖相白云岩成岩结晶强，自形程度高，但其晶间孔隙均被炭、硅、泥质充填，有效孔隙仍然很低；而潮下白云岩结晶较强，半自形—自形晶，晶粒以粉晶为主，晶间未被炭、泥质充填，孔隙度较高，利于成岩期矿质的储集。二是有较好的沉积空间。潮上—潮间白云岩为厚层块状，泻湖白云岩为中厚层状，层面构造均不发育。而潮下白云岩多为薄层—中厚层状，层面比较发育，利于表生期形成顺层矿脉（骆学全，1990）。

(3) 矿化层顶、底板岩性控矿：黄铁矿、铅锌矿赋存于陡山沱组底部粉晶白云岩，顶板为厚 1.0～2.0m 的条带状黑色炭质泥岩、含磷硅质泥岩，底板为南沱组冰碛砂砾岩。容矿白云岩与顶、底岩石构成一个相对封闭、有利于矿化发生的岩性层组合，容矿白云岩易于发生交代作用，尤其是本区含炭、硅、泥质等杂质的容矿白云岩，更有利于促使其成矿溶液之间发生充分交代，是导致铅锌成矿作用发生的重要条件。顶板炭质泥岩和底板冰碛含砾砂岩具有低孔隙率、透水性差的特点，阻挡了白云岩中成矿流体的扩散，使得成矿作用能够集中发生。

2）矿床富集规律

(1) 单斜构造内产生的次一级小褶曲或地层局部挠曲产生的鞍部层间剥离或虚脱部位及层间裂隙，易聚集成富矿体。

(2) 铅锌矿体赋存与热液作用密切相关：铅锌矿体赋存于热液活动区，无热液活动部位难见铅锌矿体，但铅锌矿化强弱与热液作用中方解-石英脉的发育程度呈互为消长的关系。

在含矿层下部环带状方解石-石英脉十分发育的地段，很少有黄铁矿、铅锌矿化或仅见 1～2 条闪锌矿细脉。方解石脉、石英脉密集发育地段，矿化微弱，常见 1～2 条粗晶粒闪锌矿小脉、小团块，或在方解石、石英脉中或边缘有少量粗晶粒的闪锌矿、方铅矿分布。在方解石、石英脉稀疏发育，含脉率为 2～4 条/米以脉状、透镜状小脉顺层分布的地段，黄铁矿、铅-锌矿矿化强，特别是闪锌矿发育，且在顺层脉中见矿物对称分带现象：脉体中心为块状纯方铅矿脉，向两壁依次为闪锌矿、黄铁矿、石英或石英、白云石。该类矿床中的工业铅锌矿体多赋存于这些地段。

3）矿床成因认识

本区的代表性矿床——董家河黄铁铅锌矿的形成经历了沉积、成岩热液和变质热液改造及表生再造 3 个成矿阶段，属沉积-改造矿床（曾勇，李成君，2007）。

沉积-成岩阶段：陡山沱早期，本区处于障壁岛-海湾环境，海水较浅，蒸发作用强，有利于白云化作用的发生，同时，盐度增高，致使下部水体流通不畅，形成还原环境，沉积了含分散状黄铁、铅锌的白云岩，构成矿胚层或矿源层。

成岩作用使成矿物质活化运移富集，但由于白云岩致密，裂隙少，矿质运移缓慢，不易富集，除局部矿质就近富集形成矿体外，绝大部分地区黄铁、铅锌仍处于分散状态。

热液改造成矿阶段：由地壳运动使盆地及地层中的流体产生大规模流动，并演化为富含成矿物质的成矿热液，使成矿元素以氯、硫络合物形式沿断层活化迁移于挠曲构造的虚脱部位、层间剥离空间、层间破碎带等低压扩容空间，叠加在原沉积成岩矿层之上富集成矿，并使含矿围岩发生重结晶，形成切割成层矿体的对称和不对称脉状、团块状和浸染状矿化,使矿层(体)内部结构复杂化。

表生再造阶段:使原生矿石发生次生变化。黄铁矿变成褐铁矿,方铅矿变成白铅矿,闪锌矿变成菱锌矿。

4. 资源远景分析

工作区处于上扬子地块与华南造山带的过渡地带江南隆起西北部,安化-溆浦深大断裂的西北侧。处于冷家溪隆起西部和沅陵-辰溪坳陷的结合部位,西北与沅麻盆地毗邻,面积 4800km²。深部构造位置处于湘西地幔缓坡带的东南缘,常德幔隆与麻阳幔隆的鞍部,在构造上为一极有利的成矿地带。

本区经历了武陵、雪峰至加里东三次构造运动。武陵期,本区处于海沟、岛弧和弧间盆地环境,同沉积断裂强烈活动,伴随火山活动,将地壳深部的成矿物质大量带出并初步富集,形成了最早的矿源层(冷家溪群);雪峰期本区演化为弧后盆地,靠岛弧一侧的冷家溪一带隆升,遭受剥蚀,为盆地提供了丰富的陆源成矿物质,同时同沉积断裂的继续强烈活动及伴随海底中基性岩浆喷发,同样提供了大量的成矿物质。此时本区处于滨外陆棚氧化-还原沉积环境,水动力能量弱,有利于沉积及分异作用的进行,且沉积物以泥质为主,其对微量元素 Au、Cu 具有强吸附能力,有利于成矿物质的富集,由此形成了第二矿源层(板溪群),是本区铜矿的主要矿源层。武陵、雪峰运动后,本区产生了明显的南、北差异,北部形成冷家溪隆起,南部则为沅陵-辰溪坳陷。南华纪经历了两次冰川-冰水沉积后,晚震旦世早期,江南古陆沉没,在局限台地上残留沅陵、浦市、芷江等古岛,这 3 个古岛既能提供丰富的矿质来源,又在 3 个古岛之间形成了狭窄带状分布的董家河海湾,属半封闭较停滞的潮下—泻湖还原环境,形成了碳酸盐岩-炭泥质岩建造,为矿质的聚集提供了广阔的场所,为董家河式黄铁-铅锌矿的形成提供了有利的岩相古地理环境。因此震旦系是本区铅锌矿的重要矿源层和赋矿层位。加里东运动对本区的影响则主要体现在使新元古代地层发生区域变质和构造变形。之后的地壳活动,使早期断裂多次复活,并产生不同方向、不同级别的构造叠加。长期多次的地壳运动一方面产生复杂的构造系统,为成矿流体的运移提供了通道和驱动力;另一方面造成广泛的区域变质作用,产生大量的变质水和变质热能,形成巨大的能量体系,这为矿源层中成矿物质的活化、萃取、迁移提供了充足的热能。由深部上升的热液使金、铜矿化进一步叠加富集,形成以北东东向为主、其他方向为辅、强弱不同、多期次的复杂矿化体系。

区内冷家溪隆起周边广泛出露的板溪群为一套富含金、铜、铅、锌等微量元素的岩屑细—砂岩、粉砂岩、钙质粉砂质泥岩组合。区域变质作用使泥质成分广泛发生绢云母化,又使岩层中的金、铜等被大量活化,同时释放出大量的建造水将金、铜等元素溶滤出来,而沉积建造中富含的钙质,易被变质热液溶蚀,一方面可使溶液增强碱性和富挥发分,增强溶液的活化运载能力,另一方面,溶蚀产生的空隙又有利于矿液的汇聚、运移。尤其是板溪群马底驿组金、铜背景含量较高,是本区最主要的矿源层。而在板溪群中初步富集的含铜矿源层,在后期构造运动与变质作用过程中产生的含矿热液作用下,促使矿源层中铜元素充分活化、转移,重新富集形成铜矿体,矿床严格受地层与构造双重控制,形成沉积成岩变质改造型铜矿及与热液有关的石英脉型和破碎蚀变型铜矿床。

辰溪-沅陵坳陷广泛分布于震旦纪地层,呈环带状分布,铅锌矿就赋存于陡山沱组,铅锌矿含矿岩系层位稳定,Pb、Zn、S 成矿元素高度富集。在后期构造运动与区域变质作用过程产生的含矿热液作用下,使含矿岩系的 Pb、Zn、S 等成矿元素充分活化、迁移至控矿构造如背斜的两翼,特别是次级背斜、向斜的虚脱部位及层间裂隙中,是重新富集形成铅锌矿床的有利部位。矿床严格受地层与构造双重控制形成沉积-改造型铅锌矿床。

区内铜、铅、锌水系沉积物和重砂异常点多面广且浓度高,铜、铅锌矿床(点)密集,充分显示了区内存在着巨大的找矿潜力。在冷家溪隆起的西北侧和倾伏端,相继发现了寺田坪、楠木铺、五里山、张家坪、晒谷塔等铜矿,其中寺田坪铜矿估算铜资源量达 4.57×10^4t,预测资源远景为 36.03×10^4t,达中型以上矿床规模;在其东南侧,发现了与寺田坪铜矿不同类型的石英脉型和破碎蚀变型铜矿床,其形成与断裂活动有关。在董家河典型矿床周边发现了一批具有较好找矿前景的矿点,如升天坪、米家垅、谭家场、池坪等铅锌矿。另外,在古生界下寒武统黑色页岩夹硅质岩中含富铜、钒、钼、镉等多种金属元素,本区大量的铜异常分布于该地层中,已发现有铜矿(化)点,是本区重要的铜矿源层和赋矿层位。

(二)湖南龙山-保靖铅锌矿评价

1. 区域成矿地质条件

龙山-保靖地区大地构造位于上场子地块东南缘与雪峰隆起的过渡带。区内除石炭系、侏罗系、古近系和新近系外,新元古界至第四系均有出露,并以寒武系和奥陶系出露最为完整、分布最广泛。除白垩系、第四系为陆相地层外,其余均为海相地层。本区以花垣-张家界断裂为界,东南侧主要分布新元古代—寒武纪地层,西北侧主要分布于古生代中—上寒武统—下志留统及中生代地层。

青白口系板溪群主要分布在古丈复背斜和摩天岭背斜核部以及凤凰县城南一带,主要岩性为浅紫红色砾岩、砂砾岩、含砾粗砂岩、灰绿色浅变质长石石英砂岩、砂质板岩和凝灰质长石石英砂岩等,岩性变化大且岩石组合复杂。未见底,厚度大于 500m。江口组属陆地向边缘海过渡的陆源碎屑和海洋冰川-冰水沉积相,岩性主要为厚层状含砾泥岩和冰碛砂砾岩;湘锰组为黑色炭质页岩夹含锰页岩、白云岩和菱锰矿层(或透镜体),为区域内锰矿含矿层位。

震旦系陡山沱组下部为深灰色层状粉—细晶白云岩夹薄层含炭泥岩,中、上部为黑色薄层—中层状硅质岩、硅质泥岩夹炭质泥岩,向上泥质含量增高;灯影组以浅灰色厚层状粉晶白云石为主,往东南方向白云岩变薄、硅质岩增多,并相变为以硅质岩为主的留茶坡组。

寒武系分布广泛、发育齐全,且厚度大,是本地区铅锌矿床的主要含矿层位。下统牛蹄塘组为黑色炭质页岩夹粉砂质页岩系,底部为黑色炭质页岩夹黑色薄层硅质岩及硅质页岩,富含镍、钼-钒、磷、铜、铀、铅、锌和钡等多种金属元素,为区域内多金属元素富集层,厚度 60~200m。石牌组底部常见一层泥灰岩、泥质灰岩及石英粉砂岩、粉砂质页岩;下部为青灰色、灰绿色、灰黄色板状页岩,局部夹黑色板状页岩及砂质页岩;上部为深灰—灰绿色板状页岩、钙质页岩,厚 146~276m。清虚洞组为深灰色、灰色薄—中厚层泥晶灰岩、泥晶藻灰岩、粉晶白云岩夹泥质灰岩、泥质白云岩,其底部夹黑色炭质页岩,是铅锌矿的主要含矿层位,厚 27.5~396m。寒武系中—上统岩性变化较大,以麻粟场深大断裂带为界,分为南北两个相区。北区(台地相区)高台组为深灰色、灰黑色薄层页片状泥质白云岩、假鲕粒云岩、泥灰岩,厚 15~115m;娄山关组为灰色、浅灰色中—厚层细—粗晶白云岩夹深灰色薄层泥质粉晶白云岩,局部夹鲕粒或含藻白云岩,厚 1137~1345m。南区(斜坡相区)敖溪组底部为黑色炭质板状页岩,中—上部为深灰色薄层—厚层状细晶白云岩夹纹层状泥质白云岩、灰岩、泥质灰岩,是凤凰矿田汞、铅锌矿的含矿层位。厚 187~560m;花桥组为深灰色薄层—中厚层状灰岩与泥质灰岩互层,局部夹黑色页岩,厚 229~354m;车夫组为深灰色、灰色薄层泥质条带灰岩夹厚层砾状灰岩、竹叶状灰岩及白云岩,厚 226~266m;比条组为深灰色、灰色厚层状细粉晶灰岩夹假鲕状灰岩,局部见块状条带状构造,厚 247~846m;追屯组为灰色、浅灰色厚层细至粗晶白云岩夹泥质白云岩,厚 103~320m。

奥陶系以浅海相碳酸盐岩沉积为主,其下统继承了寒武纪时期的岩相古地理特征,即可分为南、北两相区。北部台地相岩性:南津关组由灰色中—厚层亮晶砂屑灰岩、泥晶白云质灰岩夹泥晶白云岩、生物屑灰岩及硅化灰岩组成,为洛塔铅锌矿田的主要容矿层位,在洛塔矿田可分为四个岩性段,总厚 255~380m;分乡组由含生物屑灰岩夹页岩组成,为洛塔矿田铅锌矿的重要含矿层位,区域内厚 16~100m;红花园组同生物碎屑灰岩组成,为洛塔矿田铅锌矿的次要容矿层位,厚 105~109m;大湾组为紫红色瘤状泥灰岩,厚 20~130m。南部斜坡相区:下部为灰—深灰色中—厚层灰岩,条带状灰岩,白云质灰岩、泥质岩、泥灰岩夹白云岩及角砾状灰岩,厚 420~480m;中部为紫红、灰、绿、深灰色中至厚层生物灰岩夹薄层灰岩、钙质页岩及页岩,厚 100~120m;上部为灰黄—黄绿色含砂质页岩、条带状页岩,局部夹薄层粉砂岩厚 180~212m。自奥陶系中统开始,南—北相区岩性趋于一致,均为陆棚相沉积。牯牛潭组为灰绿色瘤状泥灰岩,区域内厚 17~72m;宝塔组为龟裂纹灰岩,厚 23~60m;临湘组为瘤状泥灰岩,厚 10~20m。五峰组为黑色页岩夹硅质页岩,厚 12~37m。

志留系以浅-滨海相碎屑岩沉积为主。底部为黑色、灰黑色炭质页岩、硅质页岩、含炭泥质粉砂岩、粉砂质泥岩、砂质页岩,厚9~21m;下部为灰绿色、灰色页岩、粉砂质页岩、砂质页岩夹薄—厚层状粉砂岩、泥质粉砂岩、石英砂岩、细砂岩,厚180~913m;中部为灰绿色泥质粉砂岩、粉砂岩、石英粉砂岩、石英砂岩夹粉砂质页岩、页岩及泥岩,厚170~749m;上部为灰绿、黄绿色粉砂质页岩、泥质粉砂岩夹结核状灰岩、生物灰岩、钙质页岩,厚327~450m。

泥盆系以滨海—浅海相碎屑岩沉积为主,缺失下统,中—上统主要岩性为黄色灰—黄绿色薄、厚层状细晶泥质灰岩、泥灰岩夹页岩及生物碎屑灰岩,底部近界面处夹一层厚约40cm的鲕状赤铁矿,地层厚0~31m。

二叠系以海相或海陆交互相的碎屑岩和碳酸盐岩沉积为主,下部为灰绿色厚层状石英中—细砂岩夹页岩、炭质页岩及1~2层煤层,偶见赤铁矿、铝土矿层,厚5~54m;中部浅灰色、灰黑色厚层—块状泥晶生物(屑)灰岩、含白云质灰岩、含硅质团块及条带的致密块状泥晶灰岩夹泥质灰岩,厚168~445m;上部为黑色、深灰色薄—厚层状泥质泥晶灰岩、泥晶白云质灰岩、含硅质条带状泥晶泥质白云岩夹黑色炭质页岩,厚29~91m。

下—中三叠统为浅海相碳酸盐岩沉积和滨海相碎屑岩沉积,下部为浅灰色、深灰色薄—厚层状灰岩夹黄绿色页岩,底部有2~3层厚2~10cm的黏土岩,地层厚330~567m;上部为灰色、紫灰色薄—厚层块状、角砾状灰质白云岩、白云质灰岩、白云岩夹灰色、深灰色薄—厚层状灰岩,厚525~731m。

下白垩统为陆相红色碎屑沉积,主要岩性为紫红色中—厚层状粉砂质泥岩与紫红色中—厚层状泥质粉砂岩互层。底部为杂色厚—巨厚层状底砾岩,砾石成分为灰岩、白云岩、长石石英砂岩、硅质岩、粉砂质板岩等,砾径多为0.5~7cm,大者可达20cm,呈棱角状或次圆状,胶结物为紫红色粉砂岩或泥岩,基底式胶结。

第四系沉积物零星分布,主要为残坡积层,由腐殖土、粉砂质黏土和碎石组成,厚0~15m。

区内褶皱、断裂构造发育,构造线方向由北北东向往北东向逐渐偏转,构成了特征独特的湘西弧形构造带。以花垣-张家界断裂为界,东南部断裂构造发育,由花垣-张家界断裂、麻栗场断裂、古丈-吉首断裂、乌巢河断裂共同组成湘西弧形断裂构造带;西北部褶皱构造发育,以桑植复向斜为代表,其中花垣-张家界深大断裂及桑植复向斜与洛塔矿田铅锌成矿关系密切。

岩浆岩仅见于古丈龙鼻咀,出露面积约4km²,岩性为辉绿岩,呈北东向展布,呈岩床形态顺层侵入板溪群地层。

2. 区域矿产特征

区域内矿产资源丰富。著名矿床有凤凰茶田汞矿、花垣民乐锰矿、花垣李梅铅锌矿等大型—超大型矿床。另有钒、磷、水泥石灰岩、银、铜、锑、镍、钼、硒、黄铁矿、重晶石、炼镁白云岩矿等矿产。铅锌矿是本区优势矿种之一,主要分布在洛塔、花垣两个矿田及保靖、凤凰两个找矿远景区内。除花垣铅锌矿田内李梅、耐子堡矿区工作程度已达详查(局部勘探)并正在开发利用外,其余地区工作程度较低。

3. 主要找矿成果

在区内圈定了洛塔、保靖、花垣、凤凰4个铅锌矿田(图4-3),各矿田之间在赋矿层位、含矿岩性、控矿条件以及工作程度方面均有较大差异。

1)洛塔铅锌矿田

位于工作区的北部,呈北东-南西走向。矿田长148km、宽21~30km,面积约1060km²,出露寒武纪—志留纪地层。根据地层含矿性和地质构造特征,由北西至东南可划分出下光荣、打溪和卡西湖3个铅锌矿区。

在下光荣矿区,层状—似层状铅锌矿体主要赋存于下奥陶统南津关组第二段生物碎屑中—粗晶灰岩中,其他赋矿层位包括南津关组第四段、分乡组和红花园组。区内断裂构造发育,规模较大,与铅锌矿成矿关系密切的有北东向、北西向和近南北向的3组断裂共13条,其中北西向的断裂为脉状矿体的主要容矿构造。

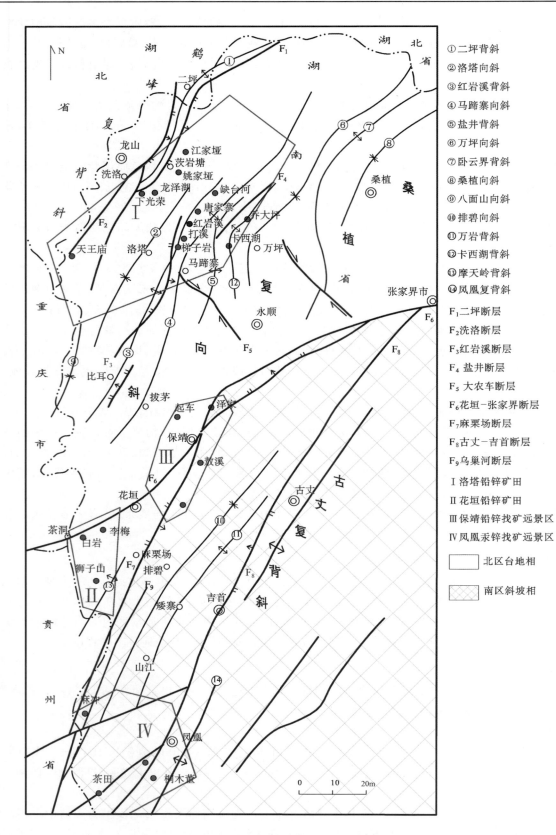

图 4-3 龙山-保靖地区铅锌矿田分布及构造纲要图
(据湖南地质矿产勘查开发局 405 队资料,2009)

矿化以锌为主、铅次之，矿化带受矿地层与构造联合控制，呈北东 45°方向展布。围岩蚀变主要为硅化，次为方解石化、白云石化，硅化和铅锌矿化均呈似层状、脉状形态分布。硅化的强弱与矿化的强度关系密切。

矿体形态主要为似层状，次为脉状。矿区共圈定矿体 25 个，其中似层状矿体 16 个，脉状矿体 9 个。铅锌矿体厚 0.43～7.08m。氧化矿石品位：Pb 为 0.10%～3.85%，最高 15.54%；Zn 为 2.00%～22.85%，最高 37.20%。硫化物矿石品位：Pb 为 0.10%～1.95%，最高 5.0%；Zn 为 0.70%～10.53%，最高 24.45%。

2）花垣铅锌矿田

矿田位于花垣-保靖-张家界断裂与麻栗场断裂（保靖-铜仁-玉屏断裂北东段）之间，总体走向北北东，长 38km，宽 4～16km，面积约 215km²。矿田内褶皱构造较发育，主要为宽缓的背（向）斜构造。较大规模Ⅰ级褶皱为摩天岭背斜，其北西翼Ⅱ级褶皱较发育，主要有狮子山背斜、太阳山向斜、团结背斜；南东翼Ⅱ级褶皱不发育，仅见麻栗场倒转背斜。

该矿田自北而南划分为李梅-耐子堡矿区、狮子山矿区、白岩矿区和排吾矿区（图 4-4），其中在狮子山矿区取得了显著的找矿效果。

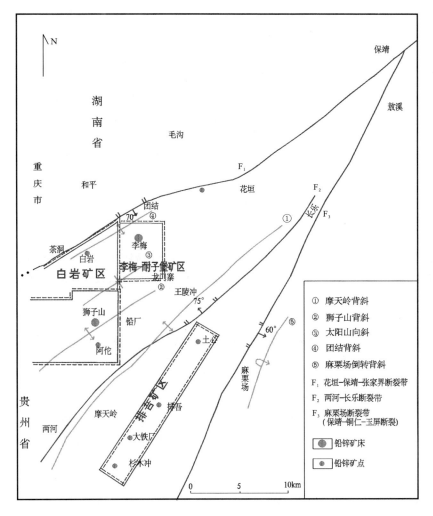

图 4-4 花垣矿田构造纲要图及矿区分布图

狮子山矿区位于花垣铅锌矿田中部，面积 65.6km²，铅锌矿主要赋存于清虚洞组下段第三亚段藻灰岩地层中。矿体厚度一般为2.6~3.1m,最厚9.73m,(Pb+Zn)平均品位3.57%,多为隐伏矿体。大调查中施工了16个钻孔(4183.22m),仅两个钻孔没有见矿,见矿率为87.5%。估算($333+334_1$)铅锌资源量为$93.61×10^4$t。

(1)矿体形态、产状及规模:矿区矿体形态简单,以似层状为主,次为脉状形态。狮子山矿区共圈定矿体46个,其中似层状矿体32个,占总数的70%,脉状矿体14个,占矿体总数的30%。似层状矿体产状与围岩基本一致,走向以北东为主,其次为北北东向,少量矿体呈近南北向或东西向;倾向以北西为主,而少量矿体向南东或南倾,倾角一般5°~9°,十分平缓,局部因断裂构造影响,可变陡至15°~25°。沿走向延伸长一般为250~800m,少量矿体长度可达900~1000m。沿倾向延展宽一般为100~400m。矿体平均厚度一般为1.50~5.49m,最薄为1-3号矿体,厚度为1.13m,最厚为1-6号矿体,厚度为20.52m。脉状矿体与围岩高角度斜交,走向为北东,倾向以南东为主,其次为北西向,倾角多为70°~80°;脉状矿体规模相对较小,沿走向延伸一般100~300m,最大长度可达520m(M4矿体),沿倾向延展宽一般20~100m。平均厚度一般1.25~5.20m,最厚可达11.20m(M8矿体)。

(2)矿体分布规律及其变化特征:狮子山矿区铅锌矿体均分布于北北东向藻礁相灰岩地层中,并严格受藻礁相控制,在礁前相、礁后相及礁间通道亚相均无铅锌矿化分布。清虚洞组下段第三亚段为主容矿层,分布有29个似层状矿体,14个脉状矿体,第四亚段含藻砂屑灰岩为次要容矿层,分布有3个似层状矿体(4-1、4-2、4-3矿体),2个脉状矿体(M1与M3矿体,它们均为清虚洞组下段第三亚段地层中的脉矿体上延部分)。此外,在清虚洞组下段第一亚段粉—细晶云岩中偶见铅矿体。一般情况下,容矿层藻灰岩厚度越大,越有利于成矿,当藻灰岩厚度小于30m时,一般无矿体产出。

似层状矿体具有多层性,一般为2~4层,局部可达5~6层。矿体多为隐伏矿体,在32个似层状矿体中仅有9个在地表有露头。地表以硫化矿体为主,氧化矿体罕见。脉状矿体受成矿前至成矿期北东向张性断裂破碎带控制明显,在平面上具有等距性分布特征,间距一般为200~400m,而且矿石品位相对较富。

矿区内主容矿层清虚洞组下段第三亚段藻灰岩厚度一般在110~237m之间变化,而次要容矿层第四亚段含藻砂屑灰岩地层厚度一般在40~60m之间。为了进一步查清矿体在垂向上的分布规律,用四分法对矿区容矿层的含矿性进行初步划分,其中清虚洞组下段第三亚段分为3个含矿层,第四亚段划分为一个含矿层,各含矿层特征按由下而上的顺序分述如下。

第一含矿层:位于第三亚段下部或底部,距第三亚段与第二亚段分界线之上0~40m的范围,地层厚度40m,为矿体分布较集中部位,产有似层状矿体10个,以含铅锌矿体或单锌矿体为主。估算的铅锌金属资源量之和为$28.82×10^4$t(Pb为$3.41×10^4$t,Zn为$25.41×10^4$t,Pb/Zn值为1:7.5),占矿区似层状矿体金属资源总量($90.73×10^4$t)的31.76%。

第二含矿层:位于第三亚段中部,地层厚度一般在50~150m之间,地层厚度变化较大,矿体分布较为分散,以铅锌矿体与含铅锌矿体为主。分布有似层状矿体9个,估算的铅锌金属资源量之和为$30.35×10^4$t(Pb为$4.93×10^4$t,Zn为$25.42×10^4$t,Pb/Zn值为1:5.2),占矿区似层状矿体金属资源总量的33.45%。

第三含矿层:位于第三亚段上部或顶部,矿体产于顶界面之下0~40m的范围,地层厚度约40m,矿体分布较集中,以含锌铅矿体及铅锌矿体为主。产有10个似层状矿体,估算的铅锌金属资源量之和为$29.72×10^4$t(Pb为$11.13×10^4$t,Zn为$18.59×10^4$t,Pb/Zn值为1:1.7),占矿区似层状矿体金属资源总量的32.76%。

第四含矿层:位于第四亚段,地层厚度一般为40m,产有3个矿体,以铅锌矿和含锌铅矿体为主。估算的铅锌金属资源量之和为$1.84×10^4$t(Pb为$0.96×10^4$t,Zn为$0.88×10^4$t,Pb/Zn值为1:0.9),占矿区似层状矿体金属资源总量的2.03%。

矿区内共圈定14个脉状矿体,主要集中分布于第三亚段,仅有少量分布于第四亚段。

矿区单工程矿体厚度1.00~20.52m,厚度变化系数一般为30%~69%,最小为7%,最大为98%,

矿体厚度变化为稳定至较稳定；矿区单工程矿体品位 Pb 为 0.02%～3.24%，Zn 为 0.04%～6.07%，(Pb+Zn)为 0.74%～8.17%，品位变化系数一般为 14%～50%，最小为 3%，最大为 56%，矿体品位变化小。

4. 成矿规律

工作区铅锌矿床的形成是沉积-埋藏压实作用、构造作用等多种地质过程的综合产物，其中地层岩性与岩相、构造及围岩蚀变是控制本区铅锌矿床成矿的主要因素。

1）岩性、岩相控矿

地层岩性对成矿作用的控制主要表现在区内矿体选择性地集中分布于有限层位的特殊岩性内。在花垣-张家界断裂以北工作区内，铅锌矿体主要分布在早奥陶世南津关组、分乡组和红花园组，极少量的矿体分布在中统宝塔组；岩性主要为砂屑灰岩和生物屑灰岩，其次为含云质灰岩。在花垣-张家界断裂南部，铅锌矿体主要分布在中寒武世清虚洞组下段与中统敖溪组上段，少量矿体分布于中寒武世清虚洞组上段；储矿地层岩性以藻灰岩、藻屑灰岩、砂砾屑灰岩、细—粉晶云岩中矿体分布为主，其次为含藻砂屑灰岩、含云质灰岩等。由于藻灰岩、砂屑灰岩、含藻砂屑灰岩、藻屑灰岩、砂砾屑灰岩、生物屑灰岩、含云质灰岩及细—粉晶云岩具有质纯、性脆、化学性质活泼的特点，易于发生构造破碎和化学交代作用；由于岩石本身粒间孔隙发育，为成矿热液的运移提供了良好的通道和沉淀空间。这些特征为在局部空间发生围岩蚀变和矿化作用乃至矿化富集提供了有利的条件。

岩相对成矿作用的控制主要体现在矿体与沉积相的空间关系上，即铅锌矿体均分布在台地边缘浅滩亚相地层中，而台地相、盆地相、台地前缘斜坡亚相地层中均无铅锌矿体产出。因为台地边缘浅滩亚相的沉积环境适宜藻类生长发育，有利于形成质纯、性脆、化学性质活泼的碳酸盐岩，易于因构造发生破碎，因而也就易于成矿。这种现象在花垣矿田铅锌矿表现得最为明显。

2）构造控矿

构造对成矿作用的控制主要体现在褶皱与断裂及其次级构造为矿体形成提供了导矿通道和容矿空间。龙山洛塔矿田内褶皱构造发育，其背斜构造轴部及其附近区域和背斜与向斜构造的转折部位因应力集中，易形成因层间虚脱和节理密集带及溶隙，为含矿热液提供了运移通道和沉淀空间。二坪背斜与洛塔向斜的转折带控制了下光荣铅锌矿区的分布范围，红岩溪背斜轴部及其附近两翼控制了打溪铅锌矿区的分布范围，而盐井背斜轴部及其附近两翼控制了卡西湖铅锌矿区的分布范围。上述褶皱构造的次级构造在矿区内不同地段的发育程度不同，层间虚脱、层间破碎带或北西向节理密集带等地段，也是产生成矿作用的有利地段，常出现矿体分布较密集或形成规模较大矿体的现象。

保靖矿田位处花垣-张家界断裂带与麻栗场断裂带的交汇部位，断裂构造对成矿作用的控制十分明显。该断裂两侧的北东向次级断裂、破碎带及其牵引褶皱分别控制了起车矿区和敖溪矿区铅锌矿的分布范围及产出特征。

花垣矿田地层倾向十分平缓，多数倾角为 4°～8°，属小规模开阔型平缓背（向）斜构造，它们对成矿作用的控制不明显。但区内断裂构造较发育，节理—裂隙—缝合线构造分布普遍，它们对区内的成矿起着十分重要的作用。其中成矿前-成矿期北东向的断裂构造在矿田内起着导矿与容矿的双重作用，而在藻礁相灰岩体内发育有大量交织成网的节理、裂隙及缝合线构造系统，为含矿热液的进一步运移扩散提供了理想的通道和成矿空间。在本区内，断裂及裂隙构造发育的地方矿化作用较强，特别是小构造密集发育成网的地方，常形成较富的铅锌矿体。因此区内构造控制着该矿田铅锌矿体的具体空间产出部位及其品位特征。

在凤凰茶田矿区，构造对铅锌矿成矿作用的控矿主要表现在次级背（向）斜构造的轴部或转折端及其诱发的层间破碎带、小断裂及节理裂隙构造等，尤其是层间破碎带控制了区内主要铅锌矿体的空间产出。

3）围岩蚀变与铅锌矿化

围岩蚀变对成矿作用的控制主要表现为成矿期发生的方解石化、白云岩化、黄铁矿化、重晶石化及硅化蚀变作用与铅锌矿体在空间上密切共生的关系。如在花垣-张家界断裂北部，铅锌矿体均产于硅化灰岩蚀变体中,包括似层状矿体和脉状矿体;而在花垣-张家界断裂南部,铅锌矿体均与方解石化、白云石化、黄铁矿化和重晶石化中的一种或多种蚀变相伴生,显示出密切的共生关系。

综上所述,工作区铅锌矿床的产出是多种控矿因素组合的结果,其中地层岩性与岩相是成矿的基础和必要条件,构造在成矿过程中起主导作用,而围岩蚀变指示了成矿热液对成矿物质的运移、集中和沉淀结晶具有重要作用。

5. 资源远景分析

1)洛塔矿田

本次工作对洛塔矿田内各矿区出露含矿地层(早奥陶世南津关组、分乡组、红花园组)的地段均开展了1:2.5万地质测量工作。在此基础上,对矿化点分布相对集中的区域开展了1:1万地质测量及矿点检查工作,对成矿有利地段开展了1:5000地质测量和探矿工程控制,如下光荣矿区的木塔、江家垭、姚家垭、龙泽湖、下光荣、天王庙矿段,打溪矿区的唐家寨、打溪矿段,卡西湖矿区的乔大坪、卡西湖矿段,据此获得了铅锌资源量。按一般工业指标用地质块段法,初步获得了1:1万地质测量工作区内的(333+334_1)铅锌金属资源量为$148.72×10^4$t(其中333资源量$31.63×10^4$t)。

洛塔矿田的资源潜力区(即有含矿岩层分布、具有找矿前景、目前还没有开展资源评价的地区)由于本次工作投入的实物工作量有限,虽然1:2.5万地质测量工作已基本查明了矿田内的地层(包括含矿层)、构造分布状况,但对于大面积出露的含矿层还没有开展1:1万地质测量、槽探揭露、深部钻探验证工作;工作中只对下奥陶统含矿层进行了评价,但对分布于下光荣矿区北部的寒武系下统清虚洞组的含矿层没有开展评价工作,该含矿层分布面积约83km²。

综上所述,已开展大调查阶段工作的资源评价区仅占全部面积的20%,还有80%的资源潜力区(两个含矿层位,面积911km²)有待于进一步工作。据1:2.5万地质测量成果,在下光荣矿区木塔矿段以北地区至少可划分出2个找矿远景区,在打溪矿区洗车河地段以南大致可划分出1个找矿远景区,初步预测这3个找矿远景区铅锌资源量在$30×10^4$t以上,预测的洛塔矿田铅锌资源远景总量在$180×10^4$t左右,因此在洛塔矿田具有寻找大—中型铅锌矿床的资源前景。

2)花垣矿田

花垣矿田的含矿层位为中寒武世清虚洞组下段,岩层产状平缓,分布面积大。在1:1万地质测量的基础上,划分了狮子山矿区、白岩矿区及排吾矿区。本次工作在花垣矿田投入的实物工作量较少,工程控制间距稀疏,资源量的估算多为单工程圈定,初步估算获得的(333+334_1)铅锌金属资源量为$100.78×10^4$t(其中333资源量为$2.02×10^4$t)。目前花垣矿田已有探矿工程控制的资源范围面积仅占6.7%,而没有工程控制的资源潜力区占93.3%。初步预测这4个矿区内的铅锌资源量在$500×10^4$t左右,具有寻找大型—超大型铅锌矿床的资源前景。

3)保靖找矿远景区

该区包括奥陶系下统和寒武系下统两个含矿层,已完成1:2.5万地质测量313.5km²。在此基础上,对矿化点分布集中的起车和敖溪重点矿区开展了1:1万地质测量及矿点检查工作。在北部的起车矿区用地表槽探工程控制了334_1铅锌金属资源量$2.87×10^4$t,在南部的敖溪矿区开展了1:1万地质测量,局部(且溪科)还开展了1:5000地质测量工作,用槽、坑、钻探工程控制了(333+334_1)铅锌金属资源量$3.19×10^4$t。

起车矿区面积约264km²,已开展1:1万地质测量118.4km²;敖溪矿区面积约75.6km²,已开展1:1万地质测量16km²,1:5000地质测量7.5km²。两矿区合计完成1:1万地质测量194km²,占总面积的57%。

找矿潜力区包括没有开展1:1万地质测量的地段或只有少量探矿工程控制的地段。在下一步开展的地质找矿工作中,应加强地表物化探测量和槽探揭露工程控制,实行深部验证探矿工程,有望找到大规模的铅锌矿床。

4) 凤凰找矿远景区

该区包括清虚洞组和敖溪组两个含矿层,已完成1∶2.5万地质测量490km²,对茶田重点矿区开展了1∶1万地质测量(30km²)及矿点检查工作。

凤凰找矿远景区以发现大型汞矿床而著名。以往的地质工作偏重于对汞矿的普查勘探,除了个别矿段圈定了几个锌矿体外,绝大多数地质工作仅限于对锌矿进行宏观描述。本次铅锌矿评价工作对凤凰找矿远景区的汞矿勘查资料以及铅锌矿踏勘资料进行了分析研究,并对汞矿老窿进行调查,发现区内汞矿体中普遍伴生有锌矿,在汞锌矿体旁侧有独立的铅锌矿体分布。汞矿与铅锌矿具有相似的成矿地质特征,指示其成矿关系十分密切。汞锌矿体或锌矿体呈层状、似层状或透镜状产于敖溪组上段的灰色、浅灰色薄—中厚层细晶白云岩中,矿化层厚55～86m,在构造叠加部位矿化富集,锌矿呈脉状、浸染状或团块状产出,单个矿体长一般500～1200m,宽300～800m,Zn品位0.5%～7%,平均3.2%。

通过综合研究和分析,发现在该找矿远景区分布有两条北东向的汞锌、铅锌矿带。其中汞锌矿带位于远景区的西侧,赋矿层位于为寒武系中统敖溪组上段细—粉晶白云岩地层中,产于似层状层间破碎角砾岩化、网状方解石脉化之蚀变体内(层间破碎带内),并严格受其控制;铅锌矿带位于远景区的中部及东侧,赋矿层位为寒武系中统敖溪组上段细—粉晶白云岩地层和寒武系下统清虚洞组灰岩。

(三)湖北武当-神农架地区铅锌矿评价

工作区位于湖北省西部,西邻陕西省和重庆市,包括湖北省竹溪、房县、神农架林区及毗邻的竹山、保康、谷城、兴山、巴东等县的部分地区,面积约12 000km²。以青峰断裂为界,北部为秦岭造山带,南部为扬子陆块(图4-5)。

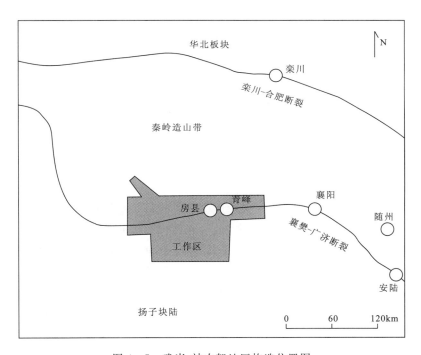

图4-5 武当-神农架地区构造位置图

1. 区域地质背景

1)地层

工作区跨两个一级地层区,青峰断裂以北为秦岭地层区,以南为扬子地层区(图4-5)。

秦岭地层区:由老到新为南华纪武当岩群、耀岭河组,震旦系江西沟组、霍河组,下古生界寒武系杨家堡组、庄子沟组,奥陶系及中下志留统。其中,本区沿竹山断裂尚有中生界白垩系出露。武当岩群由下部的变火山岩组和上部的变沉积岩组组成,其中变火山岩组又可分为以变基性火山岩为主的下亚组和变中酸性火山岩为主夹少量细碎屑的上亚组,上亚组是银金多金属的含矿地层;耀岭河组为一套细碧角斑岩建造,是石英脉型金矿和贫磁铁矿的赋矿层位;江西沟组和霍河组为细碎屑岩-碳酸盐岩建造,为铅锌多金属矿的含矿建造;寒武系为浅海相炭硅泥岩-碳酸盐岩建造,是多金属元素富集层位;奥陶系及志留系主要为浅海相细碎屑岩和泥质岩;位于竹山地区的白垩系为陆相红色碎屑岩建造,沿竹山断裂呈北西向角度不整合于古生代地层之上,其中见有铜矿化。

扬子地层区:除泥盆系、石炭系、侏罗系、白垩系缺失外,自元古宇至第四系均有分布,以晚前寒武纪及早古生代地层最为发育,神农架群构成本区的古老基底,其中震旦系—下寒武统为区内主要铅锌赋矿层位,铅锌元素含量变化见图 4-6。主要含矿层特征描述如下。

陡山沱组:主要围绕神农架穹隆四周出露,面积约 200km²,与下伏南沱组假整合接触。可细分为 4 个岩性段:第一段为浅灰色具硅质网格含锰白云岩;第二段为含磷岩系,主要岩性为肉红色骨板状磷块岩、灰黑色块状磷块岩、白云质条带状磷块岩、含磷条带白云岩、含磷炭质页岩;第三段为灰白色厚层状含黑色燧石团块白云岩;第四段为黑色炭质页岩夹角砾状白云岩,角砾状白云岩具银铅锌矿化。

灯影组:与陡山沱组形影相随,另在青峰断裂带南侧朝阳、贵子沟等地见有零星出露,面积约 400km²,与下伏陡山沱组整合接触。下部岩性为浅灰色巨厚层状细晶白云岩、鲕状白云岩,上部为浅灰钩、灰白色薄—中厚层状硅质条带和硅质结核白云岩,偶夹 3~5cm 的硅质条带,间距不等,风化后硅质突起呈网状,底部夹变鲕状白云岩。顶部为浅灰色巨厚层状晶屑、砂屑、砾屑白云岩,具铅、锌矿化,白云岩中的含炭泥岩夹层可作为寻找铅、锌富矿体的直接标志。地层厚度由南西向北东逐渐增大,高桥河厚 312.7m,木鱼坪厚 189.22m,武山厚 638.7m,东蒿坪厚 1073.43m。

牛蹄塘组:为工作区内分布范围最广泛的地层,总面积约 1500km²。与下伏灯影组假整合接触。下段以炭质页岩、炭质粉砂岩为主夹灰岩;上段则以灰黑、黑色中厚层灰岩为主夹炭质页岩。本组富含银、铜、铅、锌、钒、铀等元素,局部含磷、钒量高,可形成工业矿体。横向上,岩性、岩相变化较大,如在西部九道一带厚 80m,在东部龙头沟一带厚 54.98m,在南部小当阳一带厚 582.15m,在北部仙家坪一带厚度在 500m 以上,而在东南部榛子一带则缺失沉积。说明寒武纪牛蹄塘期沉积环境与晚震旦世灯影期明显不同。受惠亭运动影响,早寒武世工作区东南部经历暴露剥蚀,至牛蹄塘沉积期,东南部为古岛地貌,西部濒临古陆,南部和北部可能受同沉积期基底断裂控制,接受了厚达 500 余米的陆棚相沉积,伴之有海底基性火山喷发活动。

2)构造

工作区跨秦岭造山带和扬子陆块两个一级大地构造单元,自中元古代以来经历了多次构造运动,主体构造格架定型于印支运动。以阳日-九道断裂为界,北部以发育近东西向、北西向线性紧密褶皱和逆冲断裂为特征,自北向南有竹溪复向斜、红椿坝-曾家坝断层、皂溪断层、八角庙-莲花寺断层、青峰断裂、水泊河冲断层、义渡-黑山复式褶皱带、松树岭-瓦屋湾向斜和阳日-九道断裂带等。北东东—近东西向构造带以规模巨大、常造成地层重复或缺失为特征,对超基性岩以及金、银、铜、铂、钯矿化具有控制作用。阳日-九道断裂南部神农架地区构造较复杂,大致以木鱼镇为界,西部主要由一系列规模较大的北西向褶皱、逆冲和斜冲断裂组成,自西向东有板桥断裂带、神农顶背斜、石槽河断裂、木鱼坪向斜、九冲断裂带、九冲河背斜、徐家庄背斜和老虎顶—水果园向斜等。北西向构造带具构造活动的多期性,对本区神农架群、马槽园组的沉积相、岩浆活动以及层控矿床的初始富集起着重要的控制作用。东部以北北东、北东向断裂和斜跨褶皱组成,自东向西有新华断裂带、宋洛断裂带、鞍子垭断裂带、月亮岩断层及马骡场断层。区内许多铜矿化被北北东、北东向构造所控制。

3)岩浆岩和变质岩

工作区北部岩浆岩分布较广,以新元古代、加里东期海相喷发岩为主,侵入岩次之。前者主要为基性—酸性火山岩组合,后者为基性—超基性岩、中性、酸性及偏碱性—碱性岩类,其中以基性岩类最为发

第四章 重要矿产特征

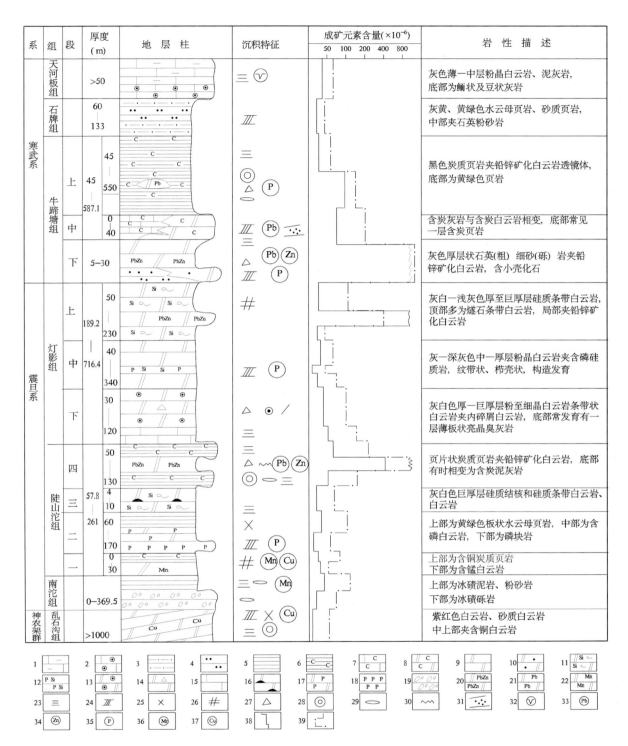

图 4-6 震旦系陡山沱组—寒武系石牌组综合柱状图

1. 泥质灰岩；2. 鲕状、豆状灰岩；3. 泥质粉砂岩；4. 砂岩；5. 页岩；6. 炭质页岩；7. 含炭灰岩；8. 含炭白云岩；9. 白云岩；10. 砂质白云岩；11. 硅质条带白云岩；12. 含磷硅质岩；13. 鲕状白云岩；14. 内碎屑白云岩；15. 亮晶灰岩；16. 硅质团块白云岩；17. 含磷白云岩；18. 磷块岩；19. 头碛砾岩；20. 铅锌矿化白云岩；21. 铅矿化白云岩；22. 含锰白云岩；23. 水平层理；24. 斜层理；25. 交错层理；26. 网格状构造；27. 内碎屑；28. 黄铁矿结构；29. 透镜状构造；30. 纹带状构造；31. 渗透砂；32. 压缩裂隙；33. 铅矿化；34. 锌矿化；35. 磷矿化；36. 锰矿化；37. 铜矿化；38. 铅含量曲线；39. 锌含量曲线育,岩石类型主要为变辉绿岩、变辉长辉绿岩,侵位于前寒武纪和早古生代地层,与铅锌成矿作用关系不明显。在工作南部扬子地层区,岩浆岩出露零星,火山岩产于神农架群中,脉岩主要有辉绿岩脉、石英脉、重晶石脉,其中石英脉、重晶石脉与铅、锌、铜多金属矿关系密切。

武当岩群分布区变质程度以高绿片岩相为主,形成片岩、变粒岩,其余大部分地层变质程度普遍为低绿片岩相,形成板岩、千枚岩。此外,区内动力变质岩发育,主要有糜棱岩、千糜岩、构造片岩、碎裂岩等。集中分布于韧-脆性剪切带内,且碎裂岩常叠加在糜棱岩带之上。

4)地球化学特征

据谷晓明和张本仁等(1993)提出的东秦岭及邻区地球化学分区,本区隶属扬子克拉通北缘及南秦岭造山带地球化学省、扬子克拉通北缘地球化学沉积-火山沉积变质作用场。青峰断裂以南又可进一步划分为神农架群弧后盆地型火山沉积作用地球化学小区(基底展布区)Ⅱ-A-a-(1)及稳定陆块沉积地球化学小区(盖层展布区)Ⅱ-A-a-(2)。元素的富集系数揭示,地壳的化学成分相对富集 Cu、Ni、Au、As、Sb,上地幔化学成分相对富集 Cu、Pb、Zn、Mn、Ni、Li、Zr 等。本区以富集 Cu、Ag、Pb、Zn、Zr、Au、Cr、Ni,贫 CaO 和 Al_2O_3 为特征。

对 1:20 万水系沉积物测量 Cu、Ag、Pb、Zn 元素的原始数据整理,发现在不同地质单元中其背景值和平均值差异很大,Cu 在神农架群弧后盆地型火山沉积作用地球化学小区中相对富集,而 Ag、Pb、Zn 在稳定陆块沉积地球化学小区中相对富集。

从异常分布规律看,铜异常大多分布于神农架群,而银-铅-锌异常大多分布于震旦系,与已知矿产的赋矿层位吻合。在沿青峰断裂带区域,异常形态呈近东西向,而在神农架穹隆南侧,异常呈北西向,在神农架穹隆东及东南侧呈北北东—北东向,分别构成东西向、北西向及北北东向异常群,显示异常严格受区内近东西向、北西向及北北东向三大主要构造格架的控制。经异常查证,较强的分散流、金属晕和重砂异常区通常为矿化所在地,证明异常真实存在,与矿化关系密切,充分说明了该类异常属矿致异常。通过对青峰断裂带 1:20 万化探异常的靶区开展综合调查工作,相继发现了朝阳、贵子沟、老公峪和长青等一批极具找矿远景的铅锌矿-铜矿床。

2. 区域矿产特征

工作区是鄂西北地区铅锌、铜多金属矿床集中分布地区,可分为青峰断裂带铅锌多金属成矿区和神农架地区贵金属有色金属成矿区。

在青峰断裂带铅锌多金属成矿区内,已发现有月亮垭(中型)、朝阳和贵子沟(小、中型)、老公峪和桃园(小型)等铅锌矿床(点),以及铁匠坡和长青等铜矿点。在神农架地区贵金属有色金属成矿区内,已发现冰洞山大型铅锌矿床,沐浴河、简城、乾沟和板桥等铅锌矿点,以及宋洛、关门山、武山和板仓等小、中型铜矿床。区内银以伴生形式存在于铜矿和铅锌矿中。区内磷矿和铁矿也较为丰富,具有赋矿层位多和储量大的特点。表明该区具备多金属成矿的区域地质背景和条件,具有较好的找矿潜力。

区内铅锌多金属矿多属层控矿床,严格受地层和构造双重控制。地层与成矿密切相关,既是多金属矿的矿源层,也是有利的赋矿围岩。初始沉积期形成矿源层后,深大断裂是本类矿床发生富集成矿的重要因素。本区赋矿地层分布广泛,控矿构造极其发育,成矿地质条件有利,具有寻找大型铅锌多金属矿床的地质前提。

3. 主要地质找矿成果

(1)冰洞山铅锌矿。该类矿床在规模、赋存层位或成因类型上在湖北省均属首次发现(图4-7)。震旦系陡山沱组第四岩性段炭质页岩所夹白云岩层为重要的含矿层,矿层与地层产状一致,呈单斜板状产出。含矿带以冰洞山为中心,围绕着冰洞山四周分布,由于地形切割的原因,表现为出露在不同标高的环状形式,局部由于断层影响而不连续。

含矿带规模巨大,露头南起柿子湾沟,向北经张代坪、罗家包至盘龙山、白崖转向周家寨、花椒树坪,再向南至百草垭以南,南北出露总长大于 7km,东西出露宽 1.5~4km,露头延绵长达 23km,一般厚 5~

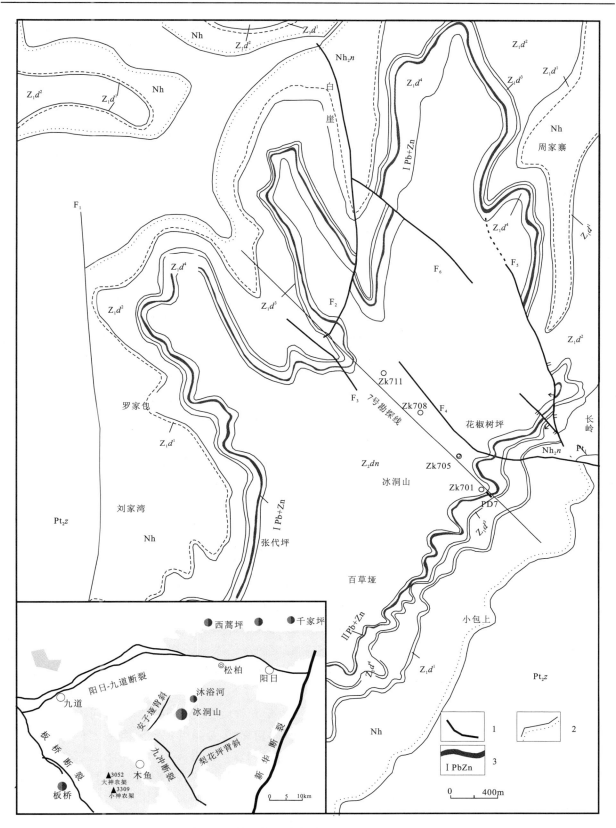

图 4-7 冰洞山铅锌矿床地质略图(据湖北省地质调查院,2006,修改)

Pt_2:神农架群;Nh_2n:南华系南沱组;Z_1d:震旦系陡山沱组第一至第四段;Z_2dn:震旦系灯影组;PD7:平硐及编号;ZK705:钻孔及编号;1.断层;2.地质界线;3.矿体

10m，局部厚达20m。含矿带东西两侧含矿性较强，南北两端含矿性相对较弱，主要有用组分：Pb含量一般为0.1%～20.17%，Zn含量一般为0.1%～19.64%，伴生组分一般为Ag$(2\sim56.4)\times10^{-6}$，S含量一般为0.57%～36.38%，Cd含量一般为$(21\sim2747)\times10^{-6}$。

含矿带内主要岩性由下至上为灰白色、灰色含黄铁矿纹层状白云岩、深灰色黄铁矿化铅锌矿化角砾状白云岩、深灰色角砾状白云岩。含矿带下部改造微弱，原始沉积作用特征明显，上部改造强烈，铅锌矿化强度与角砾状白云岩发育程度相关。含矿带内古采遗迹较多，地表地形多呈小陡坎或凹坎状负地形，多金属铁帽分布广、次生铅锌族矿物发育，矿化富集的直接标志除铁帽发育外，肉眼可辨出铅锌族矿物。

估算$(333+334_1)$铅锌资源量143.83×10^4t，其中333铅锌资源量已达20.31×10^4t，初步评价认为冰洞山矿区存在有较大规模的工业矿体，可作为详查基地提交。今后工作中应加强矿石选冶及矿山水文地质、工程地质、环境地质资料的收集与研究，大致查明矿床开采技术条件和矿石选冶性能；运用新理论、新技术和新方法，加强控矿条件及成矿规律的研究，总结成矿规律，以指导下一步勘查工作；对矿床进行全面客观的评价，为圈定详查区范围提供依据。

(2)沐浴河铅锌矿。矿区出露地层主要为神农架群乱石沟组、震旦系南沱组、陡山沱组和灯影组。陡山沱组出露稳定、发育较全，可分为4个岩性段，矿化赋存于陡山沱组第四岩性段炭质页岩所夹的角砾状白云岩中。区内基性侵入岩发育，呈岩株或岩墙状产出，侵入岩侵入的最高层位为乱石沟组，被震旦系南沱组沉积覆盖，在南沱组冰碛砾岩中可见含铜辉绿岩砾石，愈近岩体数量愈多，块度愈大，岩浆岩与铅锌多金属成矿有直接联系。岩层呈单斜产出，神农架群岩层走向近南北向，倾向东，倾角20°～30°，震旦系岩层走向近东西，倾向北，倾角15°～30°。区内断裂发育，主要有近东西和近南北向两组，为成矿后断裂，切错矿层，属正断层。围岩蚀变有黄铁矿化、重晶石化、碳酸盐化、绿泥石化、硅化和角岩化。前三类与铅锌多金属矿化关系密切，后三类与铜矿化相关。

区内已知有西坡、后山两个矿化带分别位于沐浴河东西两侧。西坡矿化带南北最大长度5.8km，东西宽度0.4～1.00km，圈定4个铅锌工业矿体。单工程矿体厚0.56～3.36m，平均厚度1.29m，单工程平均品位Pb为0.01%～3.97%，Zn为1.12%～10.84%，Ag为$(1.8\sim25.37)\times10^{-6}$，Cd为0.0088%～0.11%。矿带平均品位Pb为0.89%，Zn为4.80%，Ag为12.18×10^{-6}，Cd为0.044%。后山矿化带南北最大长度4km，东西最大宽度2.7km，圈定2个铅锌工业矿体，单工程矿体厚0.81～2.20m，平均厚度1.55m，单工程平均品位Pb为0.02%～4.37%，Zn为1.14%～10.96%，Ag为$(2.5\sim188)\times10^{-6}$，Cd为0.010%～0.037%。矿带平均品位Pb为1.43%，Zn为2.75%，Ag为21.88×10^{-6}（Cd未分析）。初步估算经工程验证的$(333+334_1)$铅锌资源量为73.14×10^4t。

区内大多地段虽无工程控制，但在填图过程中发现，很多含铅锌铁帽露头或滚石（如连连坪—火烧尖一带）铁帽中Zn品位可达12%，揭示区内存在有高强度的富矿体，显示其有较好的找矿潜力。

1：20万水系沉积物测量及土壤金属量测量，在该区发现了较强的分散流、次生晕和重砂异常。分散流异常元素组合好，具有明显的浓度分带，峰值Pb达62.7×10^{-6}，Zn达727×10^{-6}，Ag达810×10^{-9}，Cu达70.8×10^{-6}，约为冰洞山远景区的两倍；次生晕异常组合元素多、强度高，而重砂中出现铅矿物与闪锌矿共生组合异常。无论分散流、次生晕或重砂，铅锌-多金属组合异常套合较好，它们在空间上的同时出现，揭示该区存在有工业矿体。从重砂中出现的闪锌矿分析，矿体的氧化程度较弱。

综上所述，该区成矿地质条件良好，矿化层分布面积广，层位稳定，矿体规模大，厚度稳定，强化强度高，资源前景好。不足的是工作程度低，探矿工程稀少。通过与冰洞山地区类比，认为该地区可望找到大型铅锌多金属矿床，与基性岩有关的铜矿也有一定前景。

(3)外围尚有雨淋沟-下甘霞铅锌矿、朝阳铅锌矿、贵子沟锌矿、月亮垭铅锌矿、简城铅锌矿等新发现矿产地，具有一定的找矿前景，部分矿区已具中型矿床规模。同时还圈定了廖家坪等13处具有找矿意义的Ag-Pb-Zn综合异常，为下一步矿产勘查工作指明了方向。

4. 成矿规律

1) 地层、岩性、岩相对成矿的控制

本区赋矿地层中共计有 7 个含矿层位,由下至上依次为震旦系陡山沱组第四岩性段的中部(冰洞山铅锌矿、沐浴河铅锌矿),震旦系灯影组底部(朝阳、贵子沟锌矿),震旦系灯影组第一岩性段顶部(乾沟铅锌矿),震旦系灯影组第三岩性段第三岩性层中部、上部及顶部(雨淋沟、下甘霞铅锌矿)和寒武系牛蹄塘组的底部(石灰头、老公峪铅锌矿点)。由神农架断穹向四周,赋矿地层层位逐步抬升。随着赋矿地层层位逐步抬升,赋矿地层层位中 Pb/Zn 比值逐渐增大。

含矿层为砂屑状白云岩,与黑色岩系关系密切,一般产在黑色泥岩岩性所夹的灰白色白云岩中,少数产在富含白云质及硅质条带部位。

区内陡山沱组可划分出陆棚相、碳酸盐缓坡相、碳酸盐岩台地边缘相和盆地相四个沉积相。碳酸盐缓坡相、碳酸盐岩台地边缘相分别控制了陡山沱期铅锌矿及磷矿,如冰洞山铅锌矿、神农架-保康磷矿田。盆地分析显示,灯影期海侵方向为由北西向南东,沉积物质来源于南西部,地层厚度由南西向北东逐渐增大,并可划为局限海台地相、台地边缘滩相和斜坡相,其中局限海台地相以青峰断裂为界分为南、北两区(北区因厚度小于 100m,且片理化作用强)。斜坡相和台地边缘滩相分别控制了灯影期早晚世铅锌矿的沉积,如干沟铅锌矿、西蒿坪铅锌矿。牛蹄塘期可划分出滨海三角洲相、浅海陆棚相、局限海台地相,其中滨海三角洲相控制了牛蹄塘期铅锌矿的沉积(如九道银锌矿点)。

2) 构造对成矿的控制

位于神农架断穹周边的铅锌矿以冰洞山、沐浴河铅锌矿为代表,主要控矿构造为沉积原生构造、成岩期压溶构造,成岩后褶皱构造核部及层间破碎带。

产于青峰断裂带两侧的铅锌矿以贵子沟锌矿和朝阳铅锌矿为代表,位处秦岭造山带与扬子地块两个一级大地构造单元的结合部位,即龙门山-大巴山前陆褶冲带。朝阳和贵子沟等铅锌矿床分布于近东西向的青峰断裂带内,赋存于以灯影组为核部的倒转背斜中,受断裂破碎带控制。神农架断穹周边地区已知铅锌矿床主要受北北东向及北西向构造带控制,其中冰洞山铅锌矿受北北东向层间破碎带控制。

龙门山-大巴山前陆褶冲带由一系列轴面向南倒转的紧闭褶皱和断面向北缓倾的逆冲断裂组成,具典型的造山带前陆逆冲褶皱带特征。构造对铅锌矿体具有明显的改造和控制作用,其中断裂构造是本类矿床形成二次富集的重要因素。各矿区矿体主要赋存于断层破碎带中,为主要容矿构造,直接控制了铅锌矿体的产出。神农架断穹在平面上呈近等轴状,盖层在断穹脊部产状近于水平,向四周倾斜,愈近边界断裂,变形愈强,说明边界断裂在成生和发展过程中对断穹内部都有一定的影响。断裂构造控制了区内矿床(点)中矿体的"态","穹隆状"短轴背斜控制了区内矿床(点)的"位"。

5. 资源远景分析

现有的资料表明,武当-神农架地区铅锌多金属资源潜力大。在区内目前已发现冰洞山式大型铅锌矿床 2 处、小型矿床 1 处、矿(化)点数处;雨淋沟式铅锌矿矿(化)点数十处;朝阳式铅锌矿中小型矿床 3 处,矿(化)点数十处。以冰洞山、沐浴河铅锌多金属矿的普查和雨淋沟-下甘霞、月亮垭铅锌多金属矿的预查为龙头,将带动乾沟、板桥等铅锌多金属矿点预查及整个武当-神农架地区有利成矿远景区的矿点检查等评价工作,可望新增一批矿产地和铅锌资源量,使该区成为湖北重要的铅锌多金属资源基地。

在铅锌资源评价过程中,对铜、锰、银等资源进行了分析。在陡山沱组底部发现长达 400m,厚达 1.5m,含锰达边界品位的碳酸锰层位;在寒武系底部发现长达 8000m,厚达 1m,含锰达 7%～42%的碳酸锰层位,说明有富锰工业矿体存在。这些已取得的找矿成果充分说明,武当-神农架地区是湘西-鄂西铅锌多金属成矿带上一个重要铅锌多金属成矿区,蕴藏有巨大的铅锌多金属资源量。

（四）湖北宜昌-恩施地区铅锌矿调查评价

1. 区域成矿地质条件

1）地层及其含矿性

本区铅锌矿床、矿（化）点的主要赋矿层位为上震旦统与寒武系，其次是下奥陶统，含矿岩性主要为一套含内碎屑的碳酸盐岩。赋矿层位锌高背景含量较高。铅锌矿化沿走向和倾向品位变化较大，且单一矿体规模较小，局部小矿体分布相对集中时可形成矿床。赋矿层位在宜昌地区为灯影组，铅锌矿床、矿（化）点集中分布在黄陵背斜周缘及长阳背斜东段，在恩施地区赋矿层位主要为寒武系，其次为奥陶系，在咸丰背斜及东山峰背斜矿（化）点相对集中。该区主要有以下 5 个层位、16 个铅锌含矿层。

第Ⅰ含矿层 陡山沱组。由下至上划分为 4 个岩性段，分别为樟村坪段、胡集段、王丰岗段与白果园段。由灰至深灰色中厚层、厚层状泥晶云岩、粉晶云岩，灰色薄—中层粉晶云岩夹硅质层及泥质页岩、磷块岩、硅质条带等岩性组成。该层矿化规模主要为铅锌矿点、矿化点，在黄陵背斜北翼相对集中产出，矿化富集与樟村坪断裂的派生构造关系密切，零星分布于厚层状黄（褐）铁矿化白云岩、泥晶云岩中，呈含锌褐铁矿化团块、黄铁铅锌矿细脉状产出，矿化不均匀。见有白果园、茅草坪、安桥河等矿化点。

第Ⅱ含矿层 灯影组。为宜昌地区重要的含（赋）矿层，层控特征明显，在黄陵背斜周缘及长阳背斜东段形成小型铅锌矿床、矿点或矿化点。地层由下而上划分 3 个岩性段：蛤蟆井段、石板滩段和白马沱段。

下部蛤蟆井段为浅灰色、灰白色厚层状团粒泥晶白云岩、粉晶白云岩。矿化富集明显受后期热液活动的影响，有选择地在断裂附近的泥粉晶白云岩中形成团块状，透镜状矿（化）体，一般规模小，矿物成分较复杂。见有黄家山及朱家垭铅锌矿点。

中部石板滩段可划分为上下两个亚段。下亚段为灰黑色薄层状粉—细晶白云岩夹硅质鲕粒白云岩、深灰色薄层状粉—细晶白云岩。见有滩淤河含镉菱锌矿床、熊家坡矿点；上亚段为深灰、灰色厚层粉—中晶白云岩夹含菱锌矿化角砾状粉—细晶白云岩，重结晶作用较强。残留藻团粒，藻纹层构造发育。矿体呈似层状、透镜状顺层产出，沿走向、倾向品位变化大，矿体厚度一般为 1～2m，呈渐变，有用组分单一，以锌为主，基本上不含铅，可形成工业矿床（体）。分布有凹子岗小型锌矿床，白鸡河和陈家岭矿点。本岩性段是区内重要的含矿层。

上部白马沱段为浅灰色厚层粉晶白云岩夹泥粉晶白云岩、硅质粉晶白云岩及硅质层。矿（化）体多呈透镜状、团块状产出，单矿体规模小，品位变化大。矿石矿物成分在黄陵背斜北部简单，而在长阳背斜东段相对较复杂。矿化富集明显受矿化层与后期矿化叠加影响，多赋存于层间滑动带与层间断裂较为发育地段，局部可形成工业矿床（体）。见有王家湾、何家坪、柘木小型铅锌矿床、矿点。本岩性段为区内较为重要的含矿层。

第Ⅲ含矿层 天河板组。岩性为深绿色至深灰色粉砂岩、粉砂质泥岩夹灰岩，在鹤峰应家湾一带见有铅锌矿化，局部较富，含 Pb 达 1.14%，含 Zn 达 5.84%～42.70%，但矿化不均匀，具变化大和规模小的特点。代表矿点为应家湾铅锌矿点。

第Ⅳ含矿层 石龙洞组。主要岩性为浅灰至深灰色白云岩、角砾状白云岩、泥质白云岩夹灰岩、白云质灰岩，局部夹粉砂岩。在鹤峰万寺坪、向家山、木马湾、陈家咀、应家湾、油路口、楠木、铅场等地见有铅锌矿化。其中万寺坪铜铅锌矿点相对较好，矿（化）体赋存于石龙洞组第四岩性段下部粉晶云岩中，含 Cu 为 0.39%～3.64%，Pb 为 0.11%～18.71%，Zn 为 0.12%～45.25%，但矿化不够稳定，连续性差。

第Ⅴ含矿层 覃家庙组（茅坪组）。主要岩性为浅灰至灰色白云岩夹泥质岩、灰质白云岩、白云质灰岩，局部为砂质页岩夹粉砂岩。在建始马鹿山、恩施铜厂坡、咸丰板桥、梁子、老寨、白家坝、鹤峰凤凰岭、三路口等地见有铅锌矿化，其中板桥铅锌矿点矿化产于茅坪组上段的白云岩、灰质白云岩中，含 Pb 0.001%～3.75%，一般小于 0.1%，含 Zn 0～8.88%，一般小于 0.1%。

第Ⅵ含矿层 覃家庙组（光竹岭组）。主要岩性为灰至深灰色灰岩、灰岩夹白云岩、灰质白云岩。在建始马鹿、恩施铜厂坡、铁厂坳、麓池塘、天山元等地见有铅锌矿化。其中麓池塘铜铅锌矿化点产于光竹岭组微晶灰质白云岩中，含 Cu 0.38%，Pb 4.67%，Zn 0.83%，矿化不匀，且变化大。

第Ⅶ含矿层 娄山关组（土乐坪组）。上部为浅灰色白云岩夹灰质白云质黏土岩，中部为结晶灰岩，下部为白云质灰岩、灰质白云岩。在宣恩埃山、尖山坪等地见有铅锌矿化。其中埃山铅锌矿点矿化相对较好，含 Pb 0.10%～16.62%，平均 0.64%，Zn 0.30%～32.21%，平均 1.55%。在埃山一带土乐坪组按岩性划分为 7 个岩性段，其中第一、第三、第七岩性段矿化相对较好，因此第Ⅶ含矿层（土乐坪组）可细分为 3 个含矿亚层。

第一含矿亚层（第一岩性段）：上部为浅灰至灰色中—厚层状亮晶砂屑灰岩夹灰白色中层状灰质云岩，下部为浅灰至灰色中—厚层砂屑粉晶云岩夹灰色厚层亮晶砂屑云质灰岩。常见有铅锌矿化。

第二含矿亚层（第三岩性段）：上部为灰色厚层砂屑中晶云岩，下部为浅灰色中至厚层砾砂屑粉晶含灰质云岩。局部见有似层状铅锌矿化。

第三含矿亚层（第七岩性段）：上部为浅灰至灰色中层粉晶云岩夹薄层状粉晶泥晶云岩，中部为灰至深灰色厚层砂屑中—细晶云岩，下部为浅灰至灰色薄层粉晶泥晶云岩。在其中部常见有细脉状铅锌矿化。

第Ⅷ含矿层 娄山关组（道坨组）。主要岩性为浅灰色结晶白云岩。在宣恩板城、埃山和咸丰耗子沱等地见有铅锌矿化。其中耗子沱铅锌矿化点含铅量为 0.10%～10.0%，平均 0.5%左右，Zn 为 0.1%～10.0%，平均 0.5%左右，呈脉状产出。

第Ⅸ含矿层 娄山关组（毛田组）。主要岩性为灰色粉细晶白云岩夹灰质白云岩，局部夹燧石条带。在宣恩茶园坪、魏家坳、马家春、郭家坡、红溪坪、鹤峰肖家岩垴、五峰山、麻桥湾、简草峪、窝使洞，周山垭、鱼山和顶锅园等地见有铅锌矿化。其中郭家坡铅锌矿点矿化分布于毛田组顶部的角砾状灰质云岩中，含 Pb 0.05%～5.63%，Zn 为 0.01%～1.91%，但矿化不均匀，分布零散。

第Ⅹ含矿层 南津关组。主要岩性为灰至深灰色灰岩、白云质灰岩夹灰质白云岩、白云岩等。在来凤陆坡、桐木湾、鹤峰楠木坪、铅厂沟、周山垭和下麻垭等地见有铅锌矿化。其中楠木坪铅矿点矿化分布于南津关组白云质灰岩、泥质条带灰岩的层间裂隙中。

第Ⅺ含矿层 分乡组。主要岩性为灰色灰岩夹页岩，局部夹云质灰岩、泥灰岩等。在来凤扯长溪一带有铅锌矿化，分布于分乡组灰岩的断裂破碎带中。

第Ⅻ含矿层 红花园组。主要岩性为灰色灰岩。在来凤桐木湾一带见有铅锌矿化，受北北西向断层控制，铅锌矿分布于断裂破碎带内及其近旁的红花园组生物碎屑灰岩、结晶灰岩中。Pb 含量为 0.08%～33.36%，Zn 含量为 0.03%～1.09%，一般小于 0.5%。

第ⅩⅢ含矿层 栖霞组灰岩段。主要岩性为灰至灰黑色灰岩夹钙质泥岩、泥质灰岩，含燧石结核。在宣恩草坝、孙家台等地见有铅矿化。其中草坝铅矿化点 Pb 含量为 1.719%，分布于栖霞组灰岩段的含燧石结核灰岩中，沿断裂破碎带延展。

第ⅩⅣ含矿层 茅口组灰岩段。主要岩性为含燧石结核灰岩。在宣恩官庄坪一带见有铅锌矿化，目估品位 Pb 约 0.8%，Zn 约 0.3%，受断裂破碎带控制，矿化赋存于含燧石结核灰岩中。

第ⅩⅤ含矿层 大冶组。主要岩性为灰至深灰色灰岩、泥灰岩及白云岩。在利川偏岩一带见铅锌矿化，产于大冶组微晶云岩的层间裂隙中，长 30～40m，厚 0.2～1.0m，含 Pb 8.35%，Zn 为 9.14%。矿化规模小且变化大。

第ⅩⅥ含矿层 嘉陵江组四段。主要岩性为浅灰至深灰色白云岩云质灰岩、灰岩及岩溶角砾岩。在巴东龙池一带见有铅矿化，赋存于嘉陵江组四段的灰岩裂隙中，含 Pb 0.01%～10.0%，但不稳定。

2）构造对成矿的控制

构造活动是驱使地壳物质发生再分配的主导因素之一，也是控矿的重要因素。评价区铅锌矿明显地受构造因素所控制，矿（化）体往往产于特定的构造部位中。

（1）褶皱构造对矿化的作用。褶皱构造对矿床的形成具有重要的控制作用。在评价区大部分矿床均集中分布于背斜核部（翼部）或穹隆的周边。如黄陵断穹、长阳背斜、高罗山背斜、走马坪-东山峰背斜和八字山背斜等。褶皱构造分别控制着黄陵背斜北缘铅锌矿化集中区、高罗背斜铅锌矿化集中区、走马坪背斜锌矿化集中区。另外区内的其他背斜构造，如茶山背斜、白果坪背斜也有少量的矿点分布。

（2）断裂构造对矿化的作用。断裂构造可使矿源层中成矿物质析出并沿断裂分布。本区矿床的围岩蚀变不强，主要为碳酸化和硅化。黄陵断穹核部周缘沉积地层一般为单斜构造，产状平缓，倾角在10°左右。铅锌矿点多分布于上震旦统地层中，矿化多受层位与北西向区域性断裂的次级构造控制。除地层本身含锌高以外，后期热液带入的矿化叠加对于铅锌矿化的富集成矿具有较大的影响。在长阳背斜矿化集中区，铅锌矿点集中分布于背斜东部倾伏端的震旦系灯影组地层中，铅锌矿化主要受横切背斜轴部的断裂及层间断层控制。在咸丰复背斜矿化集中区和走马坪-八字山矿化集中区，构造控矿的特点基本相似，大多数铅锌矿点均分布在核部或翼部的奥陶系—寒武系中，背斜构造控制了矿床的分布，而断裂构造又是控制矿体的主要构造。评价区矿化带的展布和矿（化）体的形态、产状与分布，明显地受北东向、北北东向、北东东向构造控制，在空间上呈有规律的分布，并具有以下特点。

①北东向的背斜构造控制着铅锌矿带的展布，八面山台褶带内铅锌矿主要受北东向背斜构造的控制，矿点、矿化点以及物化探异常多沿北东向（部分为北北东或北东东向）分布。自北西至南东依次有茶山背斜、白果坝背斜、咸丰背斜（包括高罗背斜）、八字山背斜和东山峰背斜（包括二叶背斜），其铅锌矿化多分布于背斜轴部或翼部近轴部地带，并且在空间上还显示有一定的分带性。如咸丰背斜从背斜轴部向翼部依次有汞铜矿化带、铅锌矿化带、重晶石及萤石矿化带的分带展布特征。

②北西向、北北西向、北东向及北北东向断裂、裂隙控制着矿（化）体的分布。一般来说，与褶皱大体同期形成的压性、压扭性断裂（多为区域性断裂）对成矿不利，而较为有利的矿化环境是受这种断裂构造影响而派生的张性、扭性、张扭性和压扭性断裂、裂隙，铅锌矿化主要分布于这些断裂和裂隙中。

综合上述，评价区有利的地层层位和有利的构造部位叠加复合处，是矿化富集的理想部位。

2. 主要地质找矿成果

（1）划分了 5 个 V 级成矿远景区。

黄陵断穹北西翼铅锌成矿远景区　区内震旦系和寒武系地层分布广泛，北西向断裂发育，其次为北东向及近东西向断裂。区内Ⅲ级铅锌、锌族重砂异常及 Pb、Zn 水系沉积物异常沿北东向呈串珠状分布，重砂异常与水系沉积物异常规模大，浓度分带明显，且重叠性好。分布有多处铅锌矿点，其中白鸡河铅锌矿具有一定的找矿潜力。

黄陵断穹北东翼铅锌成矿远景区　区内震旦系和寒武系地层分布广泛，以北西向、北西西向断裂为主，其次为北东向断裂。区内铅锌、锌族重砂异常及 Pb、Zn 水系沉积物异常沿北西向呈串珠状分布，重砂异常与水系沉积物异常规模大，浓度分带明显，且重叠性好。分布有多处铅锌矿点，其中凹子岗铅锌矿具有较大的找矿潜力。

长阳背斜铅锌成矿远景区　处于长阳背斜核部，区内上震旦统、寒武系地层分布广泛，以北西向断裂为主，其次为近东西向断裂。区内铅锌族重砂异常及 Pb、Zn 水系沉积物异常沿北西向呈椭圆状分布，重砂异常与水系沉积物异常规模大，浓度分带明显，且重叠性好。分布有多处铅锌矿点，其中七丘铅锌矿具有较大的找矿潜力。

咸丰郭家坡-曾家宕铅锌成矿远景区　位于咸丰向斜的南东翼，区内出露寒武系及下奥陶统地层，见稀疏北东向断裂。其中北东向裂隙或断裂破碎带内，常见有铅锌矿化，上寒武统娄山关组地层是有利的赋矿围岩。重砂异常与水系沉积物异常规模大，异常中已知矿床（化）点有尖山坪、郭家坡等。其中尖山坪铅锌矿点相对较好，曾为地方所开采。具有一定的找矿前景。

鹤峰万寺坪铅锌成矿远景区　位于走马坪背斜的东南翼。区内出露寒武系及下奥陶统地层，北东向、北西向、北东东向和近南北向断裂、裂隙较为发育。其中北东向裂隙或断裂破碎带内，常见有铅锌矿化，下寒武统石龙洞组地层是有利的赋矿围岩。已知矿床（化）点有万寺坪、木马湾和向家山等 3 处。其中万寺坪铜铅锌矿点相对较好，曾为地方所开采。与九台山铅锌-铜-重晶石异常大体吻合，具有一定的找矿前景。

(2) 新发现远安县凹子岗锌矿、兴山县白鸡河锌矿、长阳县七丘铅锌矿 3 个矿产地。并对其开展了初步评价工作,利用地表槽探、深部钻探工程大致查明了铅锌矿体的数量、规模、形态、产状和矿石的质量、组构及其矿石自然类型,估算了资源量。共求得(333+334)资源量铅锌矿石量 242.867×10^{4}t,锌金属量 120 171.79t,铅金属量 2021.59t。

(3) 区内共发现铅锌矿(化)点 90 处。选择了兴山县黄家山-天柱山、宜昌母猪峡-柘木坪、宣恩县郭家坡-曾家宕等铅锌矿点进行了预查,大致了解了矿体的形态和规模,初步明确了铅锌资源远景。对兴山水岩屋-滩淤河、梁山沟、洋坪河、宜昌黑良山-南冲、长阳安王山等铅锌矿点进行了重点检查,对其他矿(化)点选取部分进行了踏勘检查并作出了初步评价。

(4) 对区内 1:20 万区域地球化学异常和重砂异常筛选了 40 处,并对部分异常开展了查证和工程验证,初步查明了异常地质背景和矿化情况,对其找矿意义进行了初步评价。

3. 成矿规律新认识

(1) 在层位上,本区内铅锌矿主要受灯影组及寒武系娄山关组(部分为奥陶系南津关组)控制,其中灯影组石板滩段上亚段中部为本区主要含矿层位,赋存中小型铅锌矿,主要为古岩溶充填型(滩淤河式)和沉积型(凹子岗式),分布于黄陵背斜西北翼和北东翼;灯影组白马沱段上部和顶部及蛤蟆井沱段中部,赋存沉积改造型铅锌矿(何家坪式),多为小型矿床和矿点。其中灯影组白马沱段铅锌矿主要分布于长阳背斜和黄陵背斜南翼,以小而富为特点;灯影组蛤蟆井段铅锌矿主要分布于黄陵背斜西北翼五指山—黄家山一带。寒武系娄山关组(部分为奥陶系南津关组)分布于咸丰及走马背斜两翼中。总体上,含矿层位分布较稳定,地层层位标志明显,但矿化分布不均匀。

(2) 本区铅锌矿床受岩相古地理控制明显:局限台地边缘浅滩相内侧和局限海台地潮下相外侧的交接部位、叠层藻发育的潮坪及近岸潮下带是铅锌矿的主要控矿岩相,其中潮坪与潮下相形成的藻白云岩是主要的矿源层。黄陵背斜西北翼和东北翼灯影组石板滩段潮坪相、潮下相控矿标志尤为明显,并且广泛分布着层位控制的层间岩溶角砾岩或溶洞塌积岩,这种层控型古岩溶充填相既是区域构造运动的记录,又是岩溶充填型铅锌矿的成矿有利条件。通过对比研究表明,晚震旦世灯影组石板滩段古岩溶成矿是本区最重要的区域成矿事件。

(3) 沉积改造型铅锌矿分布受构造控制明显。大背斜的转折端或倾伏端附近、低序次横跨背斜的轴部、倒转背斜的缓倾翼以及次级断裂和层间破碎带等是成矿有利部位。大背斜控制矿田,低序次断层和层间破碎带控制矿体分布,这些低序次容矿构造与地层(矿源层)、岩性岩相等共同构成沉积改造型成矿系统的成矿要素。

(4) 黄陵背斜北翼灯影组石板滩段矿源层沉积厚度大,且 Pb、Zn 丰度值很高,地球化学异常层分布多而集中,有利于寻找沉积型、古岩溶充填型矿床。在长阳背斜和咸丰走马一带应以寻找沉积改造型矿床为主。

4. 资源远景分析

本区铅锌矿赋矿层位较多,但主要赋矿层位为上震旦统与寒武系,其次是奥陶系下统,含矿岩性主要为含内碎屑的碳酸盐岩。赋矿层较高的锌含量背景和后期热液活动叠加对成矿作用具有重要意义。在含矿层内铅锌矿化沿走向和倾向品位变化较大,单一矿体规模较小,局部小矿体相对集中地段可形成矿床。赋矿层位在宜昌地区为震旦系灯影组,铅锌矿床、矿(化)点集中分布在黄陵背斜周缘及长阳背斜东段,赋矿层位在恩施地区主要为寒武系,其次为奥陶系,在咸丰背斜及东山峰背斜矿(化)点相对集中。

构造活动是驱使地壳物质发生再分配的主导因素之一,因而也是控矿的重要因素。评价区铅锌矿明显地受构造控制,矿(化)体往往产于特定的构造部位。评价区有利的地层层位和有利的构造部位叠加复合处,往往是矿化富集的有利部位。以矿集区及其延伸地段、相同的成矿地质环境及成矿地质背景、相同的矿化类型及赋矿层位为依据,预测调查区铅锌远景资源量为 431×10^{4}t。

二、典型矿床

(一)湖南董家河铅锌矿

董家河铅锌矿位于沅陵县城南约 30km，是湘西-鄂西成矿带赋存于陡山沱组中代表性铅锌矿床之一。矿床具有规模大、有用成分多、易采易选和综合利用价值高的特点。在已探明 C+D 级储量中，锌金属量为 52.2×10^4 t(大型)，铅金属量为 11.76×10^4 t(中型)，硫铁矿为 1020×10^4 t(中型)，伴生银为 46.9t，镉为 5115t，磷矿石为 6952×10^4 t(大型)。矿区平均品位：Zn 为 2.74%、Pb 为 1%~2%、S 为 20.55%、Ag 为 3×10^{-6}、Cd 为 0.02%、P_2O_5 为 11.58%。在该矿区已建成一座 15×10^4 t/年规模的矿山，并准备扩建到 30×10^4 t/年的规模。从矿山开采情况来看，矿石品位比矿床勘探品位要高 1.1%~1.8%，锌品位平均达到 3.8%~4.5%。

1. 矿床地质特征

矿床处于沅陵—辰溪古生代坳陷北东段，北东与冷家溪隆起相连。矿区内尖岩-董家河断层与尖岩-李井介断层及董家河倾伏背斜呈北东向展布，联合控制矿床的产出。董家河倾伏背斜核部由板溪群五强溪组和南华系南沱组构成，其两翼出露南沱组、陡山沱组、留茶坡组和寒武系等地层。赋矿地层为陡山沱组，代表局限台潮坪—潮下带碳酸盐岩-炭泥质岩相沉积，其中的泻湖白云岩微相是区内最有利的成矿岩相。

区内水系沉积物铜、铅、锌异常和重砂异常点多面广且浓度高。铜、铅锌矿床(点)密集分布于南华系和震旦系等地层中，它们既是本区的主要矿源层，也是本区铜、铅、锌重要的赋矿层位，包括寺田坪铜矿和董家河黄铁铅锌矿。下寒武统黑色页岩夹硅质岩中含铜、钒、钼、镉等多种金属元素，已发现铜矿(化)点，它也是本区重要的铜矿源层和赋矿层位。1:20 万区域化探圈出的 Pb、Zn 水系沉积物综合异常呈圆形分布于矿区北东董家河背斜轴部及两翼，异常面积约 $20km^2$，与含矿层位的分布相吻合。

矿床赋存陡山沱组底部泥晶—微粒白云岩中，严格受层位与岩性控制。含矿岩系(矿化层)由白云岩、炭泥质板岩、炭泥质白云岩、黄铁、铅锌矿层等组成，矿化层顶板为留茶坡组黑色中—薄层状硅质岩与条带状炭质白云质板岩互层，底板为南沱组冰碛层含砾砂质板岩，其中产闪锌矿团块及大星散状、团块状黄铁矿。含矿白云岩厚度薄而稳定，矿体严格限于厚仅 10m 左右的白云岩层中。

矿区见上、下两矿层，矿层结构自上而下可划分为上矿层、无矿层和下矿层(图 4-8)。上矿层为黄铁-铅锌矿层，为主矿体，厚 1.5~2.5m，根据矿化特征自上而下分为：①黄铁矿层，厚 0.3~1m；②铅锌

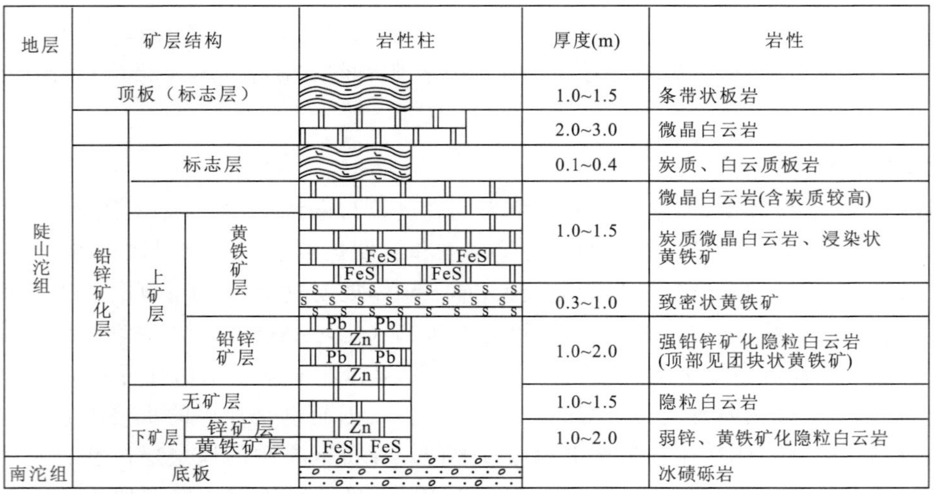

地层	矿层结构		岩性柱	厚度(m)	岩性
		顶板（标志层）		1.0~1.5	条带状板岩
				2.0~3.0	微晶白云岩
		标志层		0.1~0.4	炭质、白云质板岩
陡山沱组	铅锌矿化层			1.0~1.5	微晶白云岩(含炭质较高)
		上矿层 黄铁矿层			炭质微晶白云岩、浸染状黄铁矿
				0.3~1.0	致密状黄铁矿
		铅锌矿层		1.0~2.0	强铅锌矿化隐粒白云岩(顶部见团块状黄铁矿)
		无矿层		1.0~1.5	隐粒白云岩
		下矿层 锌矿层		1.0~2.0	弱锌、黄铁矿化隐粒白云岩
		黄铁矿层			
南沱组		底板			冰碛砾岩

图 4-8 董家河铅锌矿矿层结构示意图(据曾勇,李成君,2007)

矿层,为区内主要铅锌矿体,厚1.2m。矿石具角砾状构造,发育顺层石英及石英-方解石、白云石细脉。无矿层为浅灰色白云岩。下矿层为黄铁-铅锌矿层。从无矿层至上、下矿层,铅锌和黄铁矿体呈对称分布,矿体与围岩产状一致,呈层状、似层状产出(图4-9),铅、锌矿体共生,并且绝大部分紧靠黄铁矿矿体以下分布。已圈出3个黄铁矿体,硫品位22%,平均厚度0.74m,其最大矿体长5000m,控制斜深1500m,尚未见到尖灭边界;1个锌矿体,走向长达5000m,控制斜深1500m,平均厚1.39m,厚度稳定,变化系数仅9%,平均品位2.74%;6个铅矿体,最大走向长3000m,平均厚1.42m,平均品位0.89%,厚度稳定。上述矿体规模均为勘探工程所揭露的规模,由于勘探深度所限,矿体许多地段的斜深未能控制自然边界,其实际规模可能更大。

主要金属矿物为黄铁矿、闪锌矿、方铅矿,脉石矿物为白云石,其次为石英和炭泥质物质,分布于白云岩角砾间隙中。伴生有益元素为银和镉,银品位一般$(2\sim5)\times10^{-6}$,最高18.8×10^{-6},镉品位一般$0.01\%\sim0.02\%$,最高0.157%,镉与锌的含量成正比关系。有害元素为F和As,含量低,对冶炼无大的影响。矿石具微晶镶嵌结构、细—粗粒自形、半自形晶结构、残余粒状镶嵌结构、交代结构和胶状结构等。矿石构造有团粒状(团块状)、浸染状、放射状、对称条带状、皮壳状、角砾状、脉状和环带状等。矿石类型为黄铁矿-闪锌矿、黄铁矿-闪锌矿-方铅矿、闪锌矿、闪锌矿-方铅矿等。

研究表明,矿体受地层、岩性和岩相古地理控制(骆学全,1990),富矿体主要产于角砾状白云岩中或白云岩溶洞及层间次级褶曲顶部、背斜的倾伏端等。

2. 矿床成因探讨

根据骆学全(1990)的研究结果,显示矿床硫同位素组成以富重硫为主,成矿期纹层状黄铁矿明显富重硫,仅比海水δ^{34}S值略低,具有较高的正值和较小的变化范围;表生期脉状、团块状黄铁矿δ^{34}S值较纹层状黄铁矿不同程度地降低,变化区间大,闪锌矿的δ^{34}S值主要集中分布于$+7.6‰\sim+14.01‰$,方铅矿的δ^{34}S值以$+6.3‰\sim+10.8‰$,偶有较高负值出现。总之,大多数样品均表现为富集重硫,与海相硫酸盐经热化学反应形成的硫同位素特征相似,表明硫来源于海水,并经历了热化学还原反应。

根据4件(方解石和白云岩各2件)样品的$\delta^{13}C_{PDB}$值为$-9.667‰\sim-4.297‰$,$\delta^{18}O_{PDB}$值为$-7.27‰\sim0.82‰$(曾勇,李成君,2007),具有负碳同位素成分,氧同位素接近热卤水和热水沉积碳酸盐岩的范围($\delta^{18}O<-7‰$,$\delta^{13}C=-8‰\sim0$,杨振强等,1998),表明本区热液既有来源海相碳酸盐的碳,也有后期热液活动中带入的组分。

矿石铅同位素为:$^{206}Pb/^{204}Pb$比值为$17.197\sim18.167$,变化率5.33%,$^{207}Pb/^{204}Pb$的值为$15.07\sim15.906$,变化率5.26%,$^{208}Pb/^{204}Pb$的值为$37.162\sim38.737$,变化率4.69%,μ值为$8.75\sim10.11$,显示铅同位素组成较为稳定。根据单阶段演化模式,计算得到的铅模式年龄值均为正值,反映本区铅多为正常铅,但由于铅同位素比值变化略大(约5%),表明铅的来源并不单一。在$\Delta\beta-\Delta\gamma$图上(图4-10),多数样品落入上地壳铅范围,少数样品则位于中深变质成因铅的范围,表明本区铅主要来源于上地壳岩石(即围岩及其下伏沉积岩),部分来自基底变质岩(曾勇,李成君,2007)。

董家河铅锌矿受层、相、位控制,暗示可能存在Pb、Zn等成矿元素的初始沉积富集。一般认为,湘西地区南华纪冰水沉积物和火山沉积物中均富含Pb、Zn等成矿元素,为区内重要的矿源层之一(阙梅英等,1993)。化学分析结果表明,Pb、Zn元素在南沱组冰碛岩中的平均含量分别为80×10^{-6}和200×10^{-6},在黑色硅质页岩中的含量分别为193×10^{-6}和457×10^{-6},而陡山沱组地层是整个扬子地块边缘最重要的多金属赋矿层位,在区域上其Pb、Zn元素含量最高可达140×10^{-6}和150×10^{-6}(梁同荣,1987),反映矿床围岩,特别是下伏岩石含有丰富的成矿元素,具有提供成矿物质的基础。

稳定同位素分析表明,成矿物质硫主要来源于地层中的海相硫酸盐,铅主要来源于上地壳岩石,指示主要成矿物质来源于下伏南沱组和陡山沱组含矿地层;另一方面,脉状黄铁矿、方铅矿及闪锌矿与层状黄铁矿在硫同位素组成上的差异(骆学全,1990),反映了后期热液活动对成矿物质的影响,少数样品的铅同位素组成位于中深变质成因铅范围,说明后期热液作用带入了部分基底物质。碳氧同位素特征反映碳主要源于海相碳酸盐,部分由热液作用提供,同样说明热液活动对成矿具有改造和富集的作用。

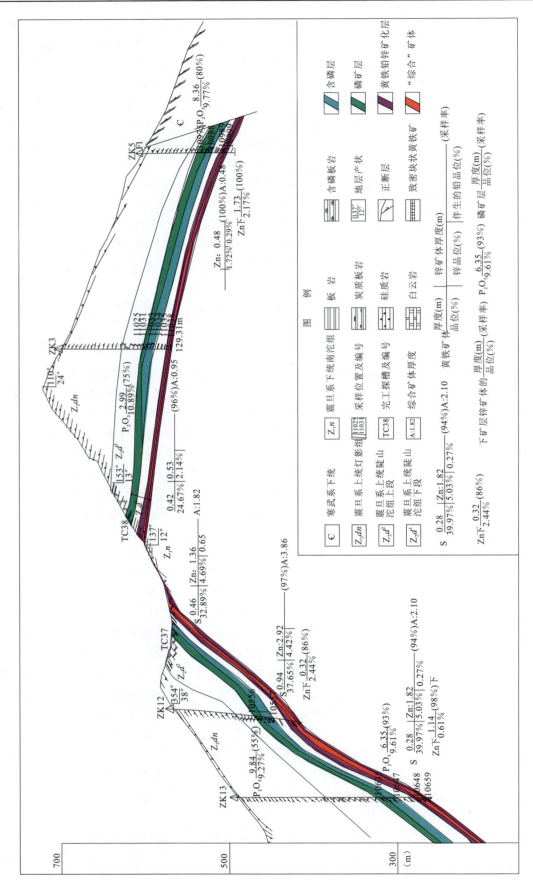

图 4-9 董家河矿区 20 勘探线剖面图

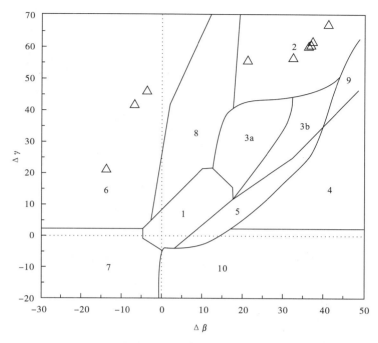

图 4-10 董家河铅锌矿铅同位素 $\Delta\beta$-$\Delta\gamma$ 成因分类图解
(据曾勇,李成君,2007)

1.幔源铅;2.上地壳铅;3.上地壳与地幔混合的俯冲带铅(3a:岩浆作用;3b:沉积作用);4.化学沉积型铅;
5.海底热水作用铅;6.中深变质作用铅;7.深变质下地壳铅;8.造山带铅;9.古老页岩上地壳铅;10.退变质铅

综上所述,董家河铅锌矿床的形成受层位控制,矿体呈层状、似层状产出,矿石较完好地保留了沉积成岩组构,并发育有后期热液改造的结构构造;矿成矿物质主要来源于下伏含矿地层,部分来自基底变质岩。矿物组合、围岩蚀变及包裹体测温等均显示,矿床的成矿温度低,成矿过程经历了沉积成岩和后期热液改造阶段;在沉积成岩阶段,形成了富含Pb、Zn的沉积层位,成岩后的低温盆地内热卤水作用和低温构造热液活动使下伏岩石、赋矿围岩及局部基底变质岩石中的Pb、Zn元素发生了活化迁移,并在有利的层位最终富集成矿。矿床成因属低温沉积改造型矿床(骆学全,1990;曾勇,李成君,2007)。

(二)湖南花垣渔溏铅锌矿

1. 矿床概况

矿区距县城西南25km,东界保靖,南邻吉首。矿区范围南北长12km,东西宽6km,分布面积约72km²。矿区自北向南包括李梅、芭茅寨、土地坪、柔先山、长登坡和老虎冲等6个矿段(图4-11)。探明铅金属量10 137t,锌32 735t;铅品位1.50%,锌品位0.88%;均属小型矿床。

2. 矿床地质特征

1)地层

矿区处于武陵台坳隆起区内,区内出露地层为寒武系,自下而上可分两组。

下统杷榔组($\in_1 p$):灰色、青灰色薄层状粉砂质页岩。

下统清虚洞组($\in_1 q$):依据岩性及生物组合可分为上、下两个岩性段。

下段:白云岩、泥晶灰岩、泥晶含白云质灰岩互层。厚76~143m。

上段:粒屑灰岩、藻灰岩(包括红层藻灰岩、葛万藻灰岩、灌木藻灰岩、锦层藻灰岩)、泥晶灰岩、扰动灰岩、塌积角砾状灰岩。是区内主要的赋矿层位。厚198~366m。

中上统娄山关组:粉晶细晶白云岩、砂砾屑白云岩、纹层状白云岩。厚83~114m。

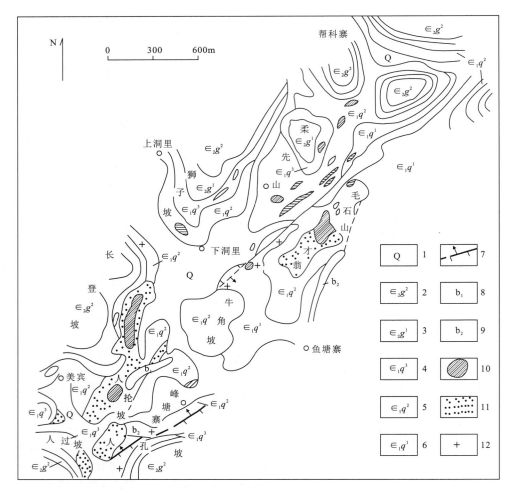

图 4-11 花垣县渔塘寨铅锌矿地质略图

1.第四系;2.寒武系中统高台组第二层;3.高台组第一层;4.寒武系下统清虚洞组第三层;5.清虚洞组第二层;6.清虚洞组第一层;7.实测或推测逆断层;8.时代不明角砾岩带;9.成矿前角砾岩带;10.矿化带;11.矿染带;12.铅矿化露头

2)构造

矿床内自北向南分布有李梅-芭茅寨背斜、太阳山向斜、狮子山背斜 3 个北东向 I 级褶皱,以狮子山背斜为主体,该背斜轴向北东 55°,轴部有断层通过,轴部开阔平缓,两翼基本对称,岩层倾角在 10°左右,核部为清虚洞组地层,两翼为高台组及娄山关组。它为一对称短轴背斜,北东端延出图外,南西端在下洞窄附近倾伏。该背斜两翼还分布着少量的小规模平缓次级背(向)斜构造。区内断裂按其方向可分为四组:NNE、NE、NWW 和 NW。其中主干断裂轴线为 NE 向。

3)围岩蚀变

本区由含矿热液活动引起的围岩蚀变类型有:白云化、方解石化、重晶石化、黄铁矿化、萤石化、沥青化、硅化、褪色化等多种,其中以前三种为主,次为黄铁矿化。萤石化、沥青化、硅化不是很发育,主要见于矿化富集部位。

4)矿体特征

矿体主要赋存于下寒武统清虚洞组藻礁灰岩层中,呈层状、似层状产出,部分矿体沿走向和倾向具分支复合现象(图 4-12)。矿体呈北北东向展布,大致呈等间距分布特征,单个矿体几十米至 1575m,宽几十米至 1100m,厚 0.48~16.98m,Pb 品位为 0.5%~2.43%,Zn 为 0.71%~5.08%,Mo 为 0.03%。

一般来说,下部铅锌品位较高(Pb+Zn=2%～6%),矿体规模较大,中部品位最低[(Pb+Zn)为2%～3%以下],矿体少且规模较小,上部铅锌品位介于两者之间(Pb+Zn=2%～5%)。

矿区内富矿自北至南,Zn品位由高变低,Pb品位变化则由低变高。在矿区北部Zn：Pb约为10：1,在南部则变化为2：1。因此,可见区内Pb、Zn的水平分带较为明显。

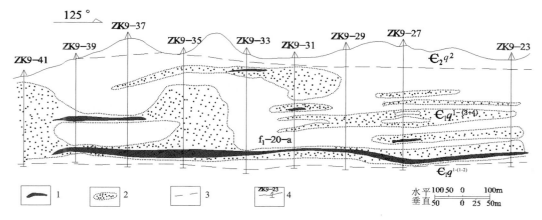

图4-12 鱼塘-李梅矿区第9勘探线矿体剖面图
1. 矿体;2. 矿化区;3. 地层分界线;4. 钻探工程及编号

区内主要的矿石矿物为方铅矿、闪锌矿、彩钼铅矿,主要脉石矿物为方解石、白云石和重晶石。

区内矿石结构主要有三类:他形—半自形粒状镶嵌结构、细粒结构、交代结构。常见的矿石构造有花斑状、环带状、浸染状、帽章状、缝合线状、块状和熔蚀角砾状。

块状方铅矿和闪锌矿石是区内主要矿石类型,常由方铅矿或闪锌矿一种矿组成,呈他形细—粗粒状集合体产出,当方铅矿和闪锌矿混合分布时,前者可交代后者。一般呈他形粒状镶嵌结构,块状构造。此外还有团粒状方铅矿石、熔蚀角砾状方铅矿石、粗粒状闪锌矿矿石、帽章状闪锌矿石等。

矿区主要有用组分为Pb、Zn,伴生有益组分为Cd、Ag。

(三)矿床成因及成矿模式

1. 矿床成因

沉积作用阶段:在藻灰泥质沉积的同时,大量的成矿元素通过热卤水搬运进入水体,由于藻类以及藻腐而成的有机质吸附、聚积,或礁前礁后沉积相的圈闭作用下堆积在藻礁内,形成矿源层。

成岩-后生作用阶段:在藻灰泥质压实成岩过程中,形成少量、分散的小球粒状方铅矿和闪锌矿。

热液作用阶段:构造热液作用表现为构造压溶热液活动,中生代构造热液作用以铅锌矿脉形成为特征。

2. 成矿时代

花垣-凤凰地区铅锌矿的成矿时代主要为:在沉积、成岩过程中,形成了铅锌胚胎矿,其时代为下寒武统清虚洞期;后期热液改造形成矿体,其时代多数专家、学者认为是燕山期,但在花垣县狮子山矿区对脉状铅锌矿石中的方解石Rb-Sr法年龄测定为404～409Ma(段其发,2013),为加里东期。

三、区域成矿规律

(一)矿产分布特征

工作区内的铅锌矿床(点)、矿化点和数百余处铅锌元素异常,在空间上具有成片、成带和分段集中的性质，其主要分布特征可归纳如下。

1. 矿集区

区内铅锌矿床（化）点近 200 处，成群成带分布，形成多个矿集区，大致可分为：大巴山铅锌矿集区（旬阳铅锌银汞锑远景区、紫阳-岚皋铅锌银铜远景区、镇坪-竹溪铅锌矿远景区）、青峰断裂带周围矿集区、神农架穹隆矿集区、黄陵穹隆北缘矿集区、黄陵穹隆南缘矿集区、长阳复背斜东段矿集区、咸丰背斜矿集区、走马-二坪背斜矿集区、洛塔矿集区、保靖矿集区、花垣-松桃矿集区、凤凰-铜仁矿集区、酉阳沿河天官-土地坳背斜矿集区、沅陵-怀化矿集区等。各矿集区成矿地质条件和矿床（点）地质特征有所差异。

2. 赋矿层位

区内铅锌矿的赋矿地层相对稳定，严格受层位控制，且赋存层位多，可细分出十多个层位。从北（神农架背斜）向南（黄陵背斜）再向南（咸丰背斜、湘西大部），赋矿层位逐渐抬高，即从震旦系陡山沱组、灯影组过渡为寒武系和奥陶系，主要赋矿层位有 6 个，分别为震旦系陡山沱组、灯影组和寒武系清虚洞组、敖溪组、娄山关组、南津关组。

3. 赋矿岩性

铅锌矿多产于岩性转换地段，主要赋存于（砂屑状、角砾状）白云岩和藻礁相灰岩中，部分矿床产于黑色炭质泥岩所夹的浅色白云岩、灰岩中，少数产在富含白云质及硅质条带部位。矿源层常富含有机碳和胶磷矿，导致矿源层总体颜色较深。

赋矿岩石有角砾状白云岩、藻礁相灰岩、砂屑状白云岩、白云质灰岩、硅化生物碎屑灰岩及硅化蚀变碳酸盐岩。

4. 控矿岩相特征

藻礁相、台地边缘浅滩相、局限海台地潮下相和潮坪相（叠层石多）为区内有利成矿岩相。区内震旦纪沉积环境具北浅南深的古地理格局，其中鄂西地区（特别是神农—黄陵地区）震旦纪灯影组中的铅锌矿绝大多数分布于台地边缘浅滩相内，而湘西地区清虚洞组中的铅锌矿与藻礁相有关。

5. 有利成矿构造

宏观上，湘西-鄂西铅锌成矿带位于大兴安岭-太行山-武陵山巨型重力梯级带南段，矿床点集中于太行山-武陵山隐伏基底断裂带之上或附近。

区域性大断裂控制了矿化集中区的空间分布，是成矿流体发生运移的有利通道。如青峰区域性大断裂控制大巴山矿集区和青峰断裂带周围矿集区的分布，张家界-花垣-铜仁大断裂控制保靖矿集区、花垣-松桃矿集区、凤凰-铜仁矿集区的分布，安化-怀化-新晃区域性大断裂控制沅陵-怀化成矿带的空间分布。

深大断裂交汇部位控制矿集区（矿田）的分布。如近东西向的九道-阳日深大断裂与北北东向新华深大断裂交汇控制了神农冰洞山-沐浴河铅锌矿集区（矿田）的分布，北北西向通城河（及远安）深大断裂与北西向雾度河深大断裂交汇控制了黄陵背斜北翼铅锌矿集区（矿田）的分布，北北西向仙女山深大断裂与北西向天阳坪深大断裂交汇控制了长阳背斜铅锌矿集区（矿田）的分布，北东向张家界-花垣深大断裂与北北东向麻栗场深大断裂交汇控制了花垣铅锌矿集区（矿田）的分布。褶皱背斜区与断裂的复合部位是良好的矿床产出空间，铅锌矿化一般分布于背斜区，背斜转折端、层内褶曲虚脱部位、层内破碎带、倒转背斜缓倾翼，与 NE—NNE 向断裂带相交附近往往是成矿有利地段。矿体常受层间断层或裂隙控制，层间构造和断裂裂隙是有利的储矿空间，矿床（点）大多数产于层间破碎带以及褶皱虚脱部位。

6. 围岩蚀变特征

区内铅锌矿的围岩蚀变总体上较弱，主要的围岩蚀变类型有：重晶石化、碳酸盐化、褐铁矿化、褪色化、萤石化和硅化等。地表铁帽发育地区以及重晶石矿（脉）出露较广的地段周围为找矿有利地段，但在重晶石大量出现的矿点，很难发展为大中型矿床。

（二）矿床成因探讨

1. 成矿时代

长期以来，大多数研究者认为湘西-鄂西地区铅锌矿为后生矿床，对其形成时代通常依据赋矿地层、构造以及铅同位素模式年龄确定，多数研究者认为矿床形成与燕山期陆内造山运动有关，也有少数学者认为该矿床形成于加里东期。

自2006年以来，"湘西-鄂西铅锌多金属矿勘查选区研究"项目先后对区内代表性矿床，包括冰洞山铅锌矿床（赋矿层位为陡山沱组）、凹子岗铅锌矿床（赋矿层位为灯影组）、董家河黄铁矿铅锌矿床（赋矿层位为陡山沱组）、狮子山铅锌矿床（赋矿层位为清虚洞组）、茶田铅锌矿床和打狗洞铅锌矿床（赋矿层位为敖溪组）以及唐家寨和江家垭铅锌矿床（赋矿层位为南津关组）开展了Rb-Sr等时线法定年研究。结果表明，大部分矿床因闪锌矿中Rb、Sr元素丰度低，未获得可靠的年龄数据，但在狮子山铅锌矿床、茶田铅锌矿床和打狗洞铅锌矿床获得了3组等时线年龄，分别为414 ± 7Ma、487 ± 2Ma和486 ± 1Ma，可代表铅锌矿床的成矿年龄。由于这些年龄小于赋矿地层年龄，说明矿床属后生矿床，由此认为该区矿床的形成可能与奥陶纪—志留纪期间（早加里东期）扬子地块东南缘由被动大陆边缘盆地转变为前陆盆地的构造活动以及加里东运动末期（早泥盆世）地壳隆升后的拉张断陷活动有关。矿石的锶同位素初始比值表明，铅锌矿床成矿物质来源可能主要源自围岩碳酸盐岩或基底地层。

区内铅锌矿的形成与沉积盆地演化和区域构造运动关系密切。晋宁运动之后，本区因地壳拉张，形成台缘盆地或台间凹陷，尤其是南华纪早期（板溪群沉积期）、震旦纪陡山沱期和寒武纪牛蹄塘期，地壳拉张、断陷作用强烈，普遍发育海底热水沉积，并伴有海底火山活动，形成了区内重要的铅、锌、铜、钼、钒、铀、镍、银等多元素富集层。凹陷盆地的存在为铅锌等元素的预富集提供了有利的场所：一方面，来自古陆风化物和海底热液的铅锌等元素随海水集聚于沉积盆地；另一方面，由于凹陷盆地中的断裂活动，富硅质含铅、锌的热水沿断裂上升并进入至盆地，由于热液比重大、盐度高，在盆地底部与海水发生有限混合，由于温度、压力、Eh值和pH值，等条件的突变而发生沉淀，形成富黄铁矿的贫矿体（胚）或矿源层。

2. 成矿作用

通过对典型矿床的研究，初步将成矿作用划分为沉积-改造作用、热液成矿作用和风化淋滤成矿作用三个阶段，其中前两者具有重要意义。

（1）沉积-改造作用系指矿体的初始富集与赋矿围岩的形成基本同时，同生沉积期成矿元素已得到富集，经准同生期的成岩分异作用使有用组分进一步富集，在成岩晚期经含矿热液改造后形成层状、似层状矿体。代表性矿床有冰洞山铅锌矿床和李梅铅锌矿床。

（2）热液成矿作用。自震旦纪开始，湘西-鄂西地区沉积了近万米厚的碳酸盐岩，该过程形成的海相沉积物中聚集了大量的同生水。随着上覆沉积物厚度的增加，压力增大和温度升高，原先被封存的同生沉积水被排出、释放。同时，由于蒸发作用形成了大量富含Na^+、Cl^-等离子的浓缩海水（卤水）也被排挤出来，与同生沉积水混合，形成热卤水。热卤水在地热增温影响下产生的内压力，加上地形驱动以及造山事件早期剧烈收缩产生的构造挤压等作用，使得热卤水发生侧向流动并萃取地层中的成矿物质，形成含矿热液。在含矿热液运移过程中，由于不同岩性岩石间物理、化学性质的差异，导致成矿元素发生沉淀形成矿床。

（3）风化淋滤成矿作用系指在表生地质作用下，位于潜水面之上的矿体或铅锌富集层位受化学风化作用使有用元素进一步次生富集的过程，形成的矿物主要为菱锌矿、异极矿、铅华等，可形成小型矿床。

3. 成矿物质来源

据硫和铅同位素分析表明，成矿元素Pb、Zn主要来源于海相沉积盖层的碳酸盐岩地层（震旦系至二叠系），部分来自于变质基底，它们以萃取方式进入卤水。硫的来源主要来自蒸发海水或地层。成流体主要来源于盆地卤水,包括同生沉积水(封存水)和大气降水混合,少量为深层卤水。盆地内部的流体由于受到构造-热事件的驱动而温度逐渐升高,其萃取、溶解金属组分的能力也逐渐增强,由最初的"水溶液"转变成"热水溶液"、"热卤水溶液"和"含矿热卤水溶液"。

成矿流体的运移和沉淀机制:在受到地热增温、地形驱动以及造山作用挤压等影响,盆地热卤水将发生侧向流动。在热卤水运移至浅部的过程中,不断有大气降水和地下水透过渗透率较大的白云岩顶板加入,使流体在运移过程中,发生了压力、体积、温度、组分以及 pH 值、Eh 值等物理-化学条件的改变而发生沉淀。如在运移过程中,以络合物形式存在于流体中的金属元素,由于降温减压或与含 H_2S 流体混合(H_2S 来自硫酸盐热化学还原反应),将在成矿区发生金属硫化物沉淀。

4. 矿床成因

区内铅锌矿床成因可划分为沉积改造型、热液型和风化淋滤型。变质基底隆起周缘地区,如神农架、黄陵背斜、董家河等地矿床(点)沉积改造特征更明显;在远离古隆起的地区,如湘西、鄂西南地区以低温热液矿床为主。总体上,区内铅锌矿床(点)受层位和岩性控制明显,可归为层控型。

沉积改造型铅锌矿形成较早,主要产于陡山沱组和灯影组,并在空间上与基底隆起有关,即矿床常产于基底隆起周缘海相沉积盖层底部,矿床特征以及相关的含矿建造类似于喷流沉积矿床,如冰洞山、沐浴河、董家河等矿床。该类矿床以富黄铁矿为特征,围岩富含炭质。此外,沉积改造型铅锌矿的形成与岩相古地理环境密切相关,如神农架地区形成浅海盆地泥页岩-碳酸盐岩亚相产冰洞山式铅锌矿床,台地边缘斜坡含磷块岩泥页岩-白云岩亚相产沐浴河式铅锌矿床。该类矿床的矿物组合较热液型铅锌矿床要复杂一些。

热液铅锌矿床,即 MVT 铅锌矿床,主要形成时代稍晚,且可能发生多次成矿作用。层间破碎带、大型北东向断裂、大型南北向断裂等为铅锌成矿流体有利的导矿构造和驱动构造。成矿流体在断裂裂隙系统和古老的断裂裂隙系统中交代蚀变岩和充填裂隙、节理,形成脉状、似层状或透镜状热液型铅锌矿。这类矿床的矿物组合简单,金属矿物主要为闪锌矿和方铅矿,其次为黄铁矿,脉石矿物主要为方解石和白云石等。

凹子岗、埃山矿床方解石和石英流体包裹体均一温度分别为 147.3~200.3℃和 160℃,对埃山、三角庄和马家寨等地样品进行矿物包体测温结果显示,方铅矿的爆裂温度变化较大,介于 218~356℃之间,平均为 295℃;闪锌矿的爆裂温度一般高于方铅矿,多介于 325~343℃之间,平均 332℃;方解石的均一温度介于 258~264℃之间,平均为 261℃,萤石为 130℃,表明这些矿物均系成矿热液形成。徐安武等(1993)采用硫同位素温度计方法对房县西蒿坪、神农架银洞湾和连连坪 3 个矿床进行了分析,样品来自构造裂隙中共生的闪锌矿和方铅矿,计算得到西蒿坪矿床形成温度为 123℃,银洞湾为 75℃,连连坪为 145℃。冰洞山铅锌矿床白云石和闪锌矿流体包裹体均一温度变化小,在 120~160℃之间。上述测温数据表明,本区大部分铅锌矿床均为典型的低温热液成因。

风化淋滤型矿床形成于表生地质作用,主要呈富铅锌的铁帽产出,是寻找硫化物矿床的重要标志之一。

(三)区域成矿模式

典型 MVT 铅锌矿床的矿物沉淀机制已提出 3 种模型,涉及金属元素在流体中的存在形式和还原硫的出现时间。

1. 硫酸盐还原机制

我们认为 MVT 矿床的硫主要来自海相蒸发岩,如膏盐地层。但关于蒸发岩中的硫酸盐转变为还原硫的机制,仍没有令人满意的解释。目前已提出两种可能的硫酸盐还原机制,分别为热化学还原和细菌类微生物还原。由于在温度低于 200℃时难以发生硫酸盐的热化学还原反应,而在温度高于 100℃时细菌类微生物难以生存(Trudinger et al,1985),故典型 MVT 矿床的测温数据并不支持硫酸盐的细菌类微生物还原机制。

Barton(1967)提出了硫酸盐还原模型,这个模型淡化了对蒸发岩环境的要求,而是针对盆地卤水中总是含有硫酸盐这种现象,提出流体以硫酸盐的方式搬运金属,当遇到有机质还原剂时硫酸盐被还原(Leventhal,1990;Anderson,1991),生成还原硫,导致金属硫化物沉淀而形成 MVT 矿床。

2. 流体混合机制

Jackson(1966)和 Beales(1975)以加拿大 Pine Point 铅锌矿区为原型建立了流体混合模型(mixingmodels),发生混合的流体一种是远源的盆地含金属流体,金属以氯化物络合物的形式存在,另一种是本地含 H_2S 流体,H_2S 来自细菌还原的石膏等蒸发硫酸盐,两种流体在成矿区混合导致金属硫化物沉淀。Trudinger 等(1985)对含 H_2S 流体中还原硫的来源加以补充,提出在 85℃以上时,硫酸盐更易于发生热化学还原产生还原硫。由于这种机制是针对蒸发岩环境中的 MVT 铅锌矿床建立的,要求围岩含有蒸发岩,为其提供硫化物沉淀所需的还原硫,所以它同时解释了为什么 MVT 铅锌矿床的赋矿围岩是碳酸盐岩而不是砂岩,为什么相对于灰岩它更倾向于赋存在白云岩中等现象。

3. 还原硫机制

针对矿区既非蒸发岩环境又缺少硫酸盐还原证据的 MVT 铅锌矿床,有人提出了还原硫模型,其中金属以二硫化物络合物(bisulfide complexes)的形式存在,并和还原硫在同种流体中运移(Ohmoto et al,1979),当环境条件发生改变时,如温度降低、地下水注入导致的稀释作用、水岩反应改变 pH 值等,硫化物就会发生沉淀,形成 MVT 铅锌矿床(Anderson,1975)。

世界上的 MVT 矿床特征多种多样,上述 3 种成矿模型相互结合,可以针对不同环境或不同构造阶段的矿床给予合理解释。

湘西-鄂西地区多期发育的断裂褶皱系统,来源于多成因的热源水源矿源条件,独特的"盆山耦合"性质和有利的区域性成矿地球化学障,构成了与美国密西西比河流域的铅锌矿床和油气矿田十分相似的分布特点。铅锌矿床的形成与沉积盆地的沉积-构造演化历史有关,在盆地盖层的沉积过程中准备了大量的成矿物质,后期的压实作用和构造运动是导致铅锌矿床形成的关键构造因素。因此,铅锌矿床的成矿作用主要受到构造和碳酸盐岩地层的双重控制。相对于灰岩,MVT 铅锌矿床更倾向于发育在白云岩中(Leach et al,2005),其原因是白云岩更倾向于在蒸发岩环境中形成,可以为铅锌矿化提供硫酸盐蒸发盐,白云岩具有更高的孔隙度,也为矿体形成提供更多的有效空间(Paradis et al,2006)。在这样的特定地质背景条件下,沉积作用、岩相古地理条件和构造运动对成矿过程均产生了重要约束,盆山耦合以及造山带对成矿作用也具有重要意义。

区内铅锌矿床空间上围绕基底隆起区分布,受沉积相和岩性控制明显,典型铅锌矿床主要产于碳酸盐岩台地边缘浅滩后泻湖以及生物礁等水下高地。这些环境所形成的地层在厚度上明显小于周围环境形成的同期地层,当其经历后期埋藏压实作用时可形成低压环境,而携带成矿物质的盆地压实流体将向其附近运移、集中,随着温度、压力变化以及地球化学障、隔挡层的作用,将发生成矿物质的沉淀而形成矿床,称为盆地压实流体成矿模式(图 4-13)。

(四)关于"扬子型"铅锌矿的提出

20 世纪 60 年代以来的矿床研究表明,SEDEX 型和 MVT 铅锌矿约占铅锌矿总储量的一半。这些矿床或矿田多数远离岩浆作用的影响,其成因是沉积盆地自身演化产生的热流体使铅、锌等元素发生活化,当携带成矿物质的热液与具有还原性质的流体相遇时,或由于某种地质事件的影响使得含矿热液的物理化学条件发生较大改变时,铅锌等成矿元素从溶液中沉淀出来而成矿。这些研究成果开阔了铅锌矿床的找矿思路,特别是与沉积盆地演化有关的沉积岩寄主铅锌矿床。

在长期的研究工作中,我国地质工作者已认识到上扬子地块及其周缘地区的铅锌矿床与密西西比河谷型(MVT)矿床之间有明显的相似之处。这些矿床多产于未经剧烈构造变动的大型碳酸盐岩台地,

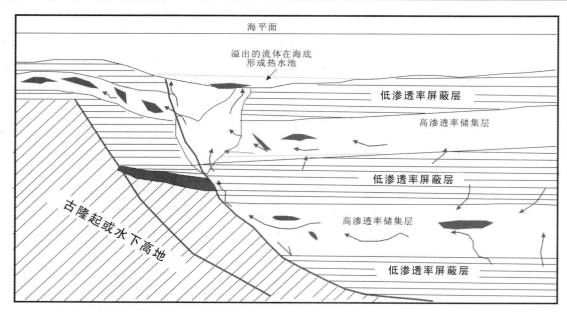

图 4-13　湘西-鄂西地区区域成矿模式(盆地流体成矿模式)

主要产在白云岩中,具有明显的岩控特征。矿床赋存于盆地边缘或盆地内的次级隆起构造单元,常成群成带出现,分布范围从几十平方千米到几千平方千米,甚至几万平方千米;大多数矿区未发现火成岩;硫化物矿石大多产于开放空隙中,如角砾带、古岩溶地形、生物礁灰岩、不整合面等,属后生矿床,受断裂构造影响相对较弱。大多数矿床矿物组成简单,主要矿物为方铅矿和闪锌矿(含铁较低),伴生黄铁矿(有时为白铁矿)、萤石、重晶石、白云石、方解石和石英等,矿物颗粒一般较大;矿床中金属元素含量比例不等,有时富铅,有时富锌,大多数矿床具银异常,且常具有经济意义。

但是,我国上扬子地块的铅锌矿床同时又表现出其特殊性,即出现明显的构造控矿特点。如湘西渔塘铅锌矿床,矿体不仅受一定地层层位的控制,同时又位于区域性深大断裂旁侧,发育宽缓背向斜并叠加北西向断裂构造,具有地层-岩性-构造三位一体的组合条件。研究表明,位于上扬子地块的铅锌矿,成矿温度在 100~300℃ 之间,高于美国中部 MVT 矿床的成矿温度(80~170℃);而且不同矿集区或矿田内成矿温度常发生较大的变化,与北美大陆 MVT 铅锌矿床成矿温度大范围内无明显变化的特点明显有别。

基于扬子地块周缘铅锌矿床的特殊性,黄崇轲和严铁雄在会议交流时提出了"扬子型"铅锌矿床,认为该类矿床在扬子地块分布广泛,成矿时代从南华纪至晚古生代,具较大的找矿潜力。本书暂将"扬子型"铅锌矿定义为产于震旦系—奥陶系海相碳酸盐岩中受岩性控制的以层状、似层状为主的铅锌矿,如产于震旦系陡山沱组上部的董家河铅锌矿床(董家河式)和冰洞山铅锌矿床(冰洞山式)、产于灯影组的凹子岗铅锌矿床、产于寒武系清虚洞组的李梅铅锌矿床(李梅式)、产于奥陶系南津关组的唐家寨铅锌矿等。加强上扬子地区铅锌矿床的调查、研究和评价,不仅具有重要的理论意义,而且对完成国家目标具有巨大的实际价值。

第二节　金矿、银矿

一、大调查找矿新成果

在未列入全国 16 个重点成矿带之前,在湘西、鄂西地区已开展了以金、银为主要矿种的调查评价工作,主要包括湖北武当隆起西缘银金多金属矿评价、湖北省郧西县佘家院银金多金属富集区评价、湖南青京寨-桐溪锑金矿评价和湖南沅陵县唐浒坪及外围金铜矿评价等工作。

(一)湖北武当隆起西缘银金多金属矿评价

1. 区域成矿地质条件

工作区地处秦岭造山带与扬子陆块结合部,区内出露地层为新元古界武当岩群至古生界志留系(图4-14),沿竹山断裂尚有中生代白垩系地层出露。武当岩群由下部变火山岩组与上部变沉积岩组组成,其中变火山岩组又可分为以变质基性火山岩为主的下亚组和以变质中酸性火山岩为主夹少量细碎屑岩的上亚组。上亚组是银金多金属的含矿地层;南华系耀岭河组为一套变细碧-角斑岩建造,是本区石英脉型金矿的赋矿层位;震旦系陡山沱组(江西沟组)与灯影组(霍河组)为一套浅水陆棚相细碎屑岩-局限海台地相碳酸盐岩建造,其中陡山沱组中部的变泥质岩夹变基性火山岩是本区佘家院式银金矿床的主要赋矿地层,灯影组白云岩则为铅锌矿的含矿建造;早古生界围绕武当隆起边缘展布,下寒武统为一套浅海盆地相硅质岩-泥质岩建造,是银、钒、钼、铅、锌、铜等多金属元素的富集层位,中—上寒武统主体为开阔台地相-局限台地相碳酸盐岩建造;奥陶系和志留系为广海陆棚相沉积的粉砂质、钙质页岩-碳酸盐岩和以硅泥质成分为主的砂页岩建造,是本区铜金矿化的主要含矿建造;白垩系为巨厚层的陆相红色磨拉石建造,沿竹山断裂呈北西向角度不整合于古生代地层之上。

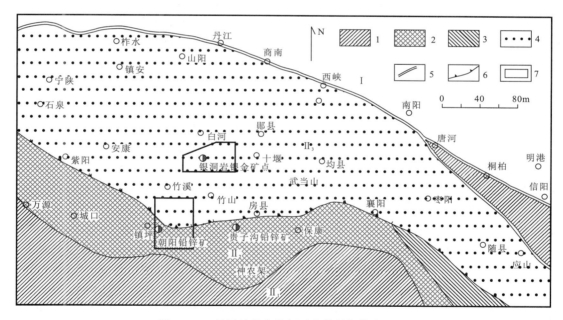

图4-14 扬子地块北缘新元古代早期构造图

1.古陆;2.裂陷陆表海,碳酸盐夹泥质沉积;3.裂陷陆表海,砾岩与泥砂质沉积;4.陆缘裂陷带,酸性—基性火山岩沉积;5.对接带;6.裂陷边界;7.工作区范围;Ⅰ:桐柏-大别山陆壳隆起区;Ⅱ₁:扬子陆壳区;Ⅱ₂:扬子陆壳改造区;Ⅱ₃:扬子北部陆缘演化区

除白垩系和第四系外,其他地层均遭受了不同程度的区域变质和动力变质作用,区域变质岩广泛发育。武当岩群变质程度较深,以高绿片岩相为主,其余地层变质程度普遍为低绿片岩相,所形成的变质岩包括片岩、变粒岩、千枚岩和板岩等。此外,区内动力变质岩发育,动力变质岩分为碎裂岩和糜棱岩两大系列,集中分布于韧-脆性剪切带内,且碎裂岩常叠加在糜棱岩带之上,主要有糜棱岩、千糜岩、构造片岩、碎裂岩等。

岩浆岩主要分布于青峰断裂以北,其时代属元古宙—志留纪。前者主要为基性—酸性火山岩组合,后者为基性—中基性火山岩和碱性玄武质—碱性岩类,其中以基性岩类最为发育。侵入岩主要为变辉绿岩、变辉长辉绿岩，呈岩席或岩脉状侵位于前寒武纪和早古生代地层，在武当岩群中分布广泛，岩浆作用与区内成矿作用的关系不明显。

区内经历了多期构造变形，褶皱和断裂构造发育。北部主体构造形迹展布方向自西向东由近东西向转为北东向，主要褶皱构造有郧县许家坡-竹山银洞沟倒转背斜和前佛洞倒转向斜等；断裂构造主要表现为顺层剪切断层和北西、北东向及东西向脆性断层。前者为早期伸展机制下顺层滑脱拆离韧性剪切构造，它们是银多金属矿的主要导矿和容矿构造。南部跨扬子地块，以青峰大断裂为界，以南地区属大巴山-大洪山台缘褶带，以近东西向构造为主，而以北地区以北西向构造为主。青峰断裂呈近东西向贯穿南部工作区，属壳型断层，其他较大规模的断层有红椿坝-曾家坝断层、皂溪断层和八角庙-莲花寺断层等。

2. 区域矿产特征

北部地区除有铌稀土及其他沉积矿产外，在武当岩群下部变火山岩组中发现了以竹山银洞沟为代表的石英脉-蚀变岩型大型银金（多金属）矿床，在耀岭河组变基性火山岩中发现了以白岩沟为代表的石英脉型中型金矿床，在陡山沱组变砂岩、粉砂岩层间构造蚀变带中发现了以六斗、佘家院为代表的蚀变岩型小型金矿和中型银金矿床，在灯影组白云岩中发现了以锡洞沟为代表的热液充填型铅锌矿及白家山铜矿床。

南部地区除产于下古生界以广石崖和洞滨为代表的中小型煤矿外，主要是在扬子准地台北缘的上震旦统灯影组白云岩中发现并初步评价了以朝阳为代表的中型铅锌矿床。以及上震旦统—下寒武统炭硅泥质岩-碳酸盐岩建造中分布的铜、铅锌多金属矿点，在红椿坝-曾家坝断裂带以南志留系次火山岩（角砾状辉石玢岩）发育区发现受断裂控制的含铜钠长石英脉型铜矿。红椿坝-曾家坝断裂带以北，在寒武系硅质岩、炭质硅质岩和基性、碱性岩浆岩分布区，发育有与基性岩浆和构造热液活动有关的铜-金矿（岚皋）、与碱性岩浆岩有关的银矿（石泉银洞山）。

3. 主要地质找矿成果

通过对银洞岩和朝阳矿点的检查评价，大致查明了矿床的地质构造特征和银金、铅锌矿体的控制因素、空间展布形态、矿体厚度及其品位变化等。对地表含矿蚀变带及矿体按200～400m间距进行了较为系统的工程揭露，对部分主要矿体进行了深部钻探控制和验证。在上述工作的基础上对矿体进行了圈定和资源量估算，其中朝阳铅锌矿床规模达到了中型，矿床成因属后生低温热液型；银洞岩银金矿床达小型规模，矿床成因属火山-沉积变质中低温热液矿床。

对于评价区其他具相似成矿地质地球化学条件的成矿靶区，通过化探普查、异常查证和矿点踏勘检查等预查工作，较详细地了解了9处AgAu、AgCuPbZn多金属异常的地球化学特征及其地质环境，并对其找矿意义作出了评价。在新元古界武当岩群变火山岩的AgAu异常中，发现了银洞岩小型银金矿床，在分布于上震旦统富镁碳酸盐岩中的CuPbZn异常区内先后发现了朝阳、桃园、小水桶沟、贵子沟、老公峪等一批极具找矿远景的铅锌矿点，并首次在鄂西北地区的白垩系地层中发现了铜矿体。

4. 成矿规律新认识

北部地区的银金-多金属矿床大多受一定的地层层位控制，表现为层控特点。武当岩群、耀岭河组和陡山沱组等均具高成矿元素背景含量的地层，属初始矿源层，当受到后期地质作用改造时，可促使矿源层中的成矿物质活化迁移至有利岩性或构造部位而富集成矿。本区南华纪海相火山活动对贵金属矿床的形成同样具有明显的控制作用，表现在两个方面：一方面是火山活动期间的热水沉积与间歇期的正常沉积岩构成初始富集层；另一方面是火山岩系本身形成的矿源层。前者如武当岩群中的银洞沟、许家坡银金矿床，后者如耀岭河组中的白岩沟金矿床等。构造对区内矿产具有明显的控制作用，表现为以下几种类型：①受褶皱控制，如许家坡、佘家院银金矿床赋存于向斜构造中，银洞沟银金矿床位于背斜核部；②受断裂控制，如产于耀岭河组节理裂隙带的石英脉型金矿等；③受层间韧-脆性剪切带控制，如许家坡、佘家院银金矿床和六斗金矿床等。

南部地区位于竹溪复向斜南部,主体属平利-竹溪褶皱束。在震旦纪早期和寒武纪早期分别沉积了两套富含铅、锌、银、钒、钼和镍等多种金属元素的黑色岩系,它们受后期多期次构造和岩浆活动的叠加与改造,促使其中的铅锌等成矿物质活化迁移至有利岩性或构造部位而富集成矿。区内的铅锌矿床较严格受地层和岩性控制,表现为层控特点,如上震旦统灯影组(霍河组)白云岩及下寒武统牛蹄塘组白云质灰岩等。构造对区内矿产具有明显的控制作用,如朝阳铅锌矿床位于秦岭造山带和扬子地块两个一级大地构造单元的结合部位,著名的青峰断裂及其次级断裂是控制铅锌矿的重要断裂构造。位于陕西境内的含铜钠长石英脉型铜矿、岚皋铜-金矿和石泉银铜山银矿等,其成因与岩浆活动和断裂构造的关系密切。曾家坝断裂是区内重要的构造边界,具长期活动的性质,沿该断裂两侧发育了大量的基性岩和碱性岩浆岩,为成矿作用提供了成矿物质来源和热液活动的驱动力。

5. 资源远景分析

调查区具有较大的铅锌、银金多金属资源潜力。其中具有工业价值的铅锌矿床,主要分布于扬子地块北缘,并受地层和构造双重控制。赋矿地层主要为上震旦统,富镁碳酸盐岩是有利的赋矿围岩。矿体严格受深大断裂及其次级断层控制,发育于上震旦统—下寒武统背斜核部中的断裂破碎带是形成铅锌矿工业富集的主要部位。具有工业价值的银金矿床主要分布于武当隆起西缘,处在构造叠加形成的背斜倾伏端或向斜仰起部位,尤其是短轴背斜倾伏部位对成矿更为有利,赋矿围岩主要为绿片岩相变质的武当岩群酸性火山岩建造。

在后续的工作中,在武当隆起西缘的有利构造地段,应重视新元古代武当岩群变火山岩组分布区AgAu异常的查证工作,争取在寻找竹山银洞沟式大型银金矿床上有新的突破。在竹山断裂与红椿树坝断裂挟持的竹溪复向斜区域,其西延部分的陕西境内已有了新发现,本区具有与之相似的地质背景和大量的AgAuCuPbZn异常分布,因此应加强该区的异常查证力度,有望在查找金银多金属矿方面有所突破。

(二)湖北省郧西县佘家院银金多金属富集区评价

1. 区域成矿地质条件

工作区位于秦岭造山带南秦岭印支褶皱带武当隆起西缘,出露地层为新元古界武当岩群—古生界志留系,沿竹山断裂出露少量白垩系地层。在空间上,自东向西地层由老到新。新元古界武当岩群由下部的变火山岩组与上部的一套变沉积岩组组成,其中变火山岩组又可划分为以变质基性火山岩为主的下亚组和以变质中酸性火山岩为主夹少量细碎屑岩的上亚组,上亚组是银金多金属的含矿地层;南华系至早古生界多沿武当隆起周边分布,其中南华系耀岭河组为一套变细碧-角斑岩建造,为石英脉型金矿的赋矿层位;震旦系陡山沱组与灯影组为一套浅水陆棚-局限海台地相细碎屑岩-碳酸盐岩建造,其中陡山沱组中部的变泥质岩夹变基性火山岩是佘家院式银金矿床的主要赋矿地层,灯影组白云岩则为铅锌矿的含矿围岩;寒武系为一套浅海盆地相的硅质岩-泥质岩-碳酸盐岩建造,富含铜、铅锌、银、钼、钒等多金属元素;奥陶系和志留系为一套广海陆棚相粉砂质、钙质页岩-碳酸盐岩和以硅泥质成分为主的砂页岩建造,是本区铜金矿化的主要矿源建造;白垩系为一套巨厚层的陆相红色粗碎屑岩组成的磨拉石建造,沿竹山断裂呈北西向角度不整合于古生代地层之上。

武当岩群、耀岭河组、陡山沱组和两岔口组等是寻找银洞沟式、佘家院式银金矿和茨沟式铜矿的重要地层。

区内断裂十分发育,主要表现为顺层剪切断层和北西向、北东向及东西向脆性断层。前者为早期伸展机制下顺层滑脱拆离韧性剪切构造,主要发育于武当岩群与耀岭河组、耀岭河组与陡山沱组、灯影组与寒武系下统水沟口组等不同岩性之间的界面,是贵金属矿床的主要导矿和容矿构造。规模较大的断层有两郧断层、公路断层和房-竹断层。北西向和北东向断裂系统对区域矿产起着导矿、容矿或破坏的作用。

岩浆岩以海相喷发岩为主,侵入岩次之,形成于新元古代—早古生代时期,早期主要为基性—酸性火山岩组合,晚期为基性—中基性火山岩和碱性玄武质-粗面质火山岩组合。侵入岩包括基性—超基性岩、中性、酸性及偏碱性—碱性岩类,其中以基性岩类最为发育,岩石类型主要为变辉绿岩、变辉长辉绿岩,以岩墙或岩脉形式侵位于前寒武纪和早古生代地层,在武当岩群中分布最广,但与区内成矿作用之间的关系不明显。

除白垩系地层,其他地层均遭受了不同程度的区域变质和动力变质作用,区域变质岩分布广泛,而动力变质岩沿断裂带呈带状分布。区域变质程度普遍为低绿片岩相,局部地区达铁铝榴石-角闪岩相。地层由老到新,其变质作用程度显示出逐渐变弱的趋势。主要的变质岩有板岩、千枚岩、片岩、长英质粒岩和大理岩等。动力变质岩分为碎裂岩和糜棱岩两大系列,分别发育在脆性断裂带和韧性剪切带内,且碎裂岩常叠加在糜棱岩带之上。

2. 区域矿产特征

本区位于郧西黄龙山-竹山银洞沟Ⅳ级银金多金属成矿带,该带包括绞肠关、白岩沟、锡洞沟、茨沟、佘家院、董家湾、银洞沟、得胜铺和银洞坪等10个远景区。根据地质背景,绞肠关、佘家院和得胜铺归为寻找佘家院式的银金矿床远景区;许家坡、银洞沟和银洞坪远景区为寻找与武当岩群有关的银金矿床有利地段;茨沟远景区为寻找多金属矿的有利靶区。

区内的银金多金属矿床大多受一定的地层层位控制,表现为层控特点,同时构造活动对区内矿产也具有明显的控制作用,表现为以下三种形式:①受褶皱控制,如许家坡、佘家院银金矿床赋存于向斜里,银洞沟银金矿床位于背斜核部;②受断裂控制,如产于耀岭河组节理裂隙带里的石英脉型金矿床等;③受层间韧-脆性剪切带控制,如许家坡、佘家院银金矿床和六斗金矿床等。

3. 主要地质找矿成果

基本查明了调查区内 AgAu 多金属异常的空间展布及其地质背景,大致查明了佘家院矿区及外围矿点银金矿体、铜矿体赋存的地质、构造环境、控制因素、矿床(点)规模及矿石的质量等。佘家院矿区经普查评价矿床规模达到中型,连同外围3个矿点累计探求了($333+334_1$)资源量银270.11t、伴生金880.83kg、铜0.23×10^4t。其中银金表内资源量分别为196.52t和737.25kg。发现了有进一步工作价值的乐家湾 Au 异常,以及阮家湾、鲁家沟、绞肠关、分水岭和偏头山等矿点、矿化点。其中,阮家湾银金矿点具有较好的找矿前景,可望形成达中型规模以上的银金矿床。提交了新发现矿产地2处,可供普查和详查的矿产地各1处,对区内的银金资源潜力进行了评价,取得了比较好的勘查效益与找矿成果。

4. 成矿规律新认识

本区贵金属矿床成矿规律主要表现在以下方面:①成矿地质背景控制矿产种类,本区为典型的过渡型地壳,地壳组成总体上基性度偏高,因此形成的主要矿产种类为亲硫的贵-多金属矿;②矿床在空间分布上具有明显的成带性,受深部构造及成矿物理化学场等多种因素控制,本区矿床集中分布于武当隆起西缘,呈北东向带状分布;③后生成因的脉状银金矿床与贱金属矿床之间出现明显分离,如银洞沟上部为银金,下部为铅锌的垂直分带规律。

区内银金多金属矿床找矿标志可归纳为以下几点:①地层标志,银金矿主要赋存于武当岩群、耀岭河组和陡山沱组。其中武当岩群中的副变质岩、耀岭河组中的变细碧岩,以及陡山沱组泥质粉砂岩均为赋矿岩石,可作为该类矿床的找矿标志;②构造标志,隆-滑构造边缘层滑剪切带控制矿床分布,如武当隆-滑构造西缘有白岩沟、六斗、佘家院、铺子门、许家坡和银洞沟等银金矿床,因此,隆-滑构造边缘可作为找矿的构造标志;③围岩蚀变标志,武当隆起西缘银金矿床的典型蚀变类型为硅化、黄铁矿化、绢云母化和铁白云石化等,它们不仅是矿化作用的反映,也是重要的找矿标志;④古采坑和地名标志,古采坑为采矿遗址,指示了矿体的存在,是直接的找矿标志之一,与矿产有联系的地名常常因古采矿活动而得名,因此,它们也可作为间接找矿标志,如银洞沟、锡洞沟等;⑤化探异常标志,各类化探方法圈出的地球化学异常含有重要的矿化信息,区内银金多金属矿床多有化探异常指示,因此由金矿、水系沉积物、次生晕和原生晕构成的异常为本区贵金属矿的另一重要找矿标志。

5. 资源远景分析

通过佘家院矿区普查评价,大致查明了矿床的地质构造特征、银金矿体的控制因素、空间展布形态、矿体厚度及其品位变化等。对地表含矿蚀变带及矿体进行了较为系统的工程揭露,对主要矿体进行了深部钻探控制,并配合少量坑探进行了验证。在上述工作的基础上对矿体进行了圈定和资源量的估算,矿床规模达到了中型。对佘家院矿区外围银金多金属富集区,通过异常查证和矿点检查等预查工作,较详细地了解了22个AgAu多金属异常的地球化学特征及其地质环境。此外,在分布于耀岭河组变基性岩中的Au异常和分布于武当岩群变火山岩中的AgAu异常区,发现了具有进一步工作价值的地质体。通过异常查证发现的鲁家沟和绞肠关两个银金矿点,经检查其规模为小型矿床。

综上所述,调查区具有较大的银金多金属资源潜力,其中具有工业价值的矿床主要赋存于上震旦统陡山沱组,并受地层和构造双重控制,特别是经历过两期以上构造叠加的背斜倾伏端或向斜仰起端,以及构造转折地段是银金矿化工业富集的主要部位。调查区内与下寒武统黑色岩系有关的AgAu多金属异常,虽然面积较大,但经择优查证仅在极少数异常区见到了与层间断裂有关的矿点或矿化点,结合区域AgAu地球化学场特征,认为该地层中的AgAu多金属异常属于由高背景岩石引起的异常。

陡山沱组中强度较高、地质背景有利的AgAu异常以及武当岩群变火山岩组分布区AgAu异常具有寻找银洞沟式大型银金矿床的前景。

(三) 湖南青京寨-桐溪锑金矿评价

1. 区域成矿地质条件

工作区位于湘西南雪峰山金矿成矿区,该成矿区是华南重要金成矿带之一,湖南省内80%的已知金矿床(点)分布于其中,成为湖南省最重要的黄金生产基地(彭建堂,戴塔根,1999)。该区经历了早期裂谷、被动大陆边缘、活动陆缘、碳酸盐岩台地和山间盆地等发展和演化阶段。区内地层发育,构造-岩浆活动强烈。

冷家溪群仅在新出田一带出露,称黄浒洞组,为一套区域浅变质碎屑岩系,由石英杂砂岩、石英粉砂岩与条带状板岩、粉砂质板岩韵律层组成,属深海—半深海沉积,出露厚度约190m。板溪群为一套以紫红色、灰紫色火山与陆源碎屑沉积为主组成的浅变质岩系,总厚940.0～2080.4m,自下而上划分为马底驿组和五强溪组,其中五强溪组是桐溪和大坪金矿的主要赋矿层位。江口组下部为杂色(灰紫、灰、浅灰、灰绿)厚层块状长石石英杂砂岩夹含砾长石石英杂砂岩,杂色(浅灰、灰绿色、灰黑)中—厚层块状冰碛含砾砂质板岩夹含砾板岩、含砾岩屑砂岩、岩屑石英砂岩,中部为灰绿色条带状、厚层块状绢云母板岩、粉砂质板岩夹杂砂岩,上部为灰绿色厚层块状含砾粉砂质板岩夹含砾岩屑杂砂岩与薄—中层状岩屑砂岩和粉砂质板岩,顶部为厚层块状长石石英杂砂岩、含铁硅质岩及赤铁矿层、长石石英粉砂岩和砂质板岩,总厚1918m,是金矿和江口式铁矿的赋矿层位。湘锰组为炭质板状页岩夹含锰白云岩、碳酸锰矿,是江口式锰矿的赋矿层位。南沱组为灰绿色块状冰碛含砾砂质板岩夹冰碛含砾长石石英粉砂岩,厚284.7m。陡山沱组为黑色薄层状炭泥质硅质板岩夹白云岩及少量陆源碎屑岩,厚度132.9m,是董家河式黄铁铅锌矿赋矿层位,与下伏地层呈假整合接触。留茶坡组为灰黑色厚层块状硅质岩和灰色薄至中厚层状、条带状硅质岩,厚度110.1～137.4m。寒武系下部为黑色炭质板岩、含矿炭质板岩、粉砂质板岩和泥质粉砂岩,局部夹薄层硅质岩,上部为灰黑色纹层条带状含炭泥质泥晶灰岩夹少量钙质板岩和炭质粉砂质板岩,与下伏留茶坡组为连续沉积,厚度806.3m。奥陶系为黑色、灰绿色、浅灰—深灰色厚层块状含炭质粉砂质板岩、绢云母板岩和粉砂质板岩。志留系为一套经受轻微区域变质作用的浅海相砂泥质沉积。泥盆系为滨海碎屑岩及浅海碳酸盐岩,与下伏志留系呈角度不整合接触。石炭系为浅海碳酸盐岩及少量滨海碎屑岩。二叠系由灰岩、砂页岩及硅质岩组成。三叠系除底部为少量泥岩外,其他均为碳酸盐岩,与下伏二叠系呈整合接触。侏罗系和白垩系为紫红色石英砂砾岩、粉砂岩和砂质泥岩。

区内北东—北北东向构造最为发育,由区域复式褶皱和区域深大断裂以及次级褶皱断裂组成。向北东方向收敛、向南西方向撒开的断裂褶皱带对金矿起着重要的控制作用。代表性褶皱有隘口-苏木溪复式背斜、金山里-青京寨复式背斜和大也坪-两丫坪复式向斜,代表性断裂有安化-黎平断裂、溆浦-团头断裂、罗翁-陇城断裂和溆浦-武阳断裂。

本区岩浆活动频繁,广泛发育中—酸性、基性—超基性侵入岩和火山岩。中—酸性侵入岩主要有白马山、中华山、崇阳坪、瓦屋塘和五团等岩体。基性—超基性岩主要分布于石宝—隘口—山石洞一带,呈脉状沿北北东—北东向展布;基性岩主要为辉绿岩,部分为辉长辉绿岩;超基性岩主要为橄榄岩、橄辉岩和辉石岩;还有正长岩和钠长岩等碱性岩,侵位于板溪群中。这些基性—超基性岩脉地表普遍含有金矿化,Au 品位为 $(0.01\sim 2.60)\times 10^{-6}$。岩石均经受不同程度的蚀变作用,其中以绿泥石化最为强烈,其次有碳酸盐化、钠化、次闪石化和蛇纹石化。在洪江市熟坪及铲子坪等地还见有煌斑岩脉,时代为印支—燕山期。火山岩产于板溪群中,岩性为英安岩、安山岩、碱性玄武岩、角斑岩及钙质碱性英安岩等。火山岩金含量为 20.6×10^{-9}。

2. 区域矿产特征

区内主要矿产有金、锑、铁和锰矿,其次为钨、铜、铅锌和高岭土矿。金是本区最重要的矿种,目前已发现 20 多个金矿床点。其中金山里金矿达中型,铲子坪金矿达大型规模,大坪金矿具特大型远景。其余各矿床(点)中绝大多数具进一步工作价值。各矿床点均分布于板溪群和南华系中。除黄溪口、龙王江和两丫坪 3 个矿床(点)远离岩体外,其余均分布于岩体外接触带上。矿床类型主要为断裂破碎蚀变岩型和石英脉型,其次为砂岩层控细脉浸染型。它们均分布于剪切带中,与断裂构造关系密切。

3. 主要地质找矿成果

(1) 在区内大量地质、地球物理、地球化学和遥感资料及科研成果的基础上,对本区及周边地区金矿成矿作用的基础地质问题开展了进一步研究,取得了以下主要进展:①地层、构造和岩浆岩三位一体的影响因素构成了金矿成矿作用的有利环境。已积累的大量遥感资料(影像、线性构造、环形构造和重力异常)、金地球化学异常及其与已知矿床、矿点及矿化信息之间的对应关系等均充分显示,该区具有巨大的金矿找矿潜力。②确定了雪峰金矿田及其重要地位。研究表明,矿田受两大断裂(黎平-安化、溆浦-武阳)和三大花岗岩体(白马山、中华山、崇阳坪)围限,区内金矿成矿物源丰富,导矿、容矿构造组合发育,岩浆活动强烈,各类异常发育且相互套合,各矿床、矿体彼此相邻和集中分布,指示本区远景规模具有可达特大型的潜力。③首次在湖南省识别出了剪切带型金矿类型。研究认为,雪峰山为一大型韧脆性剪切系统,雪峰矿田位于应力集中构造变形强烈地段,且近地表总体以韧脆性变形为主,各矿床总体受其控制。④不同岩性区具有不同类型的金矿床,可划分为三种主要类型,即破碎蚀变岩型(如大坪、铲子坪)、网脉浸染型(如桐溪、白岩云)和石英脉型(各矿区均存在)。

(2) 调查评价共新发现 3 处金矿产地,即大坪(大型)、青京寨(中型)、黄溪口(小型),共发现并圈定 76 个矿体,共获黄金资源量 73.082t。其中品位 5×10^{-6} 以上的 $(333+334_1)$ 资源量 43.223t,占总资源量的 59%,品位 $(3\sim 5)\times 10^{-6}$ 的资源量为 18.718t,占总资源量的 26%,品位 $(1\sim 3)\times 10^{-6}$ 矿体资源量 11.141t,占总资源量的 15%。

(3) 对黄溪口、江坪、白岩云等地进行了一般性调查评价,新发现一些重要的找矿线索,共发现 10 余条含金矿脉,发现数个矿体,进一步明确了该区的找矿方向。

4. 成矿规律新认识

雪峰山地区金矿床点多面广,但绝大部分矿床分布于江坪-大坪及群峰-白岩云韧脆性逆冲剪切弧形断裂带两侧,并处于黄茅园花岗岩体与中华山花岗岩体之间长 25km、宽 12km 的北西走向地带,好似高山狭谷中的黄金通道。在该地带中分布了铲子坪、桐溪和大坪等 10 余个金矿床(点),矿床类型亦多样,并显示出以下共同规律。

(1) 矿田分布于安化-黎平与溆浦-武阳区域性深大断裂之间、雪峰弧形隆起带东南段。雪峰山东缘岩石圈增厚、深大断裂和海底火山喷气作用提供了部分成矿物质,而后期地质演化过程中强烈的构造-岩浆活动,叠瓦状推覆构造及层间滑脱推覆,进一步促进了矿床的形成。

(2)雪峰弧形韧性剪切系统对该区各类金矿的形成和分布具有重要控制作用,如群峰-白岩云韧性剪切带控制了铲子坪、桐溪和白岩云等金矿床的产出,江坪-大坪韧脆性剪切带控制了大坪和江坪等金矿床的产出。这些构造与矿床之间的关系显示出以下特征:①矿床大多产于韧性剪切带内应变最强部位,如糜棱岩、交代石英岩发育地段,金矿与变形带的规模和变形强度关系密切;②成矿作用大多发生在韧性剪切变形之后的脆性变形阶段,或产于由深部韧性向浅部脆性转化的过渡带;③晚期脆性断裂叠加对成矿富集起着十分重要的作用。

(3)北西向构造在金矿成矿过程中具有重要意义。本区北西向构造发育,不仅规模大、切割深,而且活动频繁、强烈,对该区金矿的形成起到了重要的控制作用。铲子坪金矿床赋存于北西向构造蚀变带中,桐溪与大坪金矿床中主要的富矿体都沿北西向构造产出。事实上,整个矿田亦呈北西向展布,南东自中山、响溪,经铲子坪、桐溪、大坪,北西至狗皮溪,总体走向为300°～320°,构成了长25km、宽12km的北西向金成矿带。

(4)工业矿体主要赋存在北东与北西向断裂蚀变带交汇处及蚀变带沿走向转弯处。倾角由陡变缓处的黄铁绢云岩及其上下盘的黄铁绢英岩化岩石中,工业矿体沿走向、倾向尖灭再现或尖灭侧现,延深大于延长,由地表向深部随蚀变增强,矿体厚度增大,矿石品位增高。

(5)所有金矿床(点)均分布于Au、As(Sb)高地球化学背景区内。

(6)三种类型的金矿中因含大量的金属硫化物,故当发生地表条件下的矿床氧化时,可发生次生富集,形成有规律的次生富集带。

5. 资源远景分析

本区位于扬子地块与华南造山带的过渡地带,地壳运动频繁,经历了从武陵运动至喜马拉雅运动等多期构造运动,地壳浅部构造-岩浆活动十分强烈,形成一系列北东向褶皱和断裂,形成十分复杂而规模巨大的叠瓦剪切推覆构造带,其中褶皱构造及顺层剪切系统发育,层间剥离带、层间断裂破碎带及层内裂隙系统是重要的容矿构造之一。同沉积大断裂发育并伴有海底火山喷发和喷气作用,提供了丰富的成矿物质,而在陆间裂陷槽环境中形成的板溪群和江口组等活动型类复理石建造,也为本区金矿提供了重要的矿源层。雪峰山东缘发育规模宏大的网络状韧性剪切系统,其韧性剪切变形和变质作用,使得岩石和矿物发生脱炭和脱水,产生大量成矿流体,并接纳区域变质成矿热液、岩浆活动成矿热液、地下水成矿热液及深部上升成矿热液,在韧性剪切带系统中聚集、混合,在强烈应力作用下不断从围岩中提取金,使金不断富集,形成规模巨大的成矿热液系统。在地壳构造运动的驱动下,成矿热液沿深大剪切断裂带上升进入中—浅部片理化带和劈理密集带、次级东向韧脆性断裂以及北西向张性、张扭性断裂,经沉淀作用形成了北东、北西向金矿带。

强烈的岩浆活动形成了规模巨大的弧形岩浆岩带。据重磁资料分析,矿田中的白马山复式岩体与中华山岩体、崇阳坪岩体在深部相连,岩浆活动对整个矿田的金矿成矿作用起到了十分重要的影响,岩浆作用导致的热膨胀对围岩产生剪切应力、压应力和张应力,为本区金矿成矿溶液运移、成矿元素活化和在有利地段富集成矿提供了重要营力。

综上所述,高成矿元素背景值和复杂的构造-岩浆演化过程,导致了本区成为有利的金矿成矿区域,现已初步查明20余个金矿床(点)。现有资料表明,区域内物化探异常、重砂异常及遥感地质异常都十分发育,且规模大;区域地层金含量及矿体头晕元素As、Sb含量高,矿体剥蚀程度低。这些特征均表明,本区具有寻找超大型金矿床的条件,是重要的金矿找矿远景区。

根据已积累的成果,将本区域划分为4个金矿床成矿远景区,即雪峰金矿田成矿远景区、青京寨成矿远景区、金山里-六都寨成矿远景区和龙王江-太阳山成矿远景区。各远景区的主要特征如下所示。

(1)雪峰金矿田成矿远景区:位于雪峰山腹地的洪江市境内。该区出露地层以板溪群和震旦系为主,为一套富含火山凝灰质的碎屑岩石组合且金源物质丰富,是重要矿源层。区内褶皱断裂发育,矿田东西两侧分别由溆浦-武阳、安化-黎平两深大断裂限制,南北分别由白马山花岗岩体及崇阳坪岩体围限,表明该区具备地层、构造、岩浆岩三位一体的极好成矿条件。矿田金异常面积达 350km², 已圈定出 10 大浓集中心,且铲子坪和大坪等金矿床位于其中。在白岩云、江坪和响溪等地浓集中心也十分明显。铲子坪金矿床已探明储量达中型规模,尚有大量矿脉、矿体未进行估算,远景可达大型。本次调查评价重点是大坪矿床,已获得的资源量达到特大型规模,经过进一步工作可望继续扩大。此外在江坪、母溪、白岩云、响溪和中山等地均发现了极为重要的找矿线索,这些矿床彼此相邻,相对集中,均具有较好的找矿前景。在矿田相对集中的 100km² 范围内,已经获得资源量近 100t,预测远景资源量可达 200t 以上。经过进一步找矿评价,可望成为湖南新的黄金工业基地。

(2)青京寨成矿远景区:位于新化县境内,包括古台山和青京寨等金矿区。该区地层以板溪群为主,是重要矿源层。区内褶皱断裂发育,岩浆活动强烈并紧靠白马山花岗岩体北东部。在古台山、青京寨和土坪等地存在呈北西向展布、形态规则和套合较好的 Au、Sb、As 等元素综合异常。该区古台山已提交中型矿床,本次工作以青京寨矿区作为重点评价区之一,并提交 334_1 金资源量 17.6t,显示了该区较大的资源潜力。

(3)金山里-六都寨成矿远景区:位于隆回县境内,区内主要出露板溪群及震旦系,褶皱断裂发育且岩浆活动强烈,处于白马山复式岩体南西侧内湾部位,物探资料显示该区存在巨大的隐伏岩体。区内已知有金山里、杏丰山和石桥铺等多个石英脉型矿床(点),但矿体不稳定,规模不大。该区金异常发育,并分布于金山里、石桥铺和六都寨 3 个 IV 级金异常,显示该区有较好的找金条件。对其中的六都寨异常区进行了 1:1 万土壤测量,圈出 7 个金异常区,异常面积 0.05~0.63km², 经实地踏勘检查,发现了两条北西向含金石英脉劈理带及 3 个含金砂岩体,样品分析金品位$(0.02~1.03)\times 10^{-6}$,其他异常区尚未开展工作。

(4)龙王江-太阳山成矿远景区:位于溆浦县境内,区内地层以板溪群和震旦系为主,褶皱断裂发育,总体构造线呈北东向展布。区内岩浆热液活动强烈,其南东侧出露白马山花岗岩体。区内发育金的水系沉积物异常 9 处,金重砂异常 5 处,已评价中型金锑矿床 1 处(江东湾),并发现了太阳山和两丫坪等金矿点,找矿前景较好。

(四)湖南沅陵县唐浒坪及外围金铜矿评价

1. 区域成矿地质条件

工作区位于沅陵县城以东,主要属沅陵县管辖,东与桃源、安化两县交界。大地构造位置属扬子地块与华南造山带过渡带的江南地块西北部。区内出露有新元古界冷家溪群(厚度大于 787m)和板溪群(厚 1181~2970m)、南华系—震旦系(厚 206~408m)、下古生界寒武系、上古生界泥盆系、石炭系和二叠系、中生界侏罗系和白垩系及新生界第四系。其中冷家溪群、板溪群和白垩系分布最广,占总面积的 85% 以上。震旦系、寒武系和泥盆系等地层出露完整,其余地层仅局部出露。区内褶皱和断裂构造发育,构造线总体表现以北东向为主,北东东次之,整体上往北凸,呈弧形展布(图 4-15),显示出该区曾经历了南东-北西向的挤压,导致了喜眉山-两河口逆冲推覆构造由南东往北西推覆,在推覆构造的前缘形成了一系列的叠瓦式构造。褶皱以线状褶皱为主,少数为短轴或等轴状褶皱;北东向断裂最发育,规模较大,具多期活动的特点。部分褶皱(如唐浒坪复背斜)和断裂(如金厂溪-于洞口断裂、沃溪-冷家溪断层)对金矿有明显的控制作用。区内岩浆活动微弱,仅见少量侵入于板溪群中的辉绿岩脉。与岩脉接触的围岩发生强烈的蚀变,一般为绢云母化、绿泥石化、硅化和黄铁矿化,蚀变宽度 5~20m,其中方子垭一带岩脉的围岩有明显的铜矿化。该区内地层普遍遭受区域变质作用,其中冷家溪群遭受极低级—低级区域变质作用,岩石中碎屑状黑云母变为绿泥石,基质中变质矿物组合为绢云母和绿泥石,沿层理及板劈理呈定向排列;南华、震旦系和寒武系变质作用弱,形成极低级变质岩。

2. 区域矿产特征

唐浒坪地区位于雪峰山金、锑、铅锌、银、铜成矿带的北东端,是湖南省乃至华南著名的金矿化集中

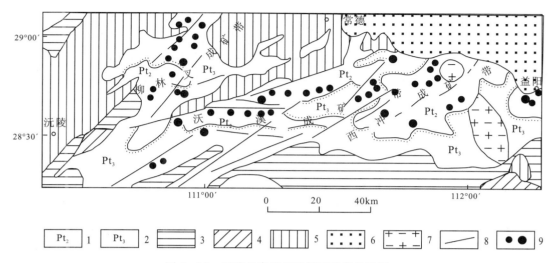

图 4-15 沅陵县唐浒坪及邻区矿产地质图

1.冷家溪群;2.板溪群;3.志留系—震旦系;4.中三叠统—泥盆系;5.第三系—白垩系;6.第四系;7.花岗岩;
8.断裂;9.矿床(点)(图中大、小圈代表矿床规模大小)

区。区内矿产丰富,已查明具有工业意义的矿产达数十种,其中金、铜、钨、锑、铅锌等尤为突出。

金为本区重要矿产,矿床点达27处,分层间破碎蚀变岩型和石英脉型两大类,其中沃溪金矿为典型的层间破碎蚀变岩型,以其规模大、矿体稳定、延深大、钨、锑、金共生而闻名。

铜矿亦是本区重要矿产,已知矿点多达38处,分板岩铜矿、砂岩铜矿、脉状铜矿和碳酸盐岩中浸染状铜矿4个类型,其中以板岩铜矿和砂岩铜矿为重点。板岩铜矿达15处,产于板溪群马底驿组第三段紫红色粉砂质板岩所夹的灰绿色粉砂质板岩中,铜矿物常沿粉砂质条带产出,属沉积-改造型铜矿,由于点多面广,且此次评价中在寺田坪铜矿获得一定的突破和进展,极具找矿潜力;砂岩铜矿3处,以麻阳铜矿较为典型,产于沅麻盆地中的白垩系浅色砂岩中,常伴生金、银。

3. 主要地质找矿成果

(1)该区有利的大地构造位置、古老的马底驿组矿源层和长期多次的构造活动、变质作用构成了十分有利的金、铜矿成矿环境。同时区内众多的遥感影像、线性构造、环形构造、金铜地球化学异常与已发现的沃溪大型金矿床及其周边大量的金铜矿床、矿点和矿化信息相吻合的现象,充分显示了该区具有巨大的金铜找矿潜力。区内金铜矿床层控特征明显,矿床严格受地层岩性与构造的双重控制。金矿主要赋存于马底驿组第四段中富碳酸盐岩的灰绿色条带状绢云母粉砂质板岩层间破碎带,形成层间破碎蚀变型金矿和石英脉型金矿。铜矿则主要赋存于马底驿组第三段紫红色条带状粉砂质板岩所夹富含砂质、粉砂质条带的灰绿色粉砂质板岩(浅色层)中,矿床类型为沉积-改造型铜矿。

(2)新发现金矿产地3处,铜矿产地1处,其中大型以上金矿1处(沈家垭金矿),中型金矿1处(杜家坪金矿),小型金矿1处(小桃源金矿)。重点评价了沈家垭金矿、杜家坪金矿和寺田坪铜矿3个主要矿区,共圈定金矿体17个(其中沈家垭12个,杜家坪2个,小桃源3个),获3×10^{-6}以上($333+334_1$)金资源量47 051kg,其中333资源量3025kg,占总资源量的6.4%,334_1资源量44 026kg,占总资源量的93.6%;品位5×10^{-6}以上的金资源量为39 927kg,占总资源量的85%。

沈家垭矿区($333+334_1$)金资源量33 383kg,占总资源量的70.9%,矿床平均厚度1.91m,平均品位16.14×10^{-6};杜家坪矿区334_1金资源量9488kg,占总资源量的20.2%,平均厚度4.31m,平均品位8.74×10^{-6};小桃源金矿334_1金资源量4180kg,占总资源量的8.9%,平均厚度1.39m,平均品位15.59×10^{-6}。此外,沈家垭和杜家坪两矿区品位在$(1\sim3)\times10^{-6}$的矿体资源量为914kg,未计入总资源量。

(3)经过1:5万水系沉积物测量,圈出了山金坳和新屋场两个金异常区,异常面积较大,浓集中心明显,异常峰值较高。经初步查证,金异常为金矿化所致,前者发现了山金坳金矿点,后者亦具有重要找矿线索,两异常区共发现含金矿脉18条,且有工业矿体存在,均值得进一步开展评价工作。

(4)对白果园、正必洞、杨堡(楠木铺)、张家坪、晒谷塔-响水洞、松溪等金铜矿点进行了一般性面上调查评价,共发现含金矿脉5条,其中4条含工业矿体;铜矿(化)层17层,铜矿体6个。进一步明确了该区的找矿方向。

4. 成矿规律新认识

1)地层、岩性及沉积建造的控矿作用

板溪群马底驿组为富含火山凝灰质的紫红色夹灰绿色砂泥质复理石建造,代表浅海陆棚相氧化与还原交互的沉积环境,金的背景含量高(0.24×10^{-6}),是本区主要的矿源层之一。其第四段紫红色夹灰绿色粉砂质板岩中部钙质含量较高,在区域构造应力作用下极易发生层间滑动而形成层间破碎蚀变带,矿体即赋存于该类破碎蚀变带中,是矿区金矿体的赋存层位,矿床严格受地层岩性控制。

区内冷家溪群小木坪组和板溪群为主要的矿源层,其中最重要的赋矿层位为板溪群马底驿组,如著名的沃溪金锑钨矿、沈家垭、杜家坪和山金坳等金矿(床)点及寺田坪、杨堡、张家坪、响水洞-晒谷塔铜矿(床)点以及松溪金、铜矿点均产于其中。此外,板溪群其他层位中也有矿床分布,如小桃源金矿产于通塔湾组。

区内岩性控矿明显,其中金矿受马底驿组紫红色条带状粉砂质板岩夹灰绿色粉砂质板岩的钙质粉砂质泥质复理石建造控制明显,如沃溪金矿、沈家垭、杜家坪、山金坳等金矿(床)点均赋存于马底驿组紫红色条带状粉砂质板岩夹灰绿色钙质粉砂质板岩中;铜矿受马底驿组紫红色条带状粉砂质板岩所夹富含砂质、粉砂质条带的灰绿色粉砂质板岩(即浅色层)控制,如寺田坪、杨堡、张家坪铜矿(床)点,而响水洞-晒谷塔铜矿及松溪金铜矿则产于马底驿组硅化白云岩中。

2)变质作用与成矿作用

区内地层普遍经历了极低级区域变质作用,在变质作用过程中,绢云母化、硅化对金的成矿具有较大控制的作用,它制约着金的活化、迁移和富集;同时也制约着铜的活化、迁移和富集。变质作用是本区金铜矿重要的控矿作用之一。

3)构造控矿作用

雪峰-加里东运动期间,受南北向区域构造应力的作用,地层在变形褶皱与倒转过程中,不断发生层间走向滑动与剥离,形成了区内北东东向规模大、切割深的走向滑动断层,有利于深部热液的上升运移;层间的剥离空间更是矿液赋存沉淀、成矿的有利场所。本区金矿床主要受唐浒坪复背斜及官庄-黄土铺逆掩断层、香草湾逆掩断层、唐浒坪平移断层和滴水坪-明溪口逆掩断层等区域性大断裂联合控制。在唐浒坪复背斜北翼的官庄-黄土铺逆掩断层及香草湾逆掩断层发育的层间滑动破碎带中分布有沃溪金锑钨矿床和沈家垭金矿床;在唐浒坪复背斜南翼唐浒坪平移断层和滴水坪-明溪口逆掩断层旁侧的次级断裂蚀变带中分布有杜家坪金矿床。

矿体主要受层间滑动破碎带的层间剥离带、层间破碎带、层间断层及横跨褶皱等控制;产于断裂蚀变带中的矿床,其矿体主要受断裂蚀变带内部结构控制,工业矿体特别是富矿体一般均分布在断裂蚀变带厚度大、内部结构复杂地段。

多数铜矿床(体)严格受地层、岩性及沉积建造控制,构造控矿作用不明显,如寺田坪、杨堡及张家坪铜矿(床)点,后期次级断裂仅对其起着有限的进一步富集作用。但另一类铜矿点严格受区域性大断裂旁侧的次级断裂控制,如响水洞-晒谷塔铜矿点及松溪金、铜矿点。

4)矿化富集规律

矿体严格受层间破碎蚀变带控制,矿化与构造及围岩蚀变关系密切,并表现在以下五个方面。①破碎带越发育、硅化越强、黄铁矿含量越高,则金矿化越好;当破碎带变窄至尖灭而转变为片理化带时,则硅化弱,绢云母化强,石英脉呈薄脉型和香肠构造产出。②金矿化最为有利地段的破碎带宽度一般为

0.5~6.0m,金矿体多产在该厚度范围内;宽度在0.5~2.0m的破碎带多为含金石英脉,仅局部见到硅化构造角砾岩;宽度在2.0~6.0m者则为硅化破碎带型金矿体。③破碎带内若叠加后期构造,则在构造面较发育处出现硫化物含量增高的现象,尤其在构造面下盘附近,可进一步促进金矿化,硫化物呈细脉状产出且含量高,其中的金品位最高。④金矿化与硅化、黄铁矿化关系密切,尤以黄铁矿化强烈地段金矿化最好,而绿泥石化、碳酸盐化则预示着矿化变贫或矿体尖灭。⑤烟灰色石英与粉末状黄铁矿含量的增高则有富矿体或明金产出。

5) 成矿机理分析

马底驿沉积时期,来自古陆剥蚀、海底火山喷发及同生沉积断裂从深部带入沉积盆地中的金元素被黏土-泥质吸附,在沉积成岩过程中初步形成矿源层。随后多次强烈的构造运动,一方面使马底驿组地层褶皱、倒转并发生层间滑动剥离而形成层间破碎带;另一方面构造运动形成的构造热液,在热力和构造动力驱动下,在上升和运移的过程中不断萃取地层中的金元素而形成含矿热液。该成矿热液在具负压低能空间的层间破碎带中,因物理化学条件的改变发生沉淀而形成矿床。因此,矿脉的形态和产状受东西向断裂控制,主要载金矿物黄铁矿多呈脉状和浸染状产于破碎带中或石英裂隙中,显示出热液充填特征。矿体近矿围岩蚀变类型简单且不强烈;矿体与围岩接触界线清楚,呈突变关系,交代作用不发育;共生矿物组成简单,金属矿物和脉石矿物多为半自形—自形细粒状和致密块状结构,成矿温度低、冷却快,矿物分带不明显,矿化具多阶段性。矿床属于层控中温构造热液充填型金矿床。

5. 资源远景分析

工作区处于上扬子地块与华南造山带过渡地带的雪峰隆起西北部,即冷家溪隆起西部与沅麻盆地、沅辰凹陷接合部位。深部构造位置处于湘西地幔缓坡带的东南缘。

区内成矿作用与冷家溪隆起的形成与演化过程有关,即形成于武陵、雪峰和加里东三次构造运动产生的沟弧盆构造环境。武陵期本区处于海沟、岛弧和弧间盆地环境,同沉积断裂强烈活动,伴随火山活动,将地壳深部的成矿物质大量带出并初步富集,形成了最早的矿源层冷家溪群;雪峰期本区演化为弧后盆地,在靠岛弧一侧冷家溪群因隆起而剥蚀,为盆地提供丰富的陆源成矿物质,同时强烈的火山活动也提供了大量的成矿物质,由于此时本区处于滨外陆棚沉积环境,水动力能量弱,有利于沉积及分异作用稳定进行,且沉积物以泥质为主,其对微量元素Au、Cu具有较强的吸附能力,有利于成矿物质的富集,由此形成了第二矿源层板溪群。武陵-雪峰运动产生的南北向区域构造应力,使冷家溪群和板溪群地层在变形褶皱的过程中,不断发生层间走向滑动与剥离,形成了区内北东东向构造的总体框架。规模大、切割深的走向滑动断层有利于深部热液的上升运移,层间的剥离空间更是矿液赋存沉淀、成矿的有利场所。加里东运动对本区的影响则主要体现在使新元古代地层发生区域变质和进一步的构造活动。后期的地壳活动,使前期断裂多次复活,并产生不同方向、不同级别的构造叠加。长期多次的地壳运动产生了复杂的构造形迹,不仅有利于深部热能的释放,也导致了广泛的区域变质作用,产生大量的变质水,并对矿源层中的成矿物质进行活化、萃取和迁移。深部上升的热液可使金、铜矿化进一步叠加富集,形成以北东东向为主、其他方向为辅、强弱不同、多期次的复杂矿化体系。

板溪群为一套富金、铜等微量元素的富钙质粉砂质泥质类复理石沉积建造,是本区最主要的矿源层。黏土矿物在沉积过程中易于吸附Au、Cu等微量元素,当发生区域变质作用时,黏土矿物转变为绢云母,使得Au、Cu元素发生活化,连同被释放出的建造水,组成具活性的含矿溶液;沉积建造中钙质成分易于被热液溶蚀,可使溶液增强碱性和富挥发分,增强溶液的化学运载能力。溶蚀产生的空隙又有利于成矿热液的汇聚和运移。

区域性深大断裂具有明显的继承性和多期次活动的特征,它们为成矿热液的运移、汇集提供了良好的通道。同时,区内褶皱发育,再加上岩性以板岩为主,易于产生层间滑动和剥离空间,在强应力作用下,在褶皱的翼部及轴部形成大量的层间滑动剪切带,再加上板岩的屏蔽作用所形成的封闭空间,为矿液的沉淀富集提供了有利场所;区域断裂与层间滑动剪切带构成了配套的导、容构造系统,当其发生联通时,极有利于矿体、矿床的形成。这些因素共同造就了本矿田内金矿类型以层间破碎蚀变带型为主,且具明显层位控矿和构造控矿相结合的特征。大部分矿床（点）产于板溪群中沿区域断裂呈串珠状展布，而在板溪群中初步富集的含铜矿源层，在后期构造运动与变质作用过程中产生的含矿热液作用下，促使矿源层中铜元素充分活化和转移，重新富集形成铜矿体。矿床严格受地层与构造双重控制，属沉积-改造型铜矿。

区内线性构造、环形构造、重力异常、地球化学异常等信息与已知的矿床（点）及矿化蚀变相对应，显示出本区具有较大的找矿潜力。目前已发现金、锑、钨、铜、铅、锌等多种矿产，以金、铜矿产分布最广。其中金、锑、钨可形成独立矿床或为多金属矿床，研究程度较高。沃溪矿床中金锑钨均达大型，为区内典型矿床；沈家垭金矿（333+334$_1$）金资源量达33 383kg；杜家坪金矿床估算金资源量9488kg，且Ⅰ2-①号金矿体中含铜、锑分别达1.21%和1.00%；小桃源金矿床估算金资源量4180kg。区内铜、铅、锌矿的研究程度较低，正在开展进一步工作，寺田坪铜矿伴生银含量达$(4.4\sim38)\times10^{-6}$，平均16.18×10^{-6}，最高已接近银的边界品位(40×10^{-6})，伴生金平均品位0.14×10^{-6}，均达到了综合利用要求。

综上所述，本区岩浆活动虽不强烈，但广泛分布的古老矿源层和长期多次的构造活动、变质作用，十分有利于金、铜等矿床的形成，是极为有利的金、铜成矿区。预测区内金资源远景可达150t以上，其中沈家垭金矿规模大（大型），品位较富且资源量集中，可供进一步普查；杜家坪、小桃源、山金坳和新屋场等金矿床（点）及异常区成矿条件有利，且已发现工业矿体或重要找矿线索，虽工作程度偏低，但找矿潜力巨大，均具有进一步工作价值。铜矿成矿条件亦十分有利，找矿前景良好，预测铜资源远景达50×10^4t以上，资源潜力尚待查明。

二、典型矿床

（一）湘西沃溪钨锑金矿

沃溪钨锑金矿床不仅是湖南省内第一大金矿（探明金资源储量55t），还是仅次于"世界锑都"——锡矿山的第二大锑矿生产基地，共生的钨、锑矿均达到大型规模。

1. 成矿地质背景

沃溪钨锑金矿位于雪峰弧形构造带中段，构造线由北东向东西方向转折部位，严格受东西向穹隆状构造控制。区内地层从老至新为冷家溪群、板溪群马底驿组与五强溪组、南华系及白垩系（图4-16）。在矿区，冷家溪群为一套巨厚的灰色绢云板岩，局部夹浅变质石英岩；马底驿组不整合于冷家溪群之上，主要由含火山碎屑物质的浅变质石英砂岩、紫红色绢云板岩及灰绿色绢云板岩组成。按岩性分为三段：下段为灰绿色砂质板岩，中段为紫红色绢云母板岩，上段为灰绿色薄层砂质板岩夹紫红色绢云母板岩。矿床主要赋存于中上段紫红色绢云母板岩中。五强溪组主要分布于沃溪断裂北侧，与下伏地层呈断层接触，厚度大于450m，岩性为灰绿色砂质板岩夹灰白色长石石英砂岩，底部有一层不稳定的砂砾岩；南华系为冰渍砾岩；白垩系为巨厚红色砂砾岩。矿区及附近无岩浆岩出露。

在区域构造上，该矿床地处古佛山倒转背斜北翼，以唐浒坪断裂为界分成东西两段：西段为仙鹅抱蛋穹隆状复背斜，东段为拖毛岭复背斜。矿床围绕穹隆构造马底驿组呈反"S"形分布，严格受EW向穹隆状构造控制（鲍正襄等，2002）。区域性的EW向沃溪拆离断裂纵贯全区，是矿床主要导矿兼容矿的构造。发育于马底驿组与五强溪组之间的沃溪断裂为区域性主干断裂，纵贯矿区长达15km以上，走向NEE，倾向NNW，倾角20°～45°。破碎带宽20～130m，断层下盘面较清晰，见0.1～0.7m宽的糜棱岩化角砾岩和断层泥，并有微弱的蚀变和矿化现象，属逆冲断层，是沃溪钨锑金矿带的主要控矿构造。该断层具多期活动性，断层带内具有多期复合变形特征。

2. 矿床地质特征

矿区位于仙鹅抱蛋穹隆北东侧，在矿区冷家溪群为一套浅变质的板岩、石英细—粉砂质板岩，夹有多层泥质砂岩组成的韵律层；马底驿组不整合于冷家溪群之上，主要为浅变质石英砂岩、紫红色绢云板

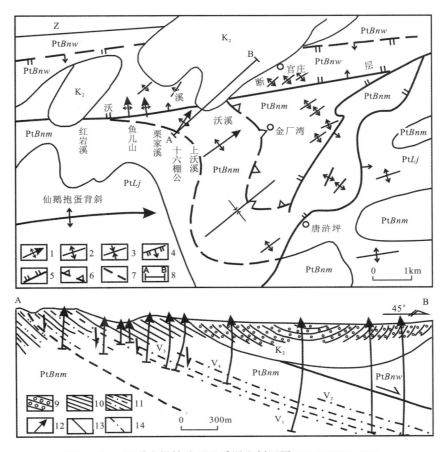

图 4-16 沃溪金锑钨矿区地质图和剖面图（据汪劲草等，2003）

1.层间控矿"鼻式"倾伏背斜；2.背斜；3.向斜；4.正断层；5.逆断层；6.推测的隐蔽剥离断层；7.脆-韧性剪切带底界；8.AB构造剖面；9.砾岩；10.构造岩；11.区域变质板岩；12.钻孔；13.层内正断层；14.矿脉及编号；K_2：上白垩统；Nh：南华系；$PtBnw$：板溪群五强溪组；$PtBnm$：板溪群马底驿组；$PtLj$：冷家溪群

岩及灰绿色绢云板岩；五强溪组以灰白色、黄白色厚层状变质石英砂岩为主，局部夹灰绿色硅质板岩。矿床赋存在板溪群马底驿组中上部的紫红色板岩或含钙板岩中（雷鸣波，余景明，1998），严格受 EW 向穹隆状构造控制，主要呈脉状产于沃溪断裂下盘的层间断裂带中（罗献林等，1984），由含矿石英脉及蚀变板岩构成的脉带组成，东西长约 5km，南北宽 1～2km，自西向东分为红岩溪、鱼儿山、栗家溪、十六棚公和上沃溪 5 个矿段。

1）矿体类型及产状形态

矿体产出形态主要为层间石英脉型，其次为网脉型和节理脉型 3 类。

层间石英脉型矿体 即与围岩产状一致的层脉，它们与围岩一起同步褶皱。该类矿体地表仅出露褪色蚀变带，或部分叠加有弱硅化、黄铁矿化蚀变，多为半隐伏矿脉。主要产于紫红色板岩之层间断裂带中，矿区内层间断裂带计有 6 条，彼此平行分布（图 4-16），倾角 25°～35°。沿走向呈波状，长 300～5300m，倾斜延深大，可达 2500m。矿脉常产于褶皱轴部，长 50～500m，延深大于 2300m，为其走向长度的 2～12 倍，故主矿脉常呈板柱状产出。矿脉厚 0.2～3.0m，平均 0.85m，含 WO_3 0.3%、Sb 3.6%、Au $8.1×10^{-6}$。该类矿体由至少 9 个与地层产状整合的层状脉矿体（V1—V9）组成，占沃溪矿床总储量的 70% 以上。

网脉型矿体 常见于两条层间石英脉之间的羽状或网状裂隙发育地段，以含金或含钨、金的石英细脉组成的脉带为特征，并沿平行于含矿体的断裂构造延伸。矿脉呈扁豆状、楔状、帚状等复杂形状；脉带长 50～80m，延深 150m 以上，厚 0.5～5cm，延伸 1～5m，脉间距 5～50cm。含 WO_3 0.16%、Sb 1%、Au 4×10^{-6}。由于矿化连续稳定，与主脉一起形成厚大的矿脉带。该类矿体占总储量的 25% 左右。

节理脉型矿体 常产于层间脉两侧的切层节理裂隙或劈理构造带内，脉体平直、形态复杂多变，规模小，品位富。一般倾角 40°～70°，长 20～50m，延深 10～40m，厚 0.2～1.0m，含 WO_3 0.43%、Sb 6.13%、Au 10.32×10^{-6}。

上述各类型矿脉在平面和剖面上均呈不等距的平行排列。在层脉与层脉、层脉与支脉之间，常发育有网脉。各类型矿脉均由含硅质条带和含硫化物的石英脉组成。

2）有用组分空间变化特征

本矿床平均品位为 WO_3 0.43%、Sb 3.11%、Au 8.27×10^{-6}。钨、锑、金元素在水平和垂直方向上均显示出一定的分带性，沿走向方向矿床中部十六棚矿段锑金较富，向两端变贫。西部鱼儿山以西白钨矿减少，钨铁矿（黑钨矿）明显增多。在矿化层中心的主脉（层间脉）形成钨锑金共生矿脉，在其上下盘蚀变体中的网状矿脉为金或钨金共生矿脉。在这 3 种成矿元素中，以金的矿化深度和强度最大，分布最稳定，金矿含矿系数 0.90～0.99，品位变化系数 98%～119%，向深部矿化有增强趋势。锑矿化也较稳定，含矿系数 0.64～0.72，品位变化系数 127%～154%，沿走向变化较大，中间富、两端贫，倾向延深变化幅度较小。钨矿化变化最大，含矿系数 0.47～0.55，品位变化系数 296%～327%，变化频率高，幅度大，沿走向呈跳跃式出现在倾向方向上，一般白钨矿多出现在矿脉的头部，往深部钨铁矿增多。总体上，矿体中锑-金具有正相关关系（相关系数为 0.51），而钨与锑金无明显相关关系。此外，蚀变岩型金矿品位与主脉中金品位成正相关。

由浅至深，沃溪式金矿床微量元素垂直向分带为汞→锑、银→金→砷→钴、铅、锌、钛→钨，反映了矿床形成温度不高的特点。

3）矿物成分及矿石结构构造

主要金属矿物有白钨矿、辉锑矿、自然金、黄铁矿，次为钨铁矿、毒砂、方铅矿、黄铜矿、黝铜矿、辉铜矿等。非金属矿物主要是石英，次为方解石、铁白云石及绢云母、伊利石、叶蜡石、高岭石、磷灰石、钠长石、重晶石、石墨等。

矿石结构主要为自形—半自形粒状结构和交代残余结构，次为花岗变晶结构、压碎结构等。常见的矿石构造为条带状、角砾状、块状和网脉状等。

4）金的赋存状态

经电子显微镜扫描和光片观察及化学分析查明，本矿床含金矿物为自然金，主要赋存于以黄铁矿、辉锑矿为主的硫化物中（约占 86.78%），少量赋存于石英、白钨矿、伊利石中（11.61%），极少数赋存于绿泥石、叶蜡石、方解石中（1.61%）。据张振儒等（1996）的研究，金在各种矿物中有两种赋存形式：一是可见金和显微金，占 53.72%，主要赋存于黄铁矿、辉锑矿、白钨矿、闪锌矿、毒砂、石英等矿物的微裂隙中；二是次显微金，占 46.28%，呈小的圆球状及链状存在于各类载体矿物中，但主要赋存于黄铁矿和辉锑矿中。在黄铁矿中的次显微金，主要呈机械混入物的夹层或充填在晶隙和微裂隙中存在。在辉锑矿中则呈分散的微包体存在，另外，少量呈胶体离子吸附在黏土矿物边缘。

5）围岩蚀变

矿床围岩蚀变主要有褪色化、黄铁矿化、硅化、碳酸盐化、绿泥石化等。其中褪色化实质上是一种黏土化，生成绢云母、伊利石、叶蜡石等。

从单矿物分析可知，褪色化与黄铁矿化实质上是金矿化的一部分。所以它们与金矿化成正相关关系。具体情况是：只要围岩中有褪色化发育，破碎带或石英脉中就有金矿化；褪色化规模大，则矿脉中矿化作用强。黄铁矿化叠加于褪色蚀变之上，愈近矿体蚀变愈强。

硅化与钨锑矿化关系密切，常见于近矿脉处，与金矿化关系不明。碳酸盐化与绿泥石化为外带蚀变，破碎带中出现碳酸盐化时预示矿化明显减弱；大量绿泥石出现则预示着矿脉的尖灭或消失。

3. 矿化阶段

根据不同的矿石类型及其形成物理和化学条件,可划分为五个成矿阶段。

(1)早期碳酸盐石英脉阶段:在二级褶皱的核部形成碳酸盐石英脉,成矿温度达396℃。

(2)含钨石英脉阶段:在二级褶皱的翼部拉伸区,出现褶皱石香肠、温度降低(239~275℃),氧逸度较大,生成钨铁矿和白钨矿,形成含钨石英以及少量的金。

(3)含金黄铁矿石石英脉阶段:构成层间脉,温度降低至179~228℃,氧逸度降低,硫逸度增大($fs_2 \geqslant -53$)出现黄铁矿,形成含金黄铁矿石英脉及含金钨石英脉。

(4)硫化物自然金石英脉阶段:构成层间脉主体,成矿温度160~172℃,硫逸度$fs_2 \geqslant -47$,自然金再次沉淀,形成含金辉锑矿石英脉及钨锑金石英脉。

(5)晚期碳酸盐石英脉阶段:成矿温度118~160℃,出现方解石、石英,形成碳酸盐石英脉,矿化进入尾声。

4. 成矿物理化学条件

根据董树义等(2008)对28件样品内石英、白钨矿和1件样品内方解石中的共160个流体包裹体进行均一温度测定,均一温度值介于95~185℃之间,多集中在120~180℃,平均值为155℃。对20个样品内共生的石英和白钨矿中的73个流体包裹体进行了冰点温度测定,并采用Bondnar(1993)冰点温度与盐度的关系式,计算获得流体盐度变化于2.9%~8.9%NaCl之间,平均值为5.0%NaCl。同种矿物中流体包裹体温度和盐度值有较大的交叉重叠,不同矿物之间比较,石英中流体包裹体的平均温度和盐度值稍高于白钨矿和方解石中流体包裹体平均温度和盐度值。

同一矿层由底部到顶部,均一温度和盐度表现出较为一致的变化趋势,条带状矿石中同一条带的同种矿物,自下而上流体包裹体数量明显增多,均一温度渐为降低,流体含盐度亦呈由高至低的变化趋势。

由上可知,沃溪矿床成矿流体温度变化于120~180℃,这一温度范围与很多古代沉积喷流矿床及正在活动的海底热液成矿作用相类比(Peter et al,1988),盐度变化范围为2.9%~8.9%NaCl,虽低于曾报道的多数沉积喷流矿床的流体包裹体盐度值(Gardner et al,1985;Samson et al,1987;Ansdell et al,1989),但却与那些同为低密度成矿流体的喷流沉积矿床极为相近(Peter et al,1986)。

同一矿层条带状矿石中同一条带的同种矿物,自下而上均一温度和盐度渐次降低,成矿流体盐度最终趋于海水盐度(8.9%NaCl),以及层纹状矿石中化学沉积物与机械沉积物的韵律互层,均表明在同一喷发旋回中,随着喷流作用的减弱,海水掺和作用加强,成矿作用过程表现为化学沉积—化学机械沉积—机械沉积(顾雪祥等,2003、2004、2005)。由此形成了沃溪地区最初的矿源层。

5. 同位素组成特征

不同硫化物的$\delta^{34}S$值变化于-12.5‰~+2.10‰之间,平均-3.63‰(25件),极差14.6,离差10.4,变化中等,总体上以近零值、相对富集轻硫同位素为特征(鲍正襄等,2002),其总硫同位素组成$\delta^{34}S_{\Sigma S}$为3.99‰(牛贺才等,1992),表明硫源可能主要来自均一化程度较高的地壳深部,并可能有生物硫的混染。$\delta^{13}C$值的范围为-3.39‰~-7.03‰,平均值为-4.38‰,基本上接近原生碳的同位素成分,且介于岩浆流体或混合岩浆流体中的$\delta^{13}C$值(-4‰~-8.5‰)范围。矿床中脉石英的$\delta^{18}O$平均值为17.68‰,变化范围在15.70‰~26.11‰之间,围岩中脉石英$\delta^{18}O$值为15.00‰~20.00‰,围岩的全岩$\delta^{18}O$值为15.00‰,三者的$\delta^{18}O$值范围十分相似,表明矿床和围岩的氧来源一致;包裹体水的δD值变化范围为-54.99‰~-85.92‰,平均值为-68.85‰,而矿物氧同位素变化相对较小($\delta^{18}O$值为14‰~26‰),经平衡计算获得的流体$\delta^{18}O$值范围为-0.5‰~19.2‰,表明成矿流体是以变质水为主,地下水渗滤热液为辅的混合热液(匡文龙,2004;马东升,刘英俊,1991)。

6. 成矿时代

由于缺乏适合同位素定年的分析对象,该矿床的成矿时代一直存在争论。部分学者推测矿床的形成与雪峰期变质作用有关（罗献林等,1984;罗献林,1989;张景荣,罗献林,1989;黎盛斯,1991），也有的研究者认为，成矿作用主要发生在印支—燕山期（刘继顺,1993）或燕山期（史明魁等,1993）。彭建堂等（2003）以白钨矿和石英为研究对象，利用 Sm-Nd 和 Ar-Ar 同位素定年方法，获得沃溪矿床浸染状白钨矿 Sm-Nd 等时线年龄为 402±6Ma，两个石英样品的 $^{40}Ar-^{39}Ar$ 年龄谱均呈"马鞍型"，其最小视年龄为 420±20Ma 和 414±19Ma，在误差范围内与白钨矿的 Sm-Nd 同位素数据吻合，表明沃溪矿床形成于加里东晚期，这与湖南雪峰山地区的构造演化和一些金锑钨矿床，如西安钨矿、柳林钗和漠滨金矿、肖家和平茶金矿的同位素年代年龄（万嘉敏,1986;彭建堂等,1998;王秀璋等,1999）相当，应属后生矿床。白钨矿的初始 $\varepsilon Nd(t)$ 值异常低，为 -30.7，表明成矿流体中的 Nd 应主要来自下伏古老的基底岩系（彭建堂等,2003）。

该矿床主矿体产于红色岩层之下，沿沃溪断裂稳定地向深部延展，另据 TM 影像，通道-安化北北东向深断裂也通过本区，故该矿又处于两组深断裂交汇部位。因此，成矿可能是在深断裂的多期次作用下，导致地下热水的强烈活动，经深循环萃取地层中的成矿物质而富集成矿，并可能有深源物质加入，其成因应属受层位控制的热液充填型钨金锑矿。

7. 成矿模式

本区马底驿组紫红色板岩中有 78.3% 的金赋存于黏土矿物中，其赋存状态以吸附形式为主，各种矿物中也有一定数量的吸附态钨和锑（中国人民武装警察部队黄金指挥部,1996）。由此可见，区内地层是一个典型的富 W、Sb、Au 含矿建造，而且易于活化的钨、锑、金元素具较高的丰度背景值，故能形成较大规模的金锑钨矿床。据此认为，含金建造是金矿尤其是金矿化集中区成矿的基础地质背景。

武陵运动是一次强烈的褶皱构造运动，表现为因南北向的挤压，造成基底（冷家溪群）地层褶皱隆起，形成了区域内一系列轴向东西的带状排列穹隆构造（如古佛山复背斜），成为控制矿田的 I 级构造；雪峰运动初期继承了武陵运动的特点，区域仍以南北向挤压为主，形成近南北向的田香湾复式向斜，成为控矿的 II 级构造；受构造运动产生的构造应力影响，岩石受力脱水而形成热液（变质水），热液在流经地层时带出成矿物质，并在层间断层有利部位充填形成矿体。因此，层间断层直接控制着矿体的产出形状和规模，特别是由于褶皱两翼的相对滑动，在转折端形成空隙，造成虚脱现象，成矿物质填充其中形成鞍状矿体。

在雪峰运动晚期，区域构造应力场已由南北向挤压逐步派生出北西—南东方向的挤压应力，导致在矿区形成了一系列的褶皱（IV 级）构造，并叠加在复向斜之上。这些叠加褶皱总的特点是向复向斜轴部收敛，当复向斜由开阔逐步向紧闭过渡时，叠加褶皱随之向轴部合并或消失。由于 IV 级褶皱的消失或合并，使由它们控制的矿体合并或消失。形成叠加褶皱的同时，使原有层间断裂复活，致早先形成的矿脉破碎，造成这次构造运动带来的热液在原有矿床的基础上叠加和改造。因此，脉体中早期含白钨石英角砾、蚀变角砾等被硫化物石英脉胶结的现象十分普遍。

可见，由于构造运动多期性带来的多期热液作用，使得矿床具有叠加和富集的特点。

（二）湘西铲子坪金矿

该矿区位于黔阳县铲子坪林场，自 1985 年发现以来，共探明金金属量 22t，资源储量可望达到 50t 以上，矿床规模可达大型，深边部找矿潜力巨大（符海华等,2011）。赋矿围岩为南华系江口组含砾砂质板岩。

1. 成矿地质背景

矿区内出露地层为南华系江口组，岩性为浅变质冰碛含砾泥质板岩、粉砂质板岩、条带状绢云母板岩、砂质板岩和厚层块状长石石英砂岩等，矿脉主要产于含砾砂（泥）质板岩中。

矿区周围岩浆岩发育，北距白马山中酸性侵入岩基中的黄茅园杂岩体 2km，西南离中华山花岗岩体 11km，矿床位于两者之间。物探资料显示矿区处于一重力梯度带和磁异常区内，而遥感解译表明此处发育环形构造,指示矿床深部可能存在隐伏岩体。各岩体的外接触带都发育有含金石英脉,反映岩浆岩活动伴随着金矿化。此外,矿区中还发育煌斑岩脉,其形成时代晚于矿体(硅化岩)。

矿区构造具多期活动的特征,在NE—NNE向压扭性断裂和NNW向紧密褶皱上叠加了NW向张扭性断裂及宽缓褶皱。铲子坪金矿处于雪峰山复背斜西侧背斜,受晚期褶皱影响形成了坪山塘、三角坳和牛尾坡等NW向斜歪向斜。小褶皱轴向与NW向矿化带方向基本一致。西侧背斜轴线位于石榴寨—铲子坪—梨子坪一线,轴向为NNW—SSE向,主要褶皱形成于加里东期。断裂构造主要为NE向断裂和NW向断裂蚀变带,其中F_2断裂为板溪群与江口组的分界断层(图4-17),该断层东部发育了一系列NE向断层,并控制了NW向矿化蚀变带的产出。NW向构造蚀变体分布总体向南东收敛,南东至里木冲尖灭,北西撒开宽度达3km,是铲子坪金矿的主要容矿构造。NE和NW两组断裂构造交汇处往往是富矿部位,北西向主矿体多发育于NE向断层上、下盘一定范围内。

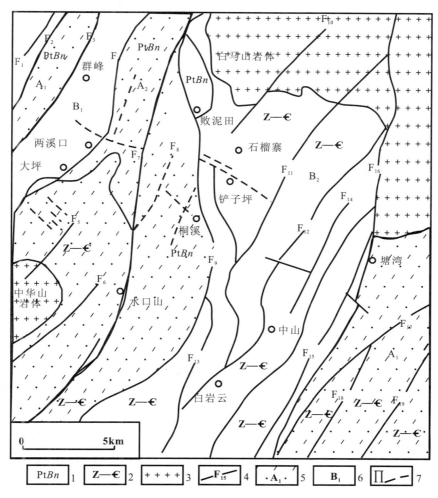

图4-17 铲子坪金矿区域地质图(据赵建光等,2003)

1.板溪群;2.震旦系—寒武系;3.印支期花岗岩;4.断裂及编号;5.变形强带及编号;6.变形弱带及编号;7.金矿脉及编号

早期地层发生韧-脆性剪切变形,广泛发育产状为300°~310°∠50°~60°的流劈理,往往破坏甚至置换了砂质板岩的层理;砂岩(夹)层呈透镜状,发育石英肠曲构造。硅化蚀变(矿)带沿产状为220°∠80°的节理密集带产出,切割了流劈理,但又被后期产状为290°~310°∠60°~75°的扭性断裂破碎。

根据镜下观察结果,硅化岩中石英变形强烈,具破碎和波状消光,并发生了动态重结晶。黄铁矿也发生了碎裂和重结晶。

NW 向硅化带形成后遭受过近 SN 向和 NNE 向的剪切变形叠加,约 NE50°方向和近 EW 方向分别是这两期剪切变形配套的压剪性构造方向。硅化岩中石英和黄铁矿的破碎、动态重结晶以及发育的缝合线构造、石英扭折等乃至金的进一步富集,均与这两期剪切变形密切相关。

2. 矿床地质特征

矿区出露三条(Ⅰ、Ⅱ、Ⅲ)较大规模的含矿硅化蚀变带(图 4-17),已发现矿化蚀变体 78 个。汞气测量结果显示,在Ⅱ、Ⅲ矿带之间可能还存在一条隐伏的矿带。含矿蚀变带总体走向 300°~320°,倾向南西,局部倾向北东,倾角 70°~85°,走向长 1700~6000m,宽数米至 40m。各矿带由数条至 20 余条矿脉组成,并被 NE 向断层所限制或横切。各矿带之间及矿化蚀变带与围岩之间都呈渐变过渡关系而界线不清,具典型的热液蚀变特征。

工业矿体主要形成于硅化岩以及强硅化、黄铁矿化、毒砂化和绢云母化的砂质板岩及板岩中。这些岩石在显微镜下可见典型的糜棱岩结构构造,矿体与围岩的界线不清,需依靠化学分析结果圈定工业矿体;已圈出的工业矿体多为透镜状或不规则状,矿体沿走向和倾向均以分支复合、尖灭再现为特征。矿体的产状与构造蚀变带的产状基本一致,但变化大,倾向上有斜列的趋势。单个矿体长 24~540m,最大斜深大于 360m,平均厚度 0.69~1.9m,金的平均品位 $(3.08~10.8)\times10^{-6}$,最高达 470×10^{-6}。

按产出特征及矿物组合可划分出两种主要矿石类型,即多金属硫化物-石英型和含硫化物蚀变岩型。根据结构构造可分为脉状、网脉状、浸染状及块状矿石。镜下普遍见有压碎、碎斑、亚颗粒和动态重结晶等结构,以及骸晶、镶边、假象和交代残余等典型热液交代结构,具有细脉状、网脉状、浸染状、团块状和斑点状等交代构造。

金属矿物主要有自然金、黄铁矿、毒砂、方铅矿、闪锌矿、黄铜矿、辉锑矿、辉铋矿和黑钨矿等。非金属矿物有石英、绢云母、绿泥石、电气石、绿帘石、重晶石、钾长石、钠长石、含铁白云石及方解石。表生氧化矿物有褐铁矿、针铁矿、纤铁矿、臭葱石、铜蓝和氧化锰矿。石英及黄铁矿是最常见的矿物。

自然金 金的粒度较细,以可见金为主(包体金、裂隙金等),其次为次显微金和超显微金,镜下见自然金呈浑圆状、片状和不规则状产在黄铁矿、毒砂、石英晶体及其微裂隙和空隙中,部分分布于晶隙中。

由表 4-1 可见,矿床中独立自然金仅占 24.70%,绝大部分金是包含于黄铁矿、毒砂、石英及其氧化物中。自然金主要成分为金和银,含少量铁铜,Au/Ag 比值大于 1,成色高,为 907‰~956‰,反映了成矿深度较大。自然金中含有较高的铁,可能反映与赋矿地层(长滩组)的高铁含量有关。

表 4-1 铲子坪金矿床自然金及载金矿物特征

自然金粒度变化	范围(mm)	1~0.442	0.442~0.196	0.195~0.121	0.121~0.074			
	所占比例	5%	29%	22%	44%			
自然金的化学成分	元素及比值	Au	Ag	Fe	Cu	Au/Ag		
	含量(%)	90.4~95.7	4.12~9.25	0.01~0.56	~0.04	9.77~23.2		
载金矿物金含量	载金组分	毒砂	黄铁矿	臭葱石	褐铁矿	重晶石	灰白色石英	电气石
	金含量($\times10^{-6}$)	36.2~269	72~104	31.2	36.1~123	25	0.268	0.0047	~0.22
自然金及载金矿物含金比率	组分	自然金	黄铁矿	毒砂	褐铁矿	臭葱石	重晶石	泥浆	尾砂(主要石英)
	含金比率(%)	24.695	4.605	2.075	7.525	0.61	0.04	18.9551	41.51

黄铁矿 黄铁矿中金含量最高,含金$(72\sim104)\times10^{-6}$,仅次于毒砂,其氧化物略富集金,如褐铁矿含金$(36.1\sim123)\times10^{-6}$。

黄铁矿中的硫比理论值略低(湖南407队,1989),具有硫亏损的特点,化学式为$FeS_{1.88\sim1.95}$,其中普遍含有Pb、Cu、Cd、Se、Sn、Bi、Sb、Hg、Au、Ag等微量元素。Co/Ni比值为0.55,落在区域上元古界地层中黄铁矿的Co/Ni比值$0.1\sim0.93$范围内(罗献林,1984),而S/Se比值为$(2.08\sim3.67)\times10^4$,接近岩浆热液S/Se比值$(1\sim2.67)\times10^4$(崔彬,1986),这些特点反映出黄铁矿中物质来源的复杂性,同时指示成矿具有多来源的特点。

黄铁矿的含量占硫化物总量的70%~90%,粒径大部分集中在0.1~2mm之间,黄铁矿应为矿石中最重要的载金矿物。事实上,黄铁矿在矿石中的特征(含量、粒度、晶形等),在很大程度上反映了矿石中金的品位,一般矿石中黄铁矿含量高或呈粉末状,则指示矿石金品位高。其晶形以立方体最多,次为五角十二面体与立方体聚形、立方体与八面体聚形、五角十二面体单形,其他晶形少见(表4-2)。不同水平标高的黄铁矿晶形统计结果发现,由浅到深,立方体晶形呈减少趋势,立方体与五角十二面体聚形以及立方体、五角十二面体与八面体聚形都呈增加趋势。

表4-2 铲子坪金矿黄铁矿晶形统计及电子探针分析结果(%)

	晶形 中段	a	e	a+e	a+o	e+o	a+e+o	Σ总
晶形统计结果	YM864	66.07	10.97	8.67	14.03		0.26	100.00
	YM784	54.11	6.34	28.50	10.39	0.22	0.43	99.99
	YM704	10.21	21.38	47.51	11.40	0.71	8.79	100.00
	整个矿体	50.60	10.19	25.59	11.60	0.28	1.74	100.00
电子探针分析结果	Au	0.05	0.50	0.59	0.13		0.47	
	Ag	0.27	0.05	0.13	0.09		0.15	
	S/Fe	2.0278	1.9662	1.9878	2.032		2.0358	
	Au/Ag	0.185	10	4.538	0.684		3.133	

注:共统计晶形2591个,各晶形电子探针结果为3个点的平均值。a为立方体,e为五角十二面体,o为八面体,YM为探矿巷道高程。

不同晶形电子探针显示含金从高到低的顺序是:五角十二面体与立方体聚形(a+e),五角十二面体(e),五角十二面体、立方体与八面体聚形(a+e+o),立方体与八面体聚形(a+o),立方体(a)。结合上述晶形分布规律,显示出由浅到深以黄铁矿晶形指示的矿化趋势是越来越好。由此根据黄铁矿晶形可大致确定金品位的变化,指导预测。

电子探针结果还表明,金含量相对高的五角十二面体单形以及五角十二面体与立方体聚形具有硫亏损的特点,而金含量相对较低的其他晶形中硫略有富集。

黄铁矿在矿石中分布有以下几种形式:一是呈浸染状分布于围岩中,晶形完整,表面粗糙;二是分布于脉与围岩交接出或脉中围岩残余附近,晶形较好,多为细粒集合体;三是产在石英变形强烈的地段或石英重新破碎的部位。黄铁矿的压缩、重结晶、压力影结构很普遍。自然金多分布于破碎黄铁矿的孔隙、裂隙以及重结晶部位。重结晶的黄铁矿中部粗糙,边部干净,是典型的同质净边结构,反映了晚期构造热液活动促使了金的再次富集。

C 毒砂 为{101}与{120}的短柱状聚形,局部(120)晶面发育成长柱状晶形。风化矿物为臭葱石。毒砂含金在所有矿物中是最高的,一般为$(36.2\sim269)\times10^{-6}$,但它在矿石中的总量远小于黄铁矿,仅局部富集。电子探针分析显示毒砂还具有贫硫富砷的特点。

毒砂的晶体中金主要分布于边部,同时相对贫Sb、Zn,而中部含量很低,富Sb、Zn。As及As/S比值与金的分布相似,显示As更趋于在边部富集。这些特点与剪切带金矿演化早阶段金的富集特点一致(Bornnemeison et al,1990)。

毒砂的产状与黄铁矿相同,但其晶形更为完整。毒砂常交代黄铁矿,也见毒砂晶体中有不规则自然金分布。

D 石英 是矿石中最多的组分,具有多个时代,含金虽然相对较低,仅为$(0.0047\sim0.268)\times10^{-6}$,但由于石英含量高,所以矿体中相当部分的金分布于石英中。有两种不同颜色的石英,一种是乳白石英,另一种是灰色石英。在镜下,灰色石英广泛见波状消光、变形纹、动态重结晶、亚颗粒等一系列具有韧性剪切变形的现象。硫化物(包括自然金)多沿石英变形强烈或重新破碎的部位分布。含金高的硅化岩至少已是糜棱岩化了的岩石。

石英红外光谱表明具有岩浆热液石英的特征(D2/D1<0.5),并且DI值中等时,含金较高。

E 电气石 为长柱状、少数为圆锥状,晶形完整,呈金刚光泽,晶粒中不同部位颜色差异大,晶体两端为半透明,色深,为深褐色、黑褐色,中部透明,色浅,一般为无色。

电气石电子探针分析结果表明如下。

(1)晶体边部富铁,中部富镁,色素离子(Fe^{2+}、Cr^{3+}、Mn^{4+}、Ti^{4+})含量高,属含铁电气石(巴尔嗓诺夫,1965)。

(2)Fe/MgO+FeO比值0.547~0.668,产于元古界石英岩和泥质岩中的电气石(0.45~0.67)接近;而Na_2O/Na_2O+CaO为0.918~0.996,与花岗岩中电气石(0.82~0.97)接近,表明成矿过程中物质的多源特点。

(3)电气石中不同部位含金量有差异,边部富金,中间贫金,与镁含量的变化正好相反。

3. 矿化蚀变带划分及分布

矿区的三条含矿硅化蚀变带由于多次构造作用和蚀变作用,该北西向构造带在剖面上具有明显的分带性,即从中心变形强带向两侧依次出现A硅化岩带→B石英细脉带→C硅化含砾砂质板岩带(此带逐渐过渡为围岩)。各带构造特点如下。

A带:硅化岩带,该带变形程度最强,发育一组密集的片理S_2(50°∠80°),对区域片理强烈改造和置换,使早期的北东向区域性片理(S_1)不复存在。该带强烈硅化,并分为早期和晚期,主体由晚期的乳白色硅化岩组成,边部为早期产出的灰白色硅化岩。

B带:石英细脉带,该带变形程度相对减弱,北西向片理(S_2)切割S_1(298°∠66°)。北西向片理愈接近A带则愈发育。

C带:硅化含砾砂质板岩带,此带变形程度很弱,仅局部地段发育有北西向片理,硅化程度也明显减弱,并逐渐过渡为围岩——含砾砂质板岩。

4. 同位素特征

1)$\delta^{34}S$

蚀变岩中不同产状的黄铁矿具有相同的硫同位素组成,没有产状规律,分布在+0.32‰~-5.38‰的狭窄区间,毒砂、方铅矿$\delta^{34}S$较黄铁矿稍偏负值。矿石略富轻硫,$\delta^{34}S$均值-2.44‰,离差7.9‰,具有典型岩浆硫源特征。矿体围岩的$\delta^{34}S$值为6.77‰~7.96‰,平均7.16‰,离差仅1.19‰。由围岩分泌形成的顺层石英脉同围岩硫同位素组成完全一致,代表沉积岩特征。矿体围岩与矿石硫同位素组成差异很大,平均值相差9.60‰,见表4-3。

表 4-3 硫同位素组成

样号	采样位置	岩石名称、产状	矿物	$\delta^{34}S(‰)$	备注
90003	IYM784-CM7	交代石英岩	黄铁矿	0.32	C 为代号的样品由贵阳地球化学研究所测试,其他由宜昌地质矿产研究所测试
05	IYM784-CM5	交代石英岩	黄铁矿	-2.14	
06	IYM784-CM3	交代石英岩	黄铁矿	-1.24	
08	IYM784-CM3	交代石英岩	黄铁矿	-1.81	
C21	ITC44	交代石英岩、星散状黄铁矿	黄铁矿	-2.09	
C37	IPD3-11 号样处	交代石英岩、星散状黄铁矿	黄铁矿	-2.72	
C12	ITC5-5-7 号样处	交代石英岩、细脉状黄铁矿	黄铁矿	-5.38	
C33	IPD2-15 号样处	交代石英岩、细脉状黄铁矿	黄铁矿	-1.10	
C11	ITC11-11-12 号样	交代石英岩、细脉状黄铁矿	黄铁矿	-2.96	
90007	IYM784-CM3	交代石英岩中绢英岩团块、星散状	黄铁矿	-1.13	
C20	ITC45	交代石英岩中绢英岩团块、星散状	黄铁矿	-2.89	
C10	IPD3-11 号样处	交代石英岩中绢英岩团块、星散状	黄铁矿	-1.20	
90010	IYM864-CM4	绢云母化板岩、黄铁矿细脉	黄铁矿	-2.95	
09	IYM864-CM4	蚀变透镜体旁侧平行石英脉	黄铁矿	-3.11	
C18	IZK701(94m 处)	蚀变透镜体旁侧平行石英脉	黄铁矿	-4.18	
C2			黄铁矿	-0.70	
C3			黄铁矿	-0.03	
C4			黄铁矿	0.01	
C9			毒砂	-6.01	
90208	IZK3103	交代石英岩	方铅矿	-7.58	
90001	CA′剖面	条带状粉砂质板岩	黄铁矿	6.77	
02	CA′剖面	含砾砂质板岩	黄铁矿	7.96	
90204	CA′剖面	砂质板岩	黄铁矿	6.77	
90011	IYM864-CM2	含砾砂质板岩、顺层石英脉	黄铁矿	5.01	

2) δD、$\delta^{18}O$

根据 14 件氢氧同位素测试结果,用 $\Delta\delta^{18}O_{Q-H_2O}=3.38\times10^6/T^2-3.4$ (Ciator,1972) 和 $\delta^{18}O_{H_2O}=\delta^{18}O_Q-\Delta\delta^{18}O_{Q-H_2O}$ 公式,按矿床石英—黄铁矿—毒砂阶段矿物包体均一测温的平均温度 (219℃) 计算出石英包体水的 $\delta^{18}O_{H_2O}$ 为 0.79‰～7.14‰,比黄茅原杂岩 $\delta^{18}O_{H_2O}$ (9.4‰～11.2‰) 稍低。乳白、灰白色石英无 $\delta^{18}O$ 规律。用 $\Delta\delta^{18}O_{Q-H_2O}=2.78\times10^6/T^2-2.98$ (Thmpson,1976) 和 $\delta^{18}O_{H_2O}=\delta^{18}O_Q-\Delta\delta^{18}O_{Q-H_2O}$ 计算出石英—碳酸盐阶段 $\delta^{18}O_{H_2O}$ 为 -11.08‰。石英—黄铁矿—毒砂阶段成矿热液主体与岩浆水吻合,有向雨水热液体偏移特点。石英—碳酸盐阶段热液主要是大气水成分,见表 4-4。

5. 微量元素特征

根据骆学全 (1996) 的研究,矿床 15 件黄铁矿的 Co/Ni 平均值 1.17,S/Se 平均值为 7.8×10^4,矿床交代石英岩矿石的稀土配分模式与白马山二长花岗岩十分相近,而与矿脉围岩震旦系地层有较大区别,表明成矿与岩浆活动有密切的成因联系。

表 4-4 氢氧同位素组成(‰)

成矿阶段	样号	矿物	$\delta^{18}O_Q$	δD_{H_2O}	$\delta^{18}O_{H_2O}$	成矿温度	备注
石英-黄铁矿-毒砂	90038	石英	16.25	−70.1	6.81	240℃	魏道芳(1993)
	39	石英	16.35	−64.3	6.91		
	43	石英	16.58	−54.7	7.14		
	包-1		15.80	−91.2	5.35		骆学全(1996)该成矿阶段平均值
	C-1		15.07	−58.0	4.62	219℃	
	C-6		11.58	−77.0	1.13		
	C-10	灰白色石英	14.45	−56.0	4.00		
	包-2		16.34	−56.0	5.89		
	C-5		11.24	−79.0	0.79		
	C-8		14.28	−59.0	3.83		
石英-碳酸盐阶段		方解石	1.06	−45.6	11.08	150℃	骆学全(1996)

6. 成矿流体的物理化学特征

流体包裹体成分分析结果见表 4-5 和表 4-6。石英—碳酸盐阶段比前两个阶段包体少 H_2O 和 CH_4，CO_2 较稳定，富 F^-、SO_4^{2-} 和 Ca^{2+}、Mg^{2+}，介质 pH 值明显升高，变成碱性。

表 4-5 矿物包裹体气相成分

序号	样号	岩矿石名称	矿物	气相					
				H_2O	CO_2	CH_4	H_2	O_2	N_2
1	881478	交代石英岩	石英	1737	128.4	0.3	0.076	/	13.2
2	881479			693	15.5	0.18	0.053	/	1.65
3	881480			1220	14.2	0.23	0.026	/	2.7
4*	90014			730	105.4	0	0.67	0.21	12.96
5	881482			920	59.9	0.2	0.038	/	4.3
6	881483		石英(乳白)	1440	87.61	0.18	0.03	\	8.35
7	881484			1840	70.2	0.24	0.037	/	21.1
8	881481	破碎方解石脉	方解石	220	41.5	\	0.065	\	0.78
9*	90018	石英-方解石脉		318	58.37	\	1.81	\	6.95
10*	90017	侧分泌石英脉	石英	486	48.99	\	0.61	\	9.12

注：*由宜昌地质矿产研究所分析，其他由原中南工业大学分析，/为未检出项目，\为痕量项目。

表 4-6 矿物包裹体液相成分

序号	液相												
	F^-	Cl^-	SO_4^{2-}	Na^+	K^+	Ca^{2+}	Mg^{2+}	Cu	Zn	Pb	Au	Ag	pH
1	3.3	8.7	1.7	3.4	2.2	1.87	0.45	0.01	0.35	0.03	0.01	0.03	6.48
2	3.2	13.7	8.6	6.6	5.7	0.85	0.1	0.014	0.2	0.03	0.011	0.02	5.72
3	3.3	6.4	4.7	3.6	2.8	1.56	0.18	0.01	0.18	0.04	0.01	0.02	5.84
4*	\	2.02	0.67	0.67	0.15	0.31	\						
5	1.92	3.03	17.08	3.5	4.4	2.62	0.48	0.012	0.11	0.05	0.01	0.03	6.46
6	1.54	1.56	1.67	3.75	1.69	0.71	0.1	0.011	0.11	0.05	0.011	0.02	6.48
7	1.54	4.67	2.5	6.25	1.89	1.84	0.14	0.012	0.13	0.06	0.011	0.02	6.66
8	1.62	2.71	46.25	2.38	3.4	67.2	43.22	0.01	0.01	0.02	0.006	0.01	9.02
9	16.19	5.28	5.42	0.21	0.14	9.15	\						
10	\	0.19	0.7	0.14	0.09	\	\						

注：* 由宜昌地质矿产研究所分析，其他由原中南工业大学分析，\为痕量项目。

矿物包裹体测温结果见表 4-7。石英—黄铁矿—毒砂阶段的平均温度为219℃，热液活动晚期的石英—碳酸盐阶段结晶温度为150℃，较前期明显降低。

表 4-7 石英包裹体均一测温结果

样号	岩矿石名称	测试矿物	包体类型	测定个数	包体大小		温度范围（℃）	平均	气液比（%）	备注
					一般	个别				
PD3	交代石英岩	石英	液体	7	<5	10~17	168~210	189	5~10	湖南省测试中心测试
PD3				5	<3	10±	171~214	198	5~10	
PD2-2				10	<5	5~8	193~264	230	10~15	
PD2				9	<5	10~17	165~230	200	5~10	
PD3-B2				8	2~10		135~204	180	5~10	
PD3-B5				7	2~8		177~221	193	5~10	
CM2-10			气体	7	<5		183~214	202	10~15	
CM2-12				10	<5	5~10	285~376	320	30~70	
CM2-15			液体	6	3~8		230~390	305	15~20	
900184					2.2~8.2		221~230	227	15	宜昌地质矿产研究所测试
900185					4.2~12.4		173~193	185	13~15	
900188					2.2~5.2		217~244	238	15~18	
900193					4.2~10.5		180~203	197	13~15	
900195					4.2~12.4		185~244	197	15±	

根据宜昌地质矿产研究所的成矿流体研究成果(表 4-8),成矿期矿液盐度为 9.6%～11.8%,由早到晚逐渐降低。矿液密度 0.5～0.97g/cm³,由早到晚增加。液体压力为(100～130)MPa。

成矿热液为中低温,弱酸性(pH 值为 5.72～6.66),金在热液中最大可能是以[Au(HS)$_2$]⁻形式迁移。金矿物与硫化物密集共生,金品位与硫化物含量成正相关。

表 4-8 成矿流体参数

成矿阶段	盐度 W(NaCl)%	密度(g/cm³)	压力(MPa)	备注
石英-黄铁矿—毒砂	10～11.5	0.5～0.57		
硫化物—自然金	9.5～11.8	0.92～0.97	100～130	
石英—碳酸盐	8.1～9.4	0.93～0.94		

7. 成矿时代

雪峰山地区不同类型金矿的形成时代至今仍存在争议,部分研究者根据样品的铅同位素模式年龄提出金的成矿作用主要发生于武陵—雪峰期(1000～800Ma)(罗献林,1989,1991;黎盛斯,1991;张景荣,罗献林,1989);而刘继顺(1993)则认为,该区矿床(点)均赋存在前寒武纪地层中,但武陵—雪峰期成矿作用并不明显,根据铅同位素组成和矿床构造地质特征,认为本区金的成矿时代与华南地区铀矿的成矿时代相似,应主要为中—新生代,金矿化可能与中—新生代地壳拉张伸展作用所致的热水改造富集作用有关。部分研究者对雪峰山地区金矿床进行了同位素年龄测定,所获得的成矿年龄均介于 500～70Ma 之间(彭建堂等,1998,1999;史明魁等,1993;毛景文等,1997)。赵建光(2001)和孟宪刚等(1999)等对雪峰山推覆剪切带中段金矿的成矿地质背景、矿床地质特征及找矿前景进行了研究,根据矿床成因与白马山花岗岩体密切相关的地质依据,推断金成矿年龄为 250Ma;彭建堂等(1998,1999)和刘继顺(1993)根据现有年代学资料,认为雪峰山地区主要类型金矿的形成时代具有多期次的特点,但加里东期和印支期是该地区的金成矿作用两个主要成矿期。李华芹等(2008)采用 Rb-Sr 法获得铲子坪金矿含金石英脉的 Rb-Sr 等时线年龄为 205.6±9.4Ma,与矿区外围黄茅园黑云母花岗岩体的锆石 SHRIMP U-Pb 年龄 222.3±1.7Ma 接近,并据此提出铲子坪和大坪金矿的成矿作用与印支期的岩浆作用有关。

8. 成矿模式

溆浦-武阳深大断裂的长期活动,南华系、震旦系地层中以吸附形式存在的金元素在构造岩浆热能作用下活化,以金硫络合物形式借助岩浆形成的热力梯度和构造应力挤压梯度的驱动,通过 F_2 等一系列北东向区域断裂向岩体外接触带和远离岩体的低热低压低能部位迁移,当含矿溶液进入北西向断裂的负压低能空间,体系热力学平衡被破坏,流体由于降压而沸腾,CO_2、H_2S 气体逸出,水汽蒸发,导致流体浓度增加,氧逸度增加,络合物分解,金元素随石英和硫化物结晶而沉淀,形成与石英和硫化物密切共生的自然金。自然金普遍存在于硅化强烈的蚀变岩中,但富集于硫化物集中部位。容矿断裂空间越大,流入的含金热液就越多,蚀变则越强,金矿体就越大而且品位越高。

(三)鄂西银洞沟银金矿

湖北竹山银洞沟银金矿床是独立银矿床,含铅锌 0.5%,它不仅在矿种上填补了湖北省该矿种的空白,且独特的细碧石英角斑岩含矿建造在国内外也实属罕见。

1. 成矿地质背景

矿区位于秦岭造山带东段南缘,武当隆起的西部边缘,与著名的庙垭碳酸盐型铌稀土矿为同一成矿远景区。区内广泛发育新元古界武当岩群和耀岭河组地层,它们均属海相火山-碎屑沉积岩组合,即细碧石英角斑岩建造。地层均已遭受区域浅变质作用,属低温高压相系,由绿片岩相和绿帘角闪岩相组成。

区内褶皱强烈,多呈线型紧密褶曲。在武当隆起西缘呈缓 S 状褶皱束展布,其主体部位是一向南东倒转、向北西倾斜的倒转复背斜,北部(鲍峪-许家坡)呈近东西走向,中部(许家坡-吉阳以南)呈北东-南西走向,南部得胜一带又呈近东西走向。矿区及其外围的主干构造梨树坪-银洞岩背斜,以及矿区南、北大致平行的近东西走向紧密褶皱,像裙边似地褶叠在褶皱束的西缘。梨树坪-银洞岩背斜西端称油坊-银洞岩背斜,为向西倾伏,向东翘起,枢纽略有起伏的斜歪褶皱,控制着矿体的空间展布。

2. 矿床地质特征

银洞沟银金矿产于武当岩群第Ⅱ、Ⅲ火山喷发-沉积韵律组构成的油坊-银洞岩背斜西段,矿体呈脉状、陡倾斜,平行排列发育于背斜轴部及翼部短轴部的转折处,共有 4 个矿体组,由 27 个矿体组成。矿体厚度较薄,一般为 1.14～3.24m,厚度变化系数 47%～120%,矿体沿走向和倾向均有狭缩膨胀、分支复合、尖灭再现的现象。矿石品位 Ag$(117\sim508)\times10^{-6}$,Au$(0.93\sim6.88)\times10^{-6}$,品位变化系数 Ag 为 41%～176%,Au 为 46%～192%。矿石工业类型以银金矿石为主,铅锌矿石为数甚少,全部为原生矿石。银金矿石主要由辉铜银矿、螺状硫银矿、银金互化物(自然银-自然金的系列矿物),深红银矿和浅红银矿等组成。矿石中 96.9% 的银是以银独立矿物和金银互化物形式出现。

油坊-银洞岩背斜控制着矿体的空间展布,呈向西侧伏和向东翘起。矿体是受张裂隙改造的轴面劈理控制,其特点为:①矿体仅发育于轴部及近轴部的转折部位;②沿走向延伸较长,一般 400～600m,最长 900m;③倾向延深较小,一般只有 50～80m,最长 270m(图 4-18),走向与倾向之比为 8:1 左右,发育在轴部附近的矿体沿倾向延伸较长;④在平面上由东南(Ⅰ号矿体组)向西北(Ⅳ号矿体组)矿体大致平行排列,且从Ⅰ号矿体组至Ⅳ号矿体组赋存的标高依次下降。

岩性与矿化:工业矿体仅发育于强硅化、硅化变石英角斑质凝灰岩和硅化变钾长石英角斑岩中(即第Ⅲ韵律组下段),而其上覆的变泥质粉砂岩(即第Ⅱ韵律组上段)则仅在上、下段交接处局部见矿化,未形成工业矿体。这是因为成矿的"初始物质"是第Ⅲ韵律组下段,系由火山喷溢时带来,而且凝灰岩结构较疏松,孔隙度大;熔岩虽致密但性脆,它们在背斜轴部处轴面劈理发育,这些轴面劈理被随之产生的张裂隙改造,成为成矿热流体的循环通道和容矿空间。成矿热流体在不断萃取围岩的成矿"初始物质"后晶出成矿。因此,强硅化、硅化变石英角斑质凝灰岩是矿体的主要赋矿围岩,硅化钾长石英角碧岩是矿体的次要赋矿围岩。上覆的页岩、泥质粉砂岩等结构致密,在构造作用下以塑性变形为主,劈理虽密集,但短而紧闭,渗透性差,在成矿过程中起到遮挡层的作用。

蚀变与矿化:围岩蚀变强烈,与矿化密切相关的蚀变为硅化,次为黄铁矿化、铁白云石化、绢云母化和绿泥石化,蚀变范围呈面状分布。硅化蚀变有三种型式:①火山岩中的长石被石英交代,强烈地段已形成无长石或含微量长石(<0.5%)的绢云片岩、豆荚状石英岩或石英片岩;②原岩中的石英发生重结晶变为糖粒状石英,与交代长石的石英组成边界不明显的大小石英团块,该现象通常发生于含矿石英脉旁,这种石英团块有别于非蚀变作用形成的所谓无根褶曲的石英;③含矿糖粒状石英细脉、微脉穿插于含矿围岩中,与含矿石英大脉组成网状石英脉。第①种蚀变型式构成强硅化的硅化带,第②、③种型式在第①种范围内构成矿体边缘的贫矿或强烈矿化地段,矿体赋存在硅化带中;强硅化往往是矿体上部银矿石的围岩,铅锌矿石的围岩则多为硅化的钾长石英角斑岩。黄铁矿化在矿区第Ⅲ韵律组下段酸性火山岩中广泛发育,与硅化重叠且范围稍有扩大。蚀变带中黄铁矿含量 1%～2%,视蚀变强弱稍有变化。黄铁矿多呈浸染状,近矿体处则呈细脉状。黄铁矿是银等元素原生晕的主要载体矿物,其地球化学行为表现为:①在不同岩(矿)石的微量元素含量差别明显;②越接近矿体微量元素含量越高,反之越低;③微量元素含量随标高呈有规律的变化,可作为矿体剥蚀程度的指标。矿石和蚀变带中的黄铁矿带呈立方体、菱形十二面体、八面体聚形,晶体浑圆,从而区别于非蚀变带的巨晶或细晶立方体。

3. 成矿机理与成矿模式

成矿物质在火山喷发沉积阶段有了初步富集,经后期多种地质作用多次叠加后形成矿体。

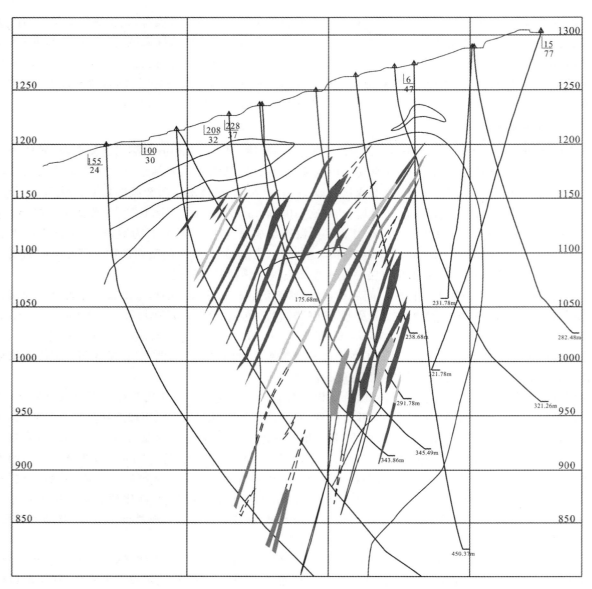

图 4-18 银洞沟银金矿床 21 号勘探线矿体分布特征

武陵构造时期，本区处于陆缘弧环境，大规模的多次火山活动，形成富钠熔岩和碎屑岩，组成石英角斑岩建造，而间隙期间以泥砂质沉积为主，局部为碳酸盐岩沉积。强烈的火山作用带来丰富的成矿物质，在接近火山口附近，成矿物质富集形成矿源层。

雪峰构造期，本区也经历了强烈的火山活动，有基性岩浆喷发和侵入，组成细碧角斑岩建造，并导致前期地层产生层间片理。

加里东—海西构造期发生了区内最强烈的构造运动，使地层发生强烈的褶皱和断裂，并伴随有大量岩浆活动，形成许多浅成—超浅成酸性侵入体。岩浆活动带来岩浆水与地层水共同组成热流体，因其高 SiO_2 成分，与围岩发生交代作用后形成强烈硅化蚀变，同时萃取火山喷发带来的成矿初始物质，成为含矿热流体，硅化越强，萃取成矿物质越多。含矿流体中的硫与围岩和热液中的铁结合产生黄铁矿化，银、金、铁则以易分解的含硫或 H_2S 络离子相结合，致使硅化带含矿。

在南北向强烈挤压作用下，背斜褶皱出现东西向轴面劈理，为矿液沉淀提供了良好的条件，而其上部的泥沙质沉积物因透水性差，成为矿液运移的遮挡层。含矿热流体沿着裂隙及片理上升运移，因物理化学条件改变,形成以黄铁矿、闪锌矿、方铅矿和黄铜矿为主的矿物共生组合,Ag 与硫结合形成硫铜银矿和螺状硫银矿等;因成矿流体温度下降较慢,形成了粒度较均匀的糖粒状石英、块状铅锌矿和尘雾状、带状银矿石,形成本区早期铅锌矿化,即深部延伸不大的透镜状铅锌矿体。

含矿热液中铅锌的大量晶出,使得银金进一步富集,并和岩浆中的挥发组分一起上升到浅部,在运移过程中因温度和压力降低、氧逸度升高和 pH 值变化,在有利的地段发生银金大量折出而形成矿体。矿体中以自然银、金银矿、辉铜银矿、螺状硫银矿等为主,含少量黄铁矿,由于成矿期间温度较稳定,形成了粗粒石英,银矿化则以星散状或淡尘雾状为主,当银矿化叠加于早期形成的铅锌矿体时,形成铅锌银矿石,并在局部出现绢云母、绿泥石、金云母和重晶石化。

(四)鄂西佘家院银金矿

1. 成矿地质背景

矿区位于南秦岭造山带武当复背斜西北部倾伏端,出露地层为南华系耀岭河组和下震旦统陡山沱组,以后者为主。下震旦统陡山沱组自下而上分为变砂岩段、变粉砂质泥岩夹火山岩段和变含炭灰岩段三部分。矿化赋存于变粉砂质泥岩夹火山岩段。该段可进一步分为下部灰色绢云石英片岩、中部为变长石石英砂岩夹变中酸性火山岩、变基性火山岩,上部为灰绿色绿泥石英片岩等,矿化与中部变长石石英砂岩有关。

矿区构造复杂,主体构造为一复式向斜构造,出露宽 800 余米,由 5 个次级背向斜构成。矿区岩浆岩主要为火山岩,形成于南华纪和早震旦世,矿区及其外围未见侵入岩。成矿作用可能与早震旦世的岩浆活动有关,地层普遍达绿片岩相变质。此外,构造变质作用与成矿作用也有密切关系。

矿区内岩浆活动主要为火山喷发活动。南华系耀岭河组为一套海底喷发的细碧-角斑岩建造,由多个韵律组成,每个韵律多由细碧岩和角斑质火山碎屑岩组成。

2. 矿床地质特征

佘家院银金矿床位于佘家院向斜,为北西向延伸,与构造线方向一致,地表主要分布于 3 线以南,20 线以北,东西宽约 400m,南北长约 500m。矿体在 0—8 线厚度大、品位富,但向两侧变贫变薄。

该矿床是以银为主伴(共)生金的综合矿床。通过对矿区主要含矿蚀变带的追索和系统的地表工程揭露及钻探控制和坑探验证,在长 1120m 范围内依据一定的勘探网度圈定 7 个矿体组、16 个矿体,$Ⅳ_1$、$Ⅲ_1$ 两个矿体为主矿体。主矿体品位稳定,局部厚度膨大,矿体受滑脱构造控制,围岩蚀变强烈,矿体产状与岩层产状一致。

矿区矿体累计厚度 19.45m,平均厚 2.16m,单个矿体厚度范围 0.39~4.2m。矿体沿走向有狭缩、膨胀、尖灭和再现现象,膨大部位最厚达 6.86m。厚度变化系数为 43.6%,属较稳定型。

矿体有两种类型:一种是断层裂隙控制的矿体,如 $Ⅰ_1$、$Ⅰ_2$、$Ⅰ_3$ 三个矿体;另一种是受滑脱构造控制的矿体,如 $Ⅱ_1$、$Ⅱ_2$、V_2、$Ⅶ$、$Ⅱ_1$、$Ⅲ_1$、$Ⅲ_2$、$Ⅲ_3$、$Ⅳ_1$、$Ⅳ_2$、$Ⅳ_3$、V_1、$Ⅵ_1$ 十三个矿体。

受断层裂隙控制的矿体呈脉状,以含银金矿的石英脉为主,分布于蚀变带旁侧或蚀变带中。规模较小。受滑脱构造控制的矿体,矿体赋存滑脱构造中的蚀变带,呈层状、似层状,在空间上呈现褶皱形态,产状与围岩产状一致(图 4-19)。

各矿体特征列表 4-9,各主要矿体特征简要描述如下。

$Ⅳ_1$ 矿体:是矿区最大一个矿体。位于矿区中部 0—16 线之间,分布标高 373~526m,由 8 个工程控制,地表延伸约 460m,呈北西向展布。矿体严格受滑脱构造带控制,矿体形态呈层状、似层状。围岩蚀变强烈。矿体平均厚度 10.04m,局部厚度大于 31m;矿体平均品位 Ag $127.2×10^{-6}$,Au $0.15×10^{-6}$,个别样品最高品位 Ag $527.0×10^{-6}$。矿体赋存围岩绢云石英岩。矿化类型为蚀变岩型,Ag、Au 品位变化系数分别为 0.358 和 0.73,Ag、Au 含量成正相关关系。Ag、Au 平均比值为 292∶1。围岩蚀变明显,主要有硅化、绢(白)云母化、黑云母化、黄铁矿化、碳酸盐化等。

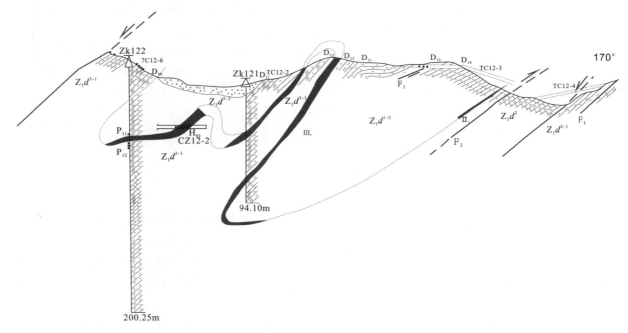

图 4-19 佘家银院金矿床剖面图

表 4-9 佘家院矿区矿体特征一览表

矿体编号	矿体长度(m)	平均厚度(m)	平均品位($\times 10^{-6}$) Ag	平均品位($\times 10^{-6}$) Au	单样银最高品位($\times 10^{-6}$)	矿体产状 倾向	矿体产状 倾角	矿体标高(m)
I_1、I_2、I_3	30	1.98	264.2	1.67	754.0	228°～272°	45°～49°	404～438
II_1	180	1.70	58.2	0.04	73.2	230°～235°	42°～65°	409～481
III_1	360	3.28	130.66	0.34	3010.1	27°～28° 220°～280°	40°～75° 42°～63°	408～510
III_2	>320	3.80	86.9	0.24	491.5	265°	22°	515～638
IV_1	460	10.01	127.2	0.15	527.0	220°～280°	42°～63°	373～526
IV_2	150	7.54	146.3	0.17	450.0	250°	30°	368～454
IV_3	100	2.91	90.2	0.34	153.0	260°	46°	459～478
V_1	200	2.62	191.8	0.55	931.0	240°～264°	38°～63°	423～490
VI_1	60	3.30	216.7	0.02	525.0	235°	32°	440～490
VI_2	140	4.40	208.1	1.27	896.0	235°～290°	34°～49°	438～504
VII	150	4.40	219.2	0.49	715.0	245°	55°	425～460

主要矿物成分为钠长石(45%)、石英(40%)、绢云母(12%)等。矿物粒径 0.03～0.20mm。

III_1 矿体：分布标高 408～510m，由 8 个工程控制，地表延伸 360m，呈北西向展布，矿体严格受滑脱构造控制。矿体呈似层状产出，矿体平均厚度 2.8m，厚度最大处 14m。矿体平均品位 Ag 130.66×10^{-6}、Au 0.34×10^{-6}，单样最高品位 Ag 3010×10^{-6}。矿体主要产于绢云石英片岩中。矿体围岩蚀变强烈，矿化类型属蚀变岩型。

3. 矿石类型及矿石物质成分

1) 矿石类型

矿石工业类型按组分以银矿石为主,银金矿石次之,金银矿石和金矿石少量。自然类型按矿石结构、构造可分为浸染状矿石和脉状矿石。按矿石矿物组合可分为绢云母片岩型和绢云石英片岩型。

2) 矿石结构、构造

(1) 矿石结构。自形、半自形粒状结构:黄铁矿呈立方体,自形晶或半自形粒状,钛铁矿呈六边板状,自形晶或半自形粒状,白铁矿,黄铁矿呈半自形粒状。

显微包晶结构:较大黄铁矿中包含有细小的($\leqslant 0.002 \sim 0.015$mm)黄铜矿、磁黄铁矿、硒银矿。

他形粒状结构:硒银矿螺状硫银矿呈不规则他形粒状;自然银、自然金呈树枝状、弯钩状、黄铜矿,磁黄铁矿呈他形粒状。

交代残余结构:黄铁矿边缘及内部裂隙被褐铁矿取代,内部残余黄铁矿;黄铜矿边缘氧化成铜蓝和褐铁矿。

压碎结构:钛铁矿、黄铁矿呈碎屑状;含矿岩石被压碎呈棱角状、次棱角状,碎屑间充填石英、绢云母、褐铁矿等。

(2) 矿石构造。浸染状构造:硒银矿、自然银、自然金、黄铁矿、黄铜矿,磁黄铁矿呈粒状、星散状产于绢云石英片岩中。

脉状构造:石英、黄铁矿、褐铁矿沿矿石裂隙充填呈脉状。石英脉宽 $0.1\sim 20$mm,黄铁矿脉宽 $0.001\sim 0.005$mm,褐铁矿脉宽 $0.02\sim 0.2$mm,少数褐铁矿呈网脉状。

条带状构造:硒银矿与炭质相间分布于绢云母片岩之间呈条带状。

胶状构造:褐铁矿沿洞穴沉淀呈胶状或皮壳状。

角砾状构造:由矿石碎裂形成角砾粒径大于 2mm,砾间充填石英、绢云母、褐铁矿等。

3) 矿石成分及主要矿物特征

(1) 矿石化学成分,矿石中银金多元素含量见表 4-10。

表 4-10 佘家院矿区矿石化学成分表

成分	SiO_2	Al_2O_3	Fe_2O_3	FeO	MgO	CaO	Na_2O
含量(%)	58.61	14.71	9.07	1.63	2.50	0.32	0.35
成分	K_2O	MnO	TiO_2	P_2O_5	CO_2	H_2O	S
含量(%)	5.74	0.03	1.90	0.18	0.03	4.10	0.58
成分	Au	Ag	Cu	As	Pb	Zn	Sb
含量($\times 10^{-6}$)	1.83	384	225	229	77.5	88.3	54.4

矿石化学成分以 SiO_2、Al_2O_3、Fe_2O_3 为主,MgO、TiO_2 含量次之,其他少量。矿石中 Ag 含量高,伴生 Au 可供综合利用,Cu、Pb、Zn 含量低。S 含量低属低硫矿石。

(2) 矿石矿物成分及主要矿物特征。矿石中矿物成分有 34 种(表 4-11),有用矿物以硒银矿、自然银为主,螺状硫银矿次之,自然金微量;其他金属矿物主要有褐铁矿、钛铁矿和黄铁矿;脉石矿物主要有石英、绢云母。

表 4-11 佘家院银金矿区矿石矿物成分表

矿物	主要	次要	微量
银金矿物	硒银矿、自然银	螺状硫银矿	自然金
金属矿物	褐铁矿、钛铁矿、黄铁矿	金红石、赤铁矿、黄铜矿、磁铁矿	锐钛矿、板钛矿、铜蓝、白钛矿、磁黄铁矿、斑铜矿、方铅矿
脉石矿物	石英、绢云母	钠长石、绿泥石、白云石、炭质	黑云母、白云母、白钛石、石榴子石、黄铁钾钒、锆石、磷灰石、电气石、绿帘石、楣石

黄铁矿形成于成岩-成矿期和变质热液期，呈不规则的粒状或立方体状。早期黄铁矿粒度较粗（$d=0.1\sim 2\text{mm}$），含于石英中，可见黄铁矿中包含黄铜矿、磁黄铁矿、硒银矿等，晚期黄铁矿粒度较细（$d=0.005\sim 0.05\text{mm}$），与白铁矿共生。黄铁矿是区内银、金的主要载体矿物之一。

褐铁矿形成于氧化带中的表生矿物，呈致密块状、胶状、浸染状，粒径 $0.02\sim 0.4\text{mm}$，常分布于黄铁矿边缘，或沿矿石裂隙充填，呈脉状或网脉状，褐铁矿也是银的主要载体。

钛铁矿是最主要的金属矿物之一，形成于成岩-成矿期，晶形为自形、半自形六方板状。颗粒大小一般为 $0.4\text{mm}\times 0.25\text{mm}$，少数为 $0.01\text{mm}\times 0.05\text{mm}$，部分钛铁矿具碎裂现象。

4) 银金赋存状态及银金矿物

矿石中银、金在矿物中的含量及其分布见表 4-12。

表 4-12 佘家院银金矿区矿石中主要矿物含银金分布简表

矿物名称	硒银矿螺状硫银矿	自然银	黄铁矿	褐铁矿钛铁矿	绢云母绿泥石	石英	自然金
矿物含量（%）	0.038	0.0013	0.82	7.51	53.7	36.9	
银的含量（$\times 10^{-6}$）	704 570	991 070	1023	872	94.4	3.5	
每吨矿石银的金属量（$\times 10^{-6}$）	267.74	12.884	8.389	63.656	50.693	1.292	
银的分布（%）	66.17	3.18	2.07	15.73	12.53	0.32	
金的含量（$\times 10^{-6}$）			3.27	4.44		0.0055	99.322%

从表 4-12 中可以看出，银主要以硒银矿、螺状硫银矿、自然银等独立矿物形式存在，占 69.35%，其次以显微包体赋存于黄铁矿（褐铁矿）中，占 17.8%，银在其他脉石矿物中亦有少量分布，占 12.85%；金绝大多数以自然金形式存在，占 99.32%，分散在黄铁矿、褐铁矿中者占微量。

自然银系主要含银矿物之一，银含量达 99% 以上，形状为不规则粒状、树枝状或牛角状，粒径 $0.3\sim 0.30\text{mm}$。

硒银矿亦是主要含银矿物，银的含量达 70%，形状为不规格的粒状，粒径变化在 $0.001\sim 0.3\text{mm}$ 之间，主要为 $0.074\sim 0.2\text{mm}$。其嵌连形式以粒间型为主（62%），主要嵌于褐铁矿或钛铁矿边缘，金红石之间。其次为包裹型（38%），常被石英、褐铁矿包裹，少数嵌于钛铁矿、黄铁矿内。硒银矿主要与石英（32%），绢云母和炭质（30%）、褐铁矿（25%）等矿物连生。

螺状硫银矿与硒银矿外表特征极为相似，形状为不规则粒状、块状、树枝状，粒径以 $0.074\sim 0.2\text{mm}$ 为主。

自然金，金的含量在 99% 以上，形状为圆粒状、薄板状、弯钩状，粒径为 $0.072\sim 0.174\text{mm}$。

4. 围岩蚀变与成矿关系

矿床围岩蚀变强烈，分布广泛。蚀变类型主要有硅化、绢云母化、绿泥石化、黄铁矿化、铁白云石化、黑云母化等，其中硅化、绢云母化、黄铁矿化与银金矿化关系密切。矿区以似层状矿化为主，矿体与蚀变带同产于顺层剪切带中，矿体与蚀变带没有明显的界线，矿体及蚀变带与围岩产状一致。

硅化：有两种形式，一种为细粒—微细粒及不规则石英集合体，主要表现为变石英砂岩或变泥质粉砂岩，由于硅化交代作用和部分重结晶作用，形成含细小粒状石英集合体或宽度小于1mm的细小石英脉，使围岩石英含量增高；另一种为硅化石英呈他形粒状，糖粒状分布于石英片岩中，相对聚集呈条带状，部分呈脉状穿插于围岩中，脉宽0.1～2mm。石英颗粒0.1～4mm，石英晶体中包裹有黄铁矿、黄铜矿、硒银矿及白云石等矿物。硅化石英粒间常分布有硒银矿，形成浸染状矿石。

绢云母化：与硅化关系密切。绢云母呈显微鳞片状，粒径一般为0.01～0.05mm，产于石英脉内及其旁侧岩石中，粒径可达0.1～0.5mm。绢云母鳞片间常有金红石及硒银矿嵌布。

黄铁矿化：主要表现形式为细粒浸染状，晶形完好，粒径一般为2～3mm或更小。在矿区范围内广泛发育。地表风化后黄铁矿成为褐铁矿，褐铁矿呈黄铁矿假象分布于黄铁矿边缘裂隙中，在褐铁矿中或其间伴有硒银矿，可能是含银矿物的黄铁矿风化残余物。一般黄铁矿化和铁白云石化强烈地段矿化也较好。

铁白云石化：铁白云石呈菱面体晶形，晶形完好，多集中在矿体附近分布，聚集成条带，具矿化指示意义。

5. 矿床地球化学特征

1）矿区微量元素特征

根据0线剖面原生晕部分样品结果分析，不同程度的发育Au、Ag、Pb、Cu、As、Hg异常。它们与成矿作用关系密切，其背景值与地壳克拉克值对比见表4-13。

表4-13 与成矿有关的微量元素背景值

元素	Au	Ag	Pb	Cu	As	Hg
矿区平均值	2.1	0.29	10.69	31.12	5.21	0.009
地壳平均值(Taylor,1964)	4	0.07	12.5	55	1.8	0.08

可见区内Ag含量明显高于地壳丰度，Au、Hg则低于地壳丰度，表明矿区具备形成银矿床的物质条件。

2）含矿岩系微量元素特征

含矿岩系及矿体的微量元素含量明显高于全区背景含量（表4-14），呈明显的富集现象。

3）同位素地球化学特征

(1)硫同位素特征，目前测定黄铁矿单矿物硫同位素δ^{34}S值为：地层中黄铁矿（佘家院矿区外围）δ^{34}S为13.33‰～15.31‰，矿区蚀变和矿体黄铁矿δ^{34}S为16.62‰～26.21‰。矿体、蚀变带中黄铁矿与围岩中黄铁矿δ^{34}S值相似，与海水硫同位素（20‰）一致。表明含矿热液硫源可能主要来自地层。

(2)选择Ⅱ号矿体中蚀变的黑云母（样号D92-1）作K-Ar年龄分析，经宜昌地质矿产研究所同位素室测定，其有关实验参数为：$K/10^{-2}=7.308$，$^{40}Ar/10^{-6}=0.1275$，$^{40}Ar/^{40}K=0.01462$，得出黑云母的形成年龄为236Ma。由此可见，佘家院矿床成矿作用发生于印支期。

表 4-14 含矿岩系及矿体微量元素特征表

元素	Au	Ag	Pb	Cu	Zn	As	Sb	Hg	V	Mo
含矿岩系 （上盘）	1	0.74	4.6	10.8	43.4	2.12	0.05	0.002	0.2	0.3
	0.3	0.13	4	20.3	60.4	1.16	0.09	0.004	0.2	0.3
	3.2	0.12	5.1	25.7	83	3.37	0.16	0.004	0.5	0.5
	6.3	2.38	7.8	44.6	122	25.91	10.7	0.018	1.8	2.7
矿体	154.9	>5	100	85.1	118	2.06	0.91	0.013	0.5	2.5
	269.2	>5	102	66.2	91.5	3.32	0.84	0.016	0.2	0.2
	91.2	>5	4.7	27	78.3	2.33	0.66	0.003	0.8	0.4
	46.8	>5	20	322	126	1.56	0.38	0.005	0.2	0.6
含矿岩系 （下盘）	0.7	1.02	4.5	51.4	85.8	1.76	0.21	0.008	0.1	0.4
	0.8	3.8	8.3	7.4	35.8	2.58	0.2	0.001	0.1	0.2

注：Au 量级为 $\times 10^{-9}$，其余元素为 $\times 10^{-6}$。

6. 矿床成因讨论及找矿标志

1) 成矿阶段划分

佘家院银金矿床根据矿物组合和生成顺序，成矿可分为 3 个阶段。

第一阶段为成岩-成矿期：为 Ag、Au、Se、S 等元素初期富集，与泥质、砂质等沉积物经成岩作用形成粉砂岩、泥质粉砂泥岩等。矿物组合为石英、绢云母、钛铁矿、黄铁矿、黄铜矿、磁铁矿及少量银金矿物。

第二阶段为变质热液期：含矿层经区域变质作用及构造作用，形成绢云石英片岩、片状石英岩、钠长变粒岩等变质岩，同时含矿热液沿顺层剪切带及构造裂隙交代沉淀，使 SiO_2、Ag、Au、Se、S 等元素进一步富集形成石英、绢云母、黄铁矿、硒银矿、螺状硫银矿、自然银、自然金、黄铜矿等矿物共生组合。此阶段是银金最主要的成矿阶段。

第三阶段氧化表生阶段：经风化淋漓作用黄铁矿、黄铜矿等原生硫化物被氧化分解，形成褐铁矿、赤铁矿、铜蓝、黄铁钾钒等次生矿物组合。

2) 控矿因素

(1) 佘家院银金矿床中各矿体的展布均严格受震旦系陡山沱组中段钠长变粒岩控制，产状与围岩产状一致，具明显的层控性。

(2) 矿体受早期顺层剪切带控制和北北西向的褶皱叠加构造控制，叠加构造不仅使矿体厚度加大，而且品位增富。

(3) 热液蚀变与矿化关系密切，围岩蚀变强烈且明显，矿体产于蚀变带中，与蚀变岩没有明显界线，矿体及蚀变带与围岩产状一致，与银金矿化关系密切的围岩蚀变类型主要是硅化、绢云母化、黄铁矿化。

3) 矿床成因讨论

依据现有资料该矿床成因类型属层控变质热液型。

(1) 成矿物质来源于中——上地壳，主要来源上覆盖层，寒武系下统是此区银金多元素高背景区，寒武系地层铅同位素组成与矿石铅同位素组成相似；含矿与不含矿岩石同位素组成差别不大，符合单阶段演化正常铅的特点。

(2) 控矿和赋矿构造为层间顺层滑脱剪切带，该构造属造山前期构造，是中——深层次的韧性剪切，岩石发生糜棱岩化（强变形砂质灰岩中出现揉流褶皱、鞘褶皱和拉伸线理），围岩发生变形变质和成矿物质沿剪切带富集。

（3）佘家院银金矿成矿年龄为236Ma，与该区造山运动构造期相近似（该区造山期年龄为234～200Ma）。造山期使区内岩层强烈褶皱，并产生晚期逆冲推覆断层，致使含矿构造也随之发生变形改造。可能是逆冲推覆事件，提供了热液动力，活化成矿物质再次富集，有部分成矿物充填后期构造裂隙形成脉状矿体。

三、区域成矿规律

（一）主要成因类型及赋矿层位

按陈毓川等（2001）金矿分类方案，区内岩金矿床成因类型主要为与岩浆岩有关的金矿床（Ⅱ）和产于沉积建造中的金矿床（Ⅲ）两大类（表4-15），尤以侵入岩体内和接触带型金矿床（Ⅱ$_3$）、远接触带型金矿床（Ⅱ$_4$）、岩体内外变形带热液金矿床-构造破碎带蚀变岩型金矿床（Ⅱ$_5$）及变质碎屑岩中脉型金矿床（Ⅲ$_2$）居多。这些矿床主要赋存于南华系耀岭河组和武当岩群（武当隆起）、冷家溪群和板溪群（雪峰隆起）及古元古代表壳岩系（黄陵穹隆），前寒武纪及中生代花岗岩类内外接触带部位次之，个别产于古生界（雪峰隆起于湘中凹陷过渡部位）。

表4-15 湘西-鄂西成矿带主要岩金矿床特征一览表

序号	矿床名称	赋矿地层或岩体	成因类型	规模	成矿时代*
1	湖北宜昌市巴山金矿	元古宇水月寺群	Ⅱ$_4$	小型	晋宁期
2	湖北宜昌市白竹坪金矿	元古宇水月寺群	Ⅱ$_4$	小型	晋宁期
3	湖北宜昌市板仓河金矿	花岗闪长岩内外接触带	Ⅱ$_3$	小型	782±27Ma[1]
4	湖北宜昌市黑岩子金矿	花岗闪长岩内外接触带	Ⅱ$_3$	小型	晋宁期
5	湖北宜昌市青滕垭金矿	元古宇水月寺群	Ⅱ$_4$	小型	晋宁期
6	湖北宜昌市石板溪金矿	石英闪长岩体内外接触带	Ⅱ$_3$	小型	晋宁期
7	湖北郧西县白岩沟金矿	元古宇耀岭河群	Ⅲ$_2$	中型	印支—燕山期
8	湖北郧县许家坡金银矿	元古宇武当岩群	Ⅲ$_2$	中型	印支—燕山期
9	湖北竹山县银洞沟银金矿	元古宇武当岩群	Ⅱ$_5$	大型	燕山期
10	湖北秭归县过河口金矿	元古宇石英闪长岩	Ⅱ$_3$	小型	晋宁期
11	湖北秭归县纪家嘴金矿	石英闪长岩体内外接触带	Ⅱ$_3$	小型	晋宁期
12	湖北秭归县茅坪金矿	石英闪长岩体内外接触带	Ⅱ$_3$	小型	晋宁期
13	湖南安化县符竹溪金锑矿	花岗斑岩内外接触带	Ⅱ$_2$	小型	140—65Ma[2]
14	湖南常德市沧浪坪金矿	元古宇板溪群	Ⅲ$_2$	中型	印支—燕山期
15	湖南常德市黄土店金矿	元古宇板溪群	Ⅱ$_5$	小型	加里东期
16	湖南洪江市铲子坪金矿	白马山岩体外接触带	Ⅱ$_5$	中型	205.6±9.4Ma[3]
17	湖南洪江市大坪金矿	黄茅园岩体外接触带	Ⅱ$_5$	大型	204.8±6.3Ma[4]
18	湖南会同县洞头金矿	元古宇板溪群	Ⅱ$_4$	小型	燕山期
19	湖南会同县老火烩金矿	元古宇板溪群	Ⅱ$_4$	小型	燕山期
20	湖南会同县漠滨金矿	元古宇板溪群	Ⅱ$_5$	大型	燕山期

续表 4-15

序号	矿床名称	赋矿地层或岩体	成因类型	规模	成矿时代*
21	湖南会同县淘金冲金矿	元古宇板溪群	III$_2$	小型	印支—燕山期
22	湖南会同县桐木田金矿	元古宇板溪群	II$_4$	小型	燕山期
23	湖南会同县小水山金矿	元古宇板溪群	II$_4$	小型	燕山期
24	湖南靖州县罗养金锑矿	元古宇板溪群	II$_4$	小型	燕山期
25	湖南隆回县白竹坪金矿	元古宇—震旦系	III$_2$	小型	印支—燕山期
26	湖南隆回县金山金矿	元古宇板溪群	II$_3$	小型	燕山期
27	湖南桃江县合心桥金矿	元古宇板溪群	III$_2$	小型	印支—燕山期
28	湖南桃江县西冲锑金矿	元古宇冷家溪群—板溪群	III$_2$	小型	印支—燕山期
29	湖南桃源县冷家溪金矿	元古宇冷家溪群	III$_2$	中型	印支—燕山期
30	湖南桃源县蓼叶溪金矿	元古宇板溪群	II$_4$	小型	燕山期
31	湖南桃源县木石溪金矿	元古宇板溪群	II$_4$	小型	燕山期
32	湖南桃源县沃溪金锑钨矿	元古宇板溪群	II$_5$	大型	144.8±11.7Ma⑤
33	湖南新化县古台山金矿	震旦系江口组	II$_5$	中型	燕山期
34	湖南新化县青京寨金矿	元古宇板溪群	II$_5$	中型	燕山期
35	湖南新晃县米贝金矿	元古宇板溪群	III$_2$	小型	印支—燕山期
36	湖南新邵大新金锑矿	元古宇板溪群	II$_5$	大型	燕山期
37	湖南新邵县高家坳金矿	泥盆系半山组	III$_1$	小型	印支—燕山期
38	湖南新邵县龙山金锑矿	震旦系江口组	II$_4$	中型	175±27Ma⑥
39	湖南溆浦县江溪垅金锑矿	元古宇板溪群	II$_5$	中型	燕山期
40	湖南溆浦县龙王江金矿	元古宇板溪群	II$_4$	小型	燕山期
41	湖南溆浦县泥潭冲金矿	元古宇板溪群	II$_5$	小型	燕山期
42	湖南益阳市邓石桥(南郊)金矿	元古宇冷家溪群	II$_1$	中型	晋宁期(?)
43	湖南沅陵县杜家坪金矿	元古宇板溪群	III$_2$	中型	印支—燕山期
44	湖南沅陵县官庄金矿	元古宇板溪群	III$_2$	小型	印支—燕山期
45	湖南沅陵县海沙坪金矿	元古宇冷家溪群—板溪群	III$_2$	中型	印支—燕山期
46	湖南沅陵县合红坪金矿	元古宇板溪群	III$_2$	小型	印支—燕山期
47	湖南沅陵县沈家垭金矿	元古宇板溪群	III$_2$	大型	90.6±3.2Ma⑦
48	湖南沅陵县唐浒坪金矿	元古宇板溪群	III$_2$	大型	印支—燕山期
49	湖南沅陵县鱼儿山金矿	元古宇板溪群	II$_4$	中型	燕山期

注：*①含金石英脉流体包裹体等时线年龄，见李福喜，马大铨等的《黄陵花岗岩基侵入期次、时代及成因研究》(1992)科研报告；②据姚振凯，朱蓉斌(1995)，③、④含金石英脉石英 Rb-Sr 等时线年龄(李华芹等，2008)；⑤、⑥含金石英脉流体包裹体 Rb-Sr 等时线年龄，见史明魁等的《湘中锑矿找矿方向的研究》(1993)科研报告；⑦含金石英脉石英 Rb-Sr等时线年龄(陈富文等，2008)。

(二)时空分布规律及成矿期次划分

在空间上,区内岩金矿床集中分布于武当地块、黄陵穹隆核部和雪峰隆起(江南古陆西段)等前寒武纪变质岩系出露区。成矿作用主要发生于晋宁期、加里东期、印支—燕山期。晋宁期成矿作用主要发生在黄陵穹隆核部,与同期花岗闪长岩和石英闪长岩的侵位有关,往往矿床规模较小,但品位较高;加里东期成矿作用见于雪峰地块与湘中凹陷交接部位;印支—燕山期成矿作用主要与扬子板块和华北板块的拼贴或盆-山转换事件有关,见于陆块(地块)边缘,常表现为矿化叠加富集;而燕山期与同期花岗岩类的侵位有关,主要见于白马山复式岩基周围,多表现为金锑工业富集或矿化叠加富集。

(三)区域成矿作用及主要特点

区内金矿受新元古代沉积、区域构造和岩浆作用等多因素控制,并表现为多期多阶段矿化的特点。①绝大多数矿床赋存于新元古界耀岭河组、武当岩群、冷家溪群和板溪群中—浅变质岩系中,赋矿地层成矿元素含量普遍高于其他地层数倍至数十倍,是主要矿源层,在金矿床的形成过程中起到了关键作用。②矿床常集中分布于隆起区(武当隆起、雪峰隆起、黄陵穹隆)或区域性近东西向、北东向大断裂旁侧。总体上,区域性断裂、褶皱构造及两者复合部位控制着金矿床的空间分布,次级断裂和褶皱直接控制着金矿体的形态、产状和规模。③在花岗岩类岩体或岩脉的内外接触带常见金矿成群分布。岩浆侵入活动是金矿化-叠加改造的重要因素,不仅提供了部分成矿物质和成矿流体,而且提供热源或热驱动力,有利于矿化元素的活化和迁移,在一定条件下富集成矿或对早期矿体进行叠加改造。此外,岩浆活动还是成矿空间的间接提供者,岩体本身的冷缩裂隙以及外接触带构造变形地段可成为金矿床形成的最有利空间。④区内岩金矿床的形成,历经长期多阶段成矿演化,既具多阶段多来源多成因复合叠加的成矿特点,又有主阶段主来源主成因成矿的特色。一般来说,单一成矿作用形成的矿床规模较小,品位较低;多期多阶段成矿作用形成的矿床规模较大,品位较高。中生代构造-岩浆作用和大型脆-韧性构造变形(逆冲-推覆,韧性剪切)与矿化-叠加改造有密切时空的联系。

(四)鄂西地区银金矿成矿规律

鄂西地区金矿集中分布于武当隆起和黄陵隆起两个地区。在武当隆起矿集区有中型矿床1处,小型矿床10处,矿点12处,矿化点9处。以银洞沟式银金矿为代表,矿床成因主要为热液型、海相火山岩型和砂矿型,其次为构造破碎带蚀变岩型和沉积变质型,区内探明金资源量24.65t。在黄陵隆起矿集区有小型矿床28处,矿点18处,矿化点4处,以拐子沟式金矿为代表。矿床成因以构造破碎带蚀变岩型、热液型为主,区内探明金资源量6.92t。

金的地球化学异常主要分布于黄陵背斜周缘,如水月寺-雾都河异常区,位于黄陵背斜北段,面积约 $1000\ km^2$,出露下元古界水月寺群,有新元古代花岗岩、基性超基性岩侵入,北西向断裂构造发育,有热液型金矿点多处,是寻找热液型金矿的最有利地区;杨林桥-黄家冲异常区,位于秭归县杨林桥至宜昌县黄家冲一带,面积约 $400\ km^2$,地处黄陵背斜南西边缘,出露黄陵花岗岩和大面积下古生界地层,有金矿及矿化点多处,西南部杨林桥(东)异常区位于北西与北北西向断裂交会区,是寻找热液型、蚀变岩型金矿的极有利地区。

鄂西地区银矿床均产于层间、层内滑脱面破碎带内及沿轴面劈理方向产出的断裂中。这些滑脱面,广泛形成于武当岩群与耀岭河组之间、耀岭河组与陡山沱组之间、陡山沱组内部、志留系内部以及其他地层部位。根据矿化所在地层围岩的关系,武当岩群、耀岭河组、陡山沱组和灯影组以铜(金)-金(铜)-金铜-银铅锌成矿作用为主;寒武系、奥陶系、下志留统、泥盆和石炭系以铜-金-金-金锑汞成矿作用为主。

成矿时代为印支—燕山期。在印支—燕山期秦岭洋俯冲关闭,扬子陆块与华北板块碰撞造山,发生广泛的区域变质作用和动力变质作用,在后造山期处于拉张构造环境,导致区域变质过程中产生的变质热液和地层中的封存水产生大规模流动,并萃取地层中的 Au、Cu、Pb、Zn、Sb、Hg 等成矿物质向次级构造部位转移,形成矿床。成矿受构造和沉积建造控制,成矿物质就地来自控矿构造附近的围岩。

综上所述,鄂西地区的佘家院、黄龙山、西沟、银洞沟外围以及两竹断裂的两侧等地区具有良好的找矿前景。

(五)湘西雪峰地区金矿成矿规律

湘西雪峰地区为华南最重要的金多金属成矿带之一,历来是湖南金矿重要的产区之一,现已发现包括沃溪、漠滨等大型金矿床在内的金矿床(点)100多处。近期一系列金矿床,如铲子坪、大坪等一批工业金矿床的发现,表明该区具有优越的成矿条件和找矿远景。

1. 湘西雪峰地区主要金矿类型

据成矿地质背景,可将本区金矿划分为石英脉型、破碎带蚀变岩型、砾岩型和砂金型。在石英脉型中可按成矿元素组合细分为 W-Sb-Au、Sb-Au、Au、As-Au 和 Hg-Au 等五个亚类,其代表矿床分别是沃溪、龙山、漠滨、岩湾和丹寨金矿。按成因可分为风化沉积型、沉积岩型、沉积-变质热液改造型、沉积-变质-岩浆气液改造型等。各种类型金矿的主要地质特征如下所示。

1)石英脉型金矿

石英脉型金矿是本区金矿的主要类型。含金石英脉主要产于前寒武系浅变质岩系中,一般可分为单脉、复脉型和网脉型,可以成群、成带出现。主要金属矿物有黄铁矿、毒砂、黄铜矿、方铅矿、闪锌矿和磁黄铁矿,也有白钨矿、辉银矿和辉锑矿等。金以自然金的形式产出,主要赋存于石英和黄铁矿裂隙或其他金属矿物的裂隙-间隙中。金的成色一般较高,多为900以上(金矿物粒径一般在0.005~0.1mm之间)。

2)破碎带蚀变岩型金矿

本区破碎带蚀变岩型金矿主要发育于溆浦-黔阳成矿远景区江口组地层中,以铲子坪金矿为典型代表。

3)砾岩型金矿

砾岩型金矿目前仅有矿化显示,包括芷江鱼溪口马底驿组底部含金砾岩;沅陵马底驿一带白垩系底部含金砾岩以及沅陵洞溪、金家村、金厂溪—桃坪一带、兴隆寺—柳林汉一带白垩系底部含金砾岩、凤凰县白垩系底部含金砾岩及会同坪村石炭系底部含金砾岩。以上含金砾岩层金矿化均不强,仅桃坪一带较好,个别样品达 13.7×10^{-6}。

4)砂金矿

砂金矿主要分布在沅水及其支流的沙洲、河漫滩和一、二级阶地的砂砾石层中,如黔阳的江市、托口、靖县的金滩等地。本区砂金矿点分布广泛,但能构成(砂金)矿床的很少,仅在靖县坳上砂金矿探明储量为2.19t。

沉积型金矿是各种原生金矿床在现代风化剥蚀、搬运和沉积过程中形成的产物。主要分布于现代河床、阶地中,为现代砂金矿。沉积成岩型金矿是各类原生金矿床经风化剥蚀、搬运,并经历成岩作用形成的产物,为砂砾岩型金矿。沅陵一带白垩系底砾岩型金矿点属该类型。沉积-变质热液改造型金矿是本区主要的复成金矿,代表性矿床为沃溪金锑钨矿和漠滨金矿。沉积-变质-岩浆气液改造型系指经变质热液和岩浆热液叠加改造形成的,以黔阳铲子坪金矿为代表。

另外,本区含金背景较高的地层中具有表生渗滤型金矿的形成条件。

2. 区域成矿地质特征

湘西雪峰地区地处扬子地块与华南造山带过渡带——雪峰隆起中。对于雪峰隆起的成因和演化,目前还存在较大争议。贾宝华(1994)认为雪峰隆起的构造变形可明显划分为3个变形阶段:①元古宙中期末的武陵期构造变形——隆起雏形的形成阶段,冷家溪群浅变质岩系褶皱推覆于扬子地块东南缘,并构成了雪峰隆起北侧的褶皱基底;②早古生代末的加里东期构造变形——隆起成型阶段,板溪群—志留系全部褶皱;③中生代印支期、燕山期叠加构造变形——隆起定型阶段,泥盆系—三叠系地层普遍发生褶皱变形,形成"侏罗山"式褶皱,侏罗系、白垩系构成断陷盆地,一系列东西向的逆冲叠瓦推覆——飞来峰构造相继形成,基底滑移和推覆岩片是其主要的表现形式。在雪峰隆起所经历的3个构造变形阶段内相应出现了北部雪峰-武陵块体中的武陵期EW向韧性推覆剪切带、南部雪峰山主体块段中的加里东期EW向韧性剪切带,以及雪峰隆起中的印支期NE或NNE向韧性剪切带和燕山期继承性脆性断裂带等。

这些大型剪切带(叠加变形而成为大型断裂破碎带)都是不同尺度的构造边界,其中NE向构造带和EW向构造带构成该区的主要构造格架,不仅控制了从前寒武纪到现在的各种地质事件,而且控制着雪峰隆起的地壳演化和再造过程。余景明等(1993)认为漠滨金矿的断裂构造以NE向和NWW向为主,经历了多期次活动,层间脆韧性剪切带为主要控矿构造。胡能勇等(1998)较详细地研究了雪峰弧形构造带的变形特征,认为区内韧性剪切变形不仅形成了导矿通道和容矿空间,而且在其形成演化过程中导致成矿物质发生活化、迁移并在适当部位成矿。曹进良(2000)和孟宪刚等(2001)认为雪峰山中段金矿区内NE向和NW向断裂为主要控矿断裂带,众多金矿床(点)的分布、规模和产状均受控于这些断裂带。赵建光等(2003)在分析雪峰山中段控矿构造与金矿化的关系后认为,NE向和NW向构造为主要构造格架,NW向断裂是和NE向断裂同期形成的伴生或派生构造,NE向断裂具延伸远、产状陡、切割深且多期活动等特征,以导矿构造为主,而旁侧的NW向和NNE向断裂破碎带、剪切带规模相对较小,显张扭性,为配矿和容矿构造,即区域NE向构造控制金矿带的产出,NE向和NW向构造复合控制金矿床,次级NE-NW向构造控制金矿体。

沃溪金矿4条工业矿脉(V_1、V_2、V_3和V_4)均处于近EW向沃溪大断层的下盘(图4-16),金矿脉主要赋存于层间断裂带内,受层间断层控制,形态主要为似层状、扁豆状、肠状等。网状—羽状矿脉分布于层间矿脉两侧,主要产在由层间断裂所派生的次一级裂隙内,断层对矿床起明显控制作用。

总体来说,向西北凸出的雪峰弧形构造带初步成型应是NE向韧性剪切带系统对EW向韧性剪切系统的韧性牵引和叠加改造的结果,并与金矿生成关系密切,基本控制了该区金矿床的赋存规模和产出状态,为该区重要的控矿构造。金矿化集中区的分布与区域构造线一致,如弧形构造带由NNE走向转折为近EW走向时,金矿床(点)的展布也随着主构造线方向的改变而改变,沿着东西向的构造形迹方向展布。

3. 成矿物质来源

湘西雪峰地区金多金属矿床几乎全部分布在元古宇板溪群和冷家溪群浅变质岩系中。对前寒武系板溪群和冷家溪群浅变质岩是否为该区主要的矿源层,目前存在两种观点。一种观点认为金矿赋矿地层即为矿源层,如鲍振襄等(1999)据82件样品的分析结果,认为该区板溪群和冷家溪群变质岩系中W、Sb、Au三种成矿元素的背景值分别高于上部大陆地壳平均值的2.0倍、7.4倍和1.7倍,其中板溪群马底驿组不仅赋存有沃溪金矿、符竹溪金矿和西安金矿等重要矿床,而且该组地层中W、Sb、Au中的富矿元素比整个变质岩系的背景值偏高,前寒武纪变质岩为该区金多金属矿床的赋矿层位和矿源层。而另外一种观点认为金矿成矿物质主要来源于下伏古老地壳基底,赋矿地层贡献比较少。如毛景文等(1997)认为成矿物质一部分来源于中新元古界地层,另一部分来自深部或燕山期花岗岩体。Yang等(1999)认为板溪群马底驿组不是沃溪金多金属矿床的矿源层,该地层中的W、Sb和Au的背景值仅分别为1.9×10^{-6}、0.42×10^{-6}、0.0014×10^{-6},其成矿物质和矿区地层中高含量的成矿元素主要是由热液从外界带入的。彭建堂等(2003)选取湘西雪峰地区金多金属成矿带中的典型矿床——沃溪金矿床,对其白钨矿进行了Nd-Sr同位素研究,结果表明沃溪金矿床白钨矿的$^{87}Sr/^{86}Sr$同位素比值为0.7468~0.7500,远高出板溪群和冷家溪群的测定值(<0.7290),说明成矿流体很可能从下伏更老的陆壳基底获取这种高放射成因Sr。而且白钨矿的初始$\varepsilon(Nd)$值异常低,远低于雪峰山地区元古宇地层的相应值,其成矿流体中的Nd很可能来自下伏更老的基底地层。彭渤等(2006)对沃溪金矿床中的白钨矿通过Nd-Sr-Pb同位素进行了成矿流体的示踪分析,研究表明白钨矿的$\varepsilon(Nd)$值低(平均为-25.5)且

变化范围大,在 Nd 同位素演化模式图上位于赋矿围岩之下,说明成矿流体可能是由下伏成熟陆壳的流体与其他源区的流体混合而成(图 4-20)。$^{87}Sr/^{86}Sr$ 测定的同位素值在 0.174 76~0.175 04 之间,平均为 0.174 961(n=11),显示明显的壳源特征。Pb 同位素投影点位于平均地壳铅同位素演化线之上,显示白钨矿中的 Pb 来源于具高 μ 值的成熟陆壳,具陆源普通 Pb 特征,且 $^{206}Pb/^{204}Pb$、$^{207}Pb/^{204}Pb$、$^{208}Pb/^{204}Pb$ 同位素比值落在区域板溪群板岩(刘海臣,1994)相应比值的变化范围之内,呈现大致协调一致变化的特征,显示成矿物质来源与赋矿围岩有关。Peng 等(2004)对沃溪和廖家坪金矿中白钨矿 Nd-Sr-Pb 同位素的研究也得出了相近的结论。彭建堂等(2008)对渣滓溪矿床中白钨矿的 Sm-Nd 和 Sr 同位素进行了研究,认为成矿流体中的 Nd 可能由板溪群或下伏陆壳基底和冷家溪群中的基性、超基性岩两部分组成;Sr 同位素来源于下伏更成熟的陆壳基底。综合现有的研究表明,湘西雪峰地区金多金属矿床的成矿物质来源具有多源性,可能是热液萃取元古宇板溪群和冷家溪群下伏成熟基底地层和部分赋矿层中的金属元素,在板溪群和冷家溪群构造有利部位成矿。

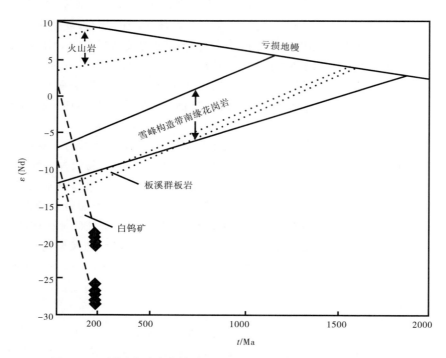

图 4-20 沃溪金矿床白钨矿 ε(Nd)-时间(t)演化图解(据彭渤,2006)

4. 成矿时代

目前所报道的雪峰地区金矿床的成矿年龄范围非常广,几乎分布了自中新元古代武陵—雪峰期到加里东期、印支期、燕山期的所有时代(陈新跃,2012),测年方法主要为金矿床石英流体包裹体 Rb-Sr 等时线法、Pb 模式年龄法、白钨矿 Sm-Nd 等时线法、石英(长石)单矿物 K-Ar 法(Ar-Ar 法)等(表4-16)。

罗献林(1989)通过对雪峰地区 11 个金矿 37 个样品进行测试获得了与成矿有关的方铅矿和黄铁矿的 Pb 同位素模式年龄,认为金矿主要形成于中新元古代武陵—雪峰期(1.0~0.6Ga)和加里东期(600~340Ma),而印支—燕山期(230~70Ma)则产生局部的热液叠加。韦永福等(1994)和陈柏林(2002)根据雪峰地区金矿床成矿流体 H—O 同位素研究结果,认为应该是在中新元古代武陵—雪峰期变质热液成矿的基础上叠加了印支—燕山期的岩浆热液成矿。刘继顺(1993)则认为雪峰地区金的成矿时代与华南铀的成矿时代一致,主要为中新生代,金矿化可能与中新生代地壳拉张伸展作用所致的热液改造富集有关。彭建堂等(1998)对平茶、肖家金矿进行了流体包裹体同位素测年,认为雪峰地区金多金属成矿带的成矿时代并非武陵—雪峰期,而是形成于加里东早期以后;加里东期、印支—燕山期是雪峰地区两个主要的金成矿期,特别是印支—燕山期,为该区大型金矿形成的重要时期。王秀璋等(1999)在漠滨和柳林汊金矿中获得的长石单矿物 K-Ar 年龄分别为 404Ma 和 412Ma,认为雪峰地区金成矿时代为加里东期。彭建堂等(2003)对沃溪金多金属矿床中的白钨矿和石英分别做了 Sm-Nd 和 Ar-Ar 同位素定年,获得了 402Ma 的白钨矿 Sm-Nd 等时线年龄和 420~414Ma 的 Ar-Ar 年龄,再次证明雪峰地区金成矿时代为加里东期。李华芹等(2008)在雪峰地区铲子坪和大坪等金矿获得其含金石英脉流体包裹体 Rb-Sr 等时线年龄分别为 205.6±9.4Ma 和 204.8±6.3Ma,矿区外围黄茅园黑云母花岗岩锆石 SHRIMP U-Pb 年龄为 222.3±1.7Ma,测定结果表明成岩和成矿作用均发生于印支期,成矿作用可能与区域性逆冲-推覆作用及其相伴生的酸性岩浆侵位密切相关。

表 4-16 雪峰地区金多金属矿床成矿年龄一览表(陈新跃等,2012)

矿床	赋矿层位	测试对象及方法	年龄 t(Ma)
沃溪	Pt_3Bnm	白钨矿,Sm-Nd 等时线	402±6
		石英,^{40}Ar-^{39}Ar 法坪年龄(最小视年龄)	423.2~416
		方铅矿,Pb 模式年龄法	709
		黄铁矿,Pb 模式年龄法	234~210
		紫红色绢云母板岩,K-Ar 法	281.30
铲子坪	Z_1j	含金石英脉流体包裹体,Rr-Sr 等时线法	205.6±9.4
大坪	Z_1j	含金石英脉流体包裹体,Rr-Sr 等时线法	204.8±6.3
西安	Pt_3Bnm	蚀变板岩,K-Ar 法	412.2±6.6
		方铅矿,Pb 模式年龄法	773~352
		蚀变板岩、变质砂岩,K-Ar 法	475~303
平茶	Z_1j	含金石英脉流体包裹体,Rr-Sr 等时线法	435±9
肖家	Pt_3Bnm	含金石英脉流体包裹体,Rr-Sr 等时线法	412±33
漠滨	Pt_3Bnw	钾长石,K-Ar 法	404.20
		方铅矿,Pb 模式年龄法	1041~503
柳林汊	Pt_3Bnw	钾长石,K-Ar 法	412.46
		黄铁矿,Pb 模式年龄法	585

注:Pt_3Bnm 为新元古界板溪群马底驿组;Pt_3Bnw 为新元古界板溪群五强溪组;Z_1j 为震旦系江口组。

从罗献林(1989)所收集到的 37 个矿石铅同位集资料来看,其模式年龄有 6 个大于 750Ma,其中有 4 个数据大于 800Ma。在这 6 个数据中,有 5 个数据不具有地质意义或地质意义不明。如产于震旦系江口组中的龙山金矿,铅模式年龄竟达 881Ma;漠滨金矿 4 个大于 750Ma 的数据,其铅同位素组成皆为古老异常铅。因此铅同位素资料并没有显示太多武陵—雪峰期成矿作用的信息。雪峰运动所产生的变质作用不强烈,仅为绿片岩相,很难为成矿提供大量变质热液和促使金的大规模迁移富集。因此,武陵—雪峰期成矿作用对本区并不重要,可能仅对金矿化起了预富集作用(刘继顺,1993)。大多数矿石铅模式年龄落在加里东期(有 25 个数据)。而且,漠滨和柳林汊金矿中获得长石单矿物的 K-Ar 年龄分别为 404Ma 和 412Ma;平茶、肖家金矿含金石英脉流体包裹体 Rb-Sr 同位素年龄分别为 435Ma 和 412Ma;西安金矿、漠滨金矿、板溪金矿都获得了加里东期的成矿年龄。同时,前面已经提及,雪峰地区早古生代末的加里东构造运动非常强烈,板溪群—志留系全部褶皱变形,形成近 EW 向韧性剪切带和脆性断裂。这些均表明加里东运动对本区地质构造的形成、演化和金成矿作用有着重要的意义。因此，加里东期应为雪峰地区金多金属矿床重要的成矿期之一。

第三节 铁矿、锰矿

一、大调查找矿新成果

(一) 湖南花垣-古丈优质锰矿评价

工作区位于湘西土家族、苗族自治州花垣县和古丈县境内。工作区面积约135km^2。

1. 区域成矿地质条件

1) 地层

工作区内出露的地层主要有青白口纪板溪群、南华纪江口组、湘锰组和南沱组，震旦纪陡山沱组和灯影组/留茶坡组、寒武纪牛蹄塘组、石牌组、清虚洞组和敖溪组，以及奥陶系、志留系、泥盆系、二叠系、白垩系及第四系(图4-21)。其中以板溪群—寒武系分布最广。锰矿产于南华系下统大塘坡组(湘锰组)下段黑色页岩中。新元古界岩石地质特征由老至新叙述如下。

板溪群 主要分布在古丈复背斜和摩天岭背斜轴部，分为马底驿组(Pt_3Bnm)和五强溪组(Pt_3Bnw)，为一套类复理式、类磨拉石建造，主要岩性为紫红色、灰绿色板岩、粉砂质板岩、细—粉石英砂岩等浅变质岩，局部夹少量碳酸盐岩透镜体。厚度大于500m，与下伏冷家溪群呈角度不整合接触。

江口组(Nh_1j) 由厚—巨厚层砾岩、长石石英砂岩、含砾砂岩等组成，夹少量含砾砂质页岩。在古丈一带夹少量白云岩团块或透镜体，而在摩天岭一带则夹较多的似层状、透镜状白云岩。顶部砂岩中含有锰质。厚0～62m，与下伏地层呈角度或平行不整合接触。

湘锰组(Nh_2x) 以页岩类沉积为主，是本区含锰层位，厚10～320m。由下、上两个岩性段组成，与下伏地层呈整合或假整合接触关系。

下段：黑色炭质页岩、黑色页岩和黑色含锰质页岩，局部夹白云岩透镜体。盆地边缘相变为含锰白云岩。在野竹和摩天岭一带底部为一层厚0.05～0.20m的黑灰色含黄铁矿质细粉砂岩或黄铁矿层。锰矿赋存于本段下部，其中有机质、黄铁矿含量较高，蓝藻等古藻类化石较丰富，水平纹层理发育。本段岩性及厚度变化较大，由南西往北东岩石中的有机质、锰质和砂质逐渐减少，而硅质和白云质逐渐增多，厚度逐渐变薄。厚度3～31.5m。

上段：为灰色、灰绿色粉砂质页岩、砂质页岩，局部夹少量白云岩透镜体，水平层理发育，顶部具揉皱现象和包卷层理。厚7～296m。

南沱组(Nh_2n) 灰色、灰绿色中细粒石英砂岩、含砾砂岩，夹1～2层页岩，属冰海相沉积。顶部常见一层厚约数厘米的古风化壳黏土岩。与下伏地层呈整合接触，厚65～330m。

陡山沱组(Z_1d) 深灰色中厚层泥质白云岩、条带状白云质灰岩、泥质灰岩、炭质页岩夹黑色页岩。底部见一层厚0.8～3m的硅化白云岩，网状石英脉发育。中下部见一层厚0.5～2m的硅质磷块岩。与下伏地层呈平行不整合接触，厚26～214m。

留茶坡组(Z_2l) 为黑色薄、中厚层硅质岩夹硅质页岩，局部含磷结核和黄铁矿结核。与下伏地层呈整合接触，厚25～111m。

2) 岩浆岩和变质岩

岩浆岩仅见于古丈县龙鼻咀一带，岩性主要为辉绿岩，其次为辉橄岩，呈岩墙顺层侵入板溪群五强

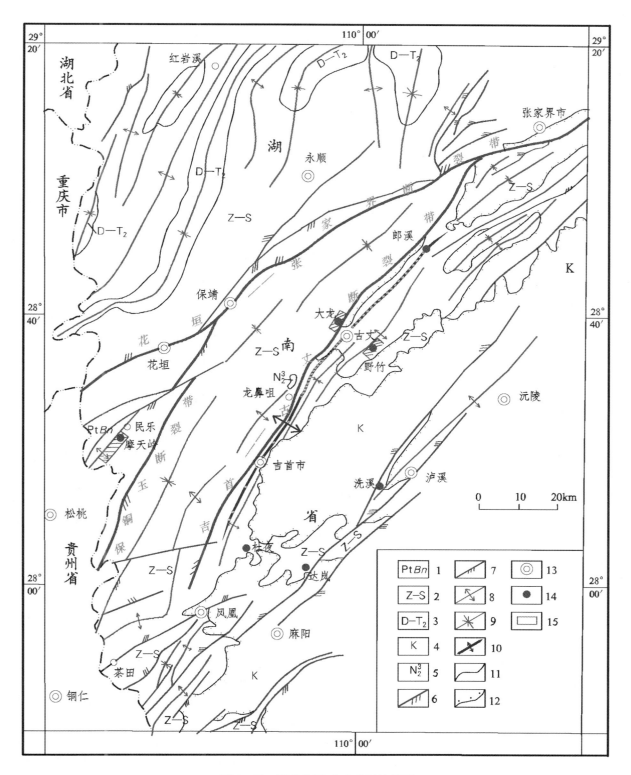

图 4-21 湖南花垣-古丈地区地质图

1. 板溪群；2. 震旦系—志留系；3. 泥盆系—二叠系；4. 白垩系；5. 雪峰期基性—超基性岩体；6. 深大断裂；7. 断层；8. 背斜；9. 向斜；10. 复背斜；11. 整合地层界线；12. 角度不整合地层界线；13. 城镇；14. 矿床点；15. 工作区

溪组上部粉砂质板岩中,并见有钠长岩呈岩脉状穿插。岩体出露面积约 $4km^2$,呈北北东向展布,受区域性吉首-古丈断裂控制。

区内变质作用弱,变质岩产于板溪群,岩性为板岩、粉砂质板岩、变质岩屑细砂岩和变质长石石英砂岩等,岩石具典型浅变质的变余砂状结构及变余层状、板状、条带状构造等。岩浆作用、变质作用与锰矿无成因联系。

3)构造

区内褶皱和断裂构造较发育,总体展现为北东—北北东向构造形迹,具有向北东收敛、向南西撒开的特点。

区内与锰矿关系较密切的褶皱为古丈复背斜和摩天岭背斜。

古丈复背斜 主体轴向由北北东逐渐转为北东,延伸长约 130km,宽约 20km。核部出露的最老地层为古丈镇溪一带的冷家溪群,与上伏板溪群呈高角度不整合接触。板溪群沿该背斜轴部大面积出露,两翼地层主要为震旦系和寒武系。背斜轴面倾向南东,向南西端在龙鼻咀一带迅速倾伏,而北东端延伸近 100km 后在慈利许家坊一带倾伏。其间由于沿核部发育有规模较大的断裂而显不甚完整,总体显示南西往北东方向呈紧闭-宽缓-紧闭变化的特点。两翼次级褶皱较发育,岩层倾角一般 15°~20°,局部受断裂影响岩层产状变陡并形成倒转褶曲。该复背斜在古丈一带对区内锰矿的分布及变化特征具有不同程度的控制作用。

摩天岭背斜 轴向北东,主体在贵州省松桃境内,本区为该背斜北东倾伏端,延伸长约 20km,宽约 2km。核部出露的最老地层为板溪群,南东翼为震旦系—寒武系,岩层倾角平缓,一般 5°~20°,而北西翼被保靖-铜仁-玉屏断裂(麻栗场断裂)的分枝断裂敖溪-平夫司断裂切割破坏,而使摩天岭背斜形态不完整。该背斜对锰矿床的分布及变化特征具一定的控制和破坏作用。

区内断裂构造较发育,多呈北北东—北东向展布,构成湘西弧形构造带。它们具多期活动特征。这些断裂规模较大,长达数十千米到百余千米,多具区域性控岩、控相和控矿作用,与本区锰铅锌汞矿床有成因联系。自北向南主要有张家界-花垣断裂、麻栗场断裂和古丈-吉首断裂等。

张家界-花垣断裂 纵贯全区,走向北东—北北东,倾向北西,倾角 50°~80°,北西盘下降、南东盘上升,垂直断距大于 100m,具张扭性正断层性质,破碎带宽 1000~1200m,具多期活动特征。该断裂控相-控矿作用十分明显:控相作用表现为北西盘沉积厚度巨大,地表出露地层为大面积分布的寒武系、奥陶系、志留系;南东盘在张家界以西为过渡区,沉积厚度大,主要分布寒武系和奥陶系,局部有前寒武系出露;而在张家界以东为南华系、震旦系和寒武系。控矿作用主要表现为沿该断裂带内及两侧均有锰矿、铅锌矿、汞矿和钼镍钒矿分布,该断裂为含矿热液通道,在断裂带内及两侧有利部位沉淀形成较多的矿床(点)。

麻栗场断裂 该断裂是区域上保靖-铜仁-玉屏大断裂的北东段,在保靖一带与张家界-花垣断裂交汇。总体走向呈北北东,倾向南东,倾角 45°~55°,平面形态呈舒缓波状,挤压破碎带宽 20~150m,具压扭性逆断层性质,地层断距大于 1000m。在区域上控矿-控相作用明显:控矿作用表现为沿断裂带及两侧,形成一系列大—特大型汞、铅锌矿床;控相作用表现在清虚洞期,断裂西盘为生物礁相,而东盘为浅海陆棚相,中寒武世至奥陶纪,西盘为局限台地-开阔台地相,东盘为陆棚相。

古丈-吉首断裂 从古丈复背斜核部通过,北东端在后坪一带交汇于张家界-花垣断裂。走向呈北北东,倾向北西,倾角 35°~67°,平面形态呈舒缓波状。破碎带宽 20~70m,地层断距 200~600m,属压扭性逆断层性质。该断裂控相-控矿作用也较明显:控相作用表现为北西盘是八面山岩相小区和过渡区,而南东盘则为武陵山岩相小区,大面积分布板溪群、震旦系和少量的寒武系,寒武系岩性主要为浅海相碳酸盐、碎屑岩类沉积;控矿作用表现为除汞铅锌外,还有铜、锑和重晶石矿床(点)分布。据前人工作资料分析认为,该断裂与区域上金锑矿有成因联系。

2. 主要地质找矿成果

通过对野竹、大龙和摩天岭三个矿区的地质测量,大致查明了各矿区的地层、构造,分布特征及其与锰矿的关系；采用200~800m工程间距，对地表矿体进行了系统的槽探工程控制，利用少量坑探工程对浅部矿体进行了揭露，在野竹矿区利用钻探工程对深部矿体进行验证；对锰矿的矿体形态、产状、规模、矿石质量和矿床开采条件等进行调查；对矿石的加工选（冶）技术性能进行了类比研究和资料收集，认为工作区内锰矿石具有工业开发利用价值；对新发现的可供进一步工作的矿产地进行了评价；估算工作区（333+334$_1$）锰矿资源量1766×10^{4}t，其中氧化锰矿23×10^{4}t。

3. 成矿规律新认识

区内碳酸锰矿床属局限-半局限海湾-泻湖（潮坪）相化学-生物化学沉积型锰矿床，地表局部地段产氧化锰矿。成矿地质条件主要受地层、岩性、古构造、岩相古地理、古气候、古生物、锰质来源和物理化学等因素控制。

（1）地层岩性条件。本区锰矿赋存于湘锰组下段黑色页岩中。有锰矿分布的地段均有黑色含锰岩系，矿层厚度与含锰岩系厚度成正相关，锰矿层厚度小于1m时，含锰岩系厚度小于10m，矿层厚度为1~3m时，含锰岩系厚度大于25m，矿层厚度3.5~7m时，含锰岩系厚度大于35m。含锰岩系厚度越大，锰矿层越厚，品位增高，变化趋稳定；锰矿层与湘锰组底界一般相距0.4~3.6m，在0.4~1.0m内时，矿层厚度大于1m，而小于0.1m时则矿层厚度小于0.5m；含锰盆地边缘锰矿层直接覆盖于底板之上，矿体厚度一般为0~0.3m；含锰岩系中的黑色页岩成分如果以伊利石为主，成分简单，则有利于藻类和菱锰矿沉积（摩天岭矿区），如果粉砂质含量增高，水体能量增大，多形成条带状矿石（野竹、大龙矿区），如果出现绿泥石和高岭石，则难以形成工业矿体（如凤凰杜夜、泸溪达岚矿点）。

（2）古构造条件。在南华纪湘锰组沉积期，工作区位于上扬子陆块东南边缘。武陵运动之后，该区处于拉张断陷构造环境，沉积了巨厚的板溪群；发生于新元古代中期的雪峰运动使雪峰地区缓慢上升，湘黔交界地区受基底断裂活动影响发生断陷沉降，为海底热液的形成并向沉积盆地迁移、聚集提供了通道。由于断裂活动的不均一性，在断裂带附近形成不同水深的次级盆地，并于流通性较差的盆地中沉积了厚10~55m的黑色含锰页岩。有利的古构造条件控制沉积盆地的性质、锰矿床的规模及大小。

（3）岩相古地理条件。岩相古地理是控制本区锰矿的另一重要因素。根据岩相组合特征分析，在南华纪江口期，本区以张家界—花垣一线为界，北西侧为大陆剥蚀区，南东侧为滨-浅海沉积相区。在滨海相区从西往东又依次划分为半局限海湾碳酸盐-砂砾岩亚相和开阔海滩砂砾岩亚相，在两亚相之间发育有障壁岛或半岛，再向东为浅海相砂-粉砂-页岩亚相。在湘锰期，本区再次发生海侵，但范围不大，海岸线往北西推移，使障壁岛或半岛范围缩小，各亚相界线与江口期相似，但局部有改变。以张家界—永顺—酉阳一线为界，北西侧为大陆剥蚀区，南东侧为滨海沉积相区依次划分为半局限海湾含锰质页岩亚相，开阔海滩页岩亚相和浅海相的开阔半浅海粉砂-泥岩亚相，亚相与亚相之间有障壁岛相隔（图4-22）。在滨海相外侧的开阔海滩页岩亚相中，存在规模不大的半封闭小盆地，盆地内水动力较弱，有蓝藻类为主的藻类生物生长繁殖，有少量的锰质来源，岩石以页岩为主，含砂质较高，水平层理发育等特征，多形成规模不大的工业意义较小的锰矿点（如凤凰杜夜、泸溪达岚、永顺朗溪等锰矿点）；而在滨海相内侧的半局限海湾含锰质页岩亚相中，形成与浅海连通不畅的封闭半封闭盆地，这些盆地一般规模较大，水动力微弱，以蓝藻为主的藻类生物生长繁殖茂盛，靠近古陆锰质来源丰富，页岩、锰质页岩等岩性稳定、厚度较大，以水平层理、微波状层理、砂纹层理、小型交错层理及星点状黄铁矿发育为特征，多形成大—中型锰矿床（如松桃大塘坡、花垣民乐、古丈野竹等）。

（4）古气候条件。本区早震旦世的湘锰期处于江口冰期与南沱冰期的间冰期，属温暖潮湿的中低纬度地带亚热带气候。江口期前形成的含锰质较高的岩石在此时易于风化剥蚀，大量呈低价化合物的锰质为锰矿床的形成带来了充足的物源。且温暖潮湿的气候有利于藻类的生长繁殖，藻类对锰质的富集起着重要的作用。通过测试分析及研究，本区锰矿石pH值为7~8，Eh值多为负值；含锰岩系中的岩石呈黑色，含炭质、沥青质和黄铁矿较高，说明为一缺氧的还原环境；湘锰期的大气圈具有富CO_2弱O_2的

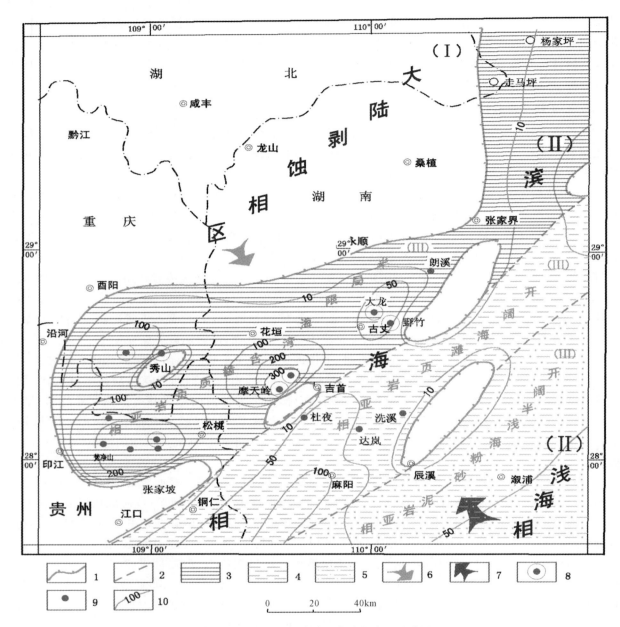

图 4-22 湘西地区大塘坡期岩相古地理略图

1.海岸线;2.岩相界线;3.灰色页岩—黑色含菱锰矿页岩组合;4.灰色页岩—黑色微含锰、粉砂质页岩组合;5.粉砂岩—泥岩组合;6.泥质物来源方向;7.海侵方向;8.大—中型锰矿床;9.小型锰矿点;10.湘锰组等厚线;Ⅰ、Ⅱ、Ⅲ级构造单元界线系黄汲清教授主编的 1∶300 万,1∶100 万中国大地构造图的界线确定

性质,锰可以呈 $Mn(HCO_3)_2$ 大量溶于水中,从大陆搬运至海洋,在弱碱性还原的水介质中直接沉淀 $MnCO_3$ 形成碳酸锰矿床,古气候条件对锰质从岩石中析出,经搬运、沉积、富集和形成锰矿床具有极为重要的作用。

(5)古生物条件。本区锰矿石中有丰富的微古植物化石,主要为蓝藻。蓝藻是自营、自养的藻类,在其生命活动过程中,不断的吸取锰质等养料,使锰质得到初步富集。据资料反映:海水中 Mn 元素丰度为 0.002,海生植物(主要为菌类、藻类)Mn 元素丰度为 53,富集倍数可达 2.6 万倍,说明藻类具有很强的锰质富集能力。藻类死亡腐烂分解释放 CO_2,不断调节改变水体碱性还原环境,使锰质浓集于底层水体和在沉积物中沉淀,形成碳酸锰矿床。

(6)锰质来源。盆地基底岩系具有较高的锰含量(局部含有锰矿透镜体),成为本区锰质的主要来源。盆地边缘的深大断裂和盆地内"基底同生断裂"也为深部的锰质迁移提供了通道,成为另一重要的锰质来源。

(7)锰矿的空间分布。工作区属扬子锰成矿区(Ⅰ级)上扬子锰成矿亚区(Ⅱ级)武陵锰成矿带(Ⅲ级)的摩天岭锰矿区和野竹-大龙锰矿区(Ⅳ级)及雪峰锰成矿带(Ⅲ级)的凤凰杜夜锰矿区、洗溪锰矿区和朗溪锰矿区(Ⅳ级)。南华纪是我国南方重要的锰矿成矿期,虽然锰矿的具体赋存层位在不同地区有所不同,但均位于大塘坡期海侵旋回的下部或底部。在区域上,锰矿的层位由西往东和由南往北逐渐降低,在摩天岭矿区距底部1.5~3.6m,到野竹矿区距底板1~2.8m,而到永顺朗溪一带锰矿层直接赋存在底部接触面上。

虽然成锰期均有含锰岩系发育,但并不一定成矿,只有满足上述成矿地质条件的地域才能形成矿床(点),否则只有指示意义。

(8)氧化锰矿成矿条件。本区氧化锰矿由原生碳酸锰矿或含锰质岩石经氧化淋滤而成,属锰帽型氧化锰矿,其氧化程度与规模主要受构造、气候和地形地貌等因素控制。构造发育地段岩石破碎,有利于岩石发生化学风化和流体淋滤作用;热带气候条件可增强化学风化和生物风化,有利于原生锰矿和含锰岩石中锰发生淋滤和再次富集,形成氧化锰矿;地形地貌决定了地下水的运动和风化产物的形成与保留。本区属中低山区,地形切割强烈,V型谷发育,潜水面位置较低,含锰质的(岩)矿石经风化后易流失,不利于氧化锰矿的保存,绝大部分地段原生锰矿直接暴露地表,仅残留氧化深度在数十厘米的半氧化—氧化锰矿,个别地段,如山顶或缓坡由于地形平缓,风化和流失作用缓慢而保留氧化深度达几米至20多米的氧化锰矿,其氧化矿品位与原生矿品位的富集倍数只有0.3~0.8。因此,本区氧化锰矿氧化深度不大,分布有限。

4. 资源远景分析

结合区域锰矿地质背景、矿床成因、成矿地质条件和控矿因素,初步提出以下找矿方向。

(1)民乐锰矿区北部外围杨家—猫儿一带,系摩天岭锰盆北缘部分,民乐锰矿控制的矿体未圈边,含锰岩系厚度为25~37m,深部一个孔见矿厚度0.61m,从古构造部位、岩相古地理特征和含锰岩系与矿层的关系分析,认为有找矿远景。

(2)摩天岭半局限海盆与区域贵州大塘坡半局限海盆类似,大塘坡海盆北西侧分布有大致等间距排列的小凹地(如大屋、杨立掌等),已知有杨立掌和大屋等大—中型锰矿床,而摩天岭海盆北西侧茶洞一带是否有小凹地分布,值得分析与研究。

(3)古丈复背斜两翼含锰地层及含锰岩系分布面积广,此次工作选择野竹及大龙一带地表露头较好的地段开展了评价,尚有大部分地段未开展相关工作,同时,该区大塘坡期的岩相古地理研究工作程度较低,区内是否存在次级含锰盆地应在以后工作中引起重视。

(二)湖南团山-牛坡头优质锰矿评价

1. 区域成矿地质条件

工作区位于雪峰弧形隆起带南段的东缘(图4-23),主要由团山、牛坡头和新路河3个矿田组成。

1)地层

区内出露地层齐全,从青白口系至第四系均有出露,其中以青白口系、南华系、震旦系和寒武系最为发育。锰矿主要产于震旦系大塘坡组(湘锰组)和陡山沱组的黑色岩系中。

2)构造

工作区处怀化-靖州沉降带上,整体表现为北北东向展布的复式背斜,其次级褶皱及断裂发育,构造迹线多数呈北东—北北东向展布,总体上呈现向北东方向收敛、向南西方向撒开的特点。

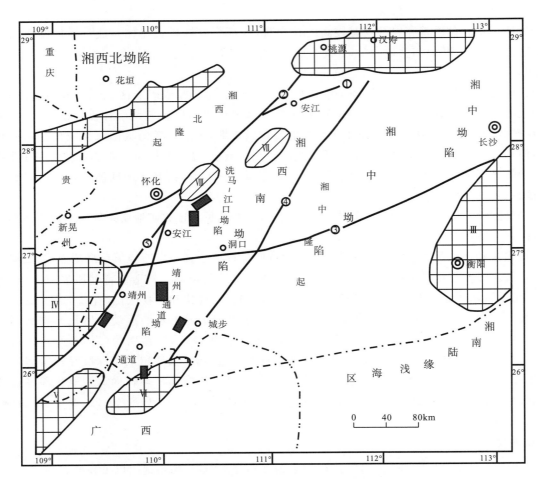

图4-23 湘西南地区大塘坡期古地理略图

Ⅰ:洞庭古陆;Ⅱ:武陵古岛;Ⅲ:湘东古陆;①新晃-安化基底大断裂;②桃源-通道基底大断裂;Ⅳ:会同-锦屏古岛;Ⅴ:四堡古岛;Ⅵ:龙胜古岛;③洞口-浏阳基底大断裂;④汉寿-城步基底大断裂;Ⅶ:古台山水下隆起;Ⅷ:仙人湾水下隆起;⑤溆浦-靖州(四堡)断裂;■矿区位置

3) 岩浆岩和变质岩

区内岩浆岩主要由花岗岩体和基性—超基性岩脉组成。花岗岩主要沿溆浦-五团基底大断裂带呈串珠状分布,自北向南有黄茅园、中华山、崇阳坪、瓦屋堂和五团5个岩体。基性—超基性岩脉成群展布,主要分布于南部陇城及北部黄狮洞—隘口一带。

区内变质岩主要为区域浅变质作用形成的浅变质岩,包括板岩、粉砂质—砂质板岩、变岩屑砂岩、变长石石英砂岩和含砾砂板岩等。岩石具变余泥质、砂状结构,变余层状、条带状和板状等构造。

2. 区域矿产特征

团山-牛坡头地区以沉积矿产为主,其次为热液矿产。金属矿产主要有锰、铁、金、铜、铅锌等,其次为钨、钴和钒等。非金属矿产主要有耐火黏土、煤、水晶和重晶石等。

锰矿主要产于震旦系湘锰组(大塘坡组)和陡山沱组的黑色岩系中,其中以产于湘锰组中的"湘潭式"锰矿为主。以江口锰矿为代表,这类锰矿规模较大、品位高,已知矿床(点)10余处,除本次工作矿区外,各矿床(点)特征见表4-17。

铁矿主要产于南华系江口组底部,称"江口式"铁矿,广泛分布,区内有中型矿床1处,小型矿床4处,矿点数10处。这类铁矿床储量大、品位低。典型矿床有通道烂阳赤铁矿床。

表 4-17 工作区湘锰组锰矿床(点)一览表

产地	规模	赋矿层位	矿床地质特征
江口	大型	湘锰组	含锰岩系长 28km,厚 57m,矿体赋存于碳酸盐岩与板岩交互层中,控制长度 50～1890m,厚度 0.50～8.47m,碳酸锰矿品位 9%～26%,地表氧化锰矿品位 11%～39.8%
洗马	小型		含锰岩系长 11km,厚 2.30～25m,一般 5～15m,见一层矿,矿体厚 0.30～0.50m,下部碳酸锰矿品位 8%～18%,地表氧化锰矿品位 25%～30%
降溪	矿点		矿体呈透镜状,产于炭质板岩中,长 200m,平均厚约 0.50m。为氧化锰矿,品位 6.30%～26.77%
桃树坪	矿点		氧化锰矿体长 200 余米,平均厚 0.40m,呈透镜状,似层状断续延伸,品位 7%～35%
麻雀塘	矿点		为氧化锰矿体,呈似层状、透镜状断续延伸,矿带长 900m,单个矿体长 20m 左右,厚 0.20～1.00m,品位 15%～20%
好菜冲	矿点		矿体产于硅化破碎带中,形态极不规则,为风化淋滤型锰矿
新家湾	矿点		为锰土矿,形态呈团块状、似层状,共见矿体 3 个,厚 1.00～1.50m,延伸不祥
戈村	矿点		矿体为氧化锰矿体,长 480m,厚 0.10～1.60m,顺层产出,品位 0.43%～16.19%

金、铜、铅锌等矿产主要受构造控制,赋存于特定的层位中,具有一定规模的矿床有黔阳铲子坪金矿、通道铜厂界铜钴多金属矿和会同团河铅锌矿等。

3. 主要地质找矿成果

通过对工作区已有资料的综合分析和研究,大致了解了团山-牛坡头地区锰矿的区域成矿地质背景、控矿地质条件和分布规律。经对新路河、熟坪和沅头山 3 个重点矿区的地质测量,大致查明了各矿区的地层、构造特征及其与锰矿的关系,较详细地圈定了锰矿层(体);采用槽、坑探相结合的手段,按 400～1000m 工程间距,对浅表主要氧化锰矿体的形态、产状、规模及其矿化情况与顶、底板围岩特征进行了大致控制与了解,并大致圈定了矿体的氧化边界;选择新路河和沅头山两矿区矿化有利地段对深部原生锰矿进行钻探验证;通过采样测试,对矿石质量进行了系统研究,详细了解矿石组分、结构构造及其变化特征;同时收集和了解矿床开采技术条件和矿石加工技术选冶性能试验的有关资料,在进行上述工作的同时,对整个工作区开展了面上找矿工作,结合岩相古地理专题研究和遥感找矿信息提取,新发现了团山、文溪和坪阳三个可供进一步工作的矿产地。对工作区内主要锰矿(化)体估算了($333+334_1$)资源量 $1474×10^4$t,其中氧化锰矿 $811×10^4$t,碳酸锰矿 $663×10^4$t。

4. 成矿规律新认识

1)碳酸锰矿成矿条件分析

锰的地球化学特性决定了其易于在外生作用下富集并形成沉积型矿床,本区原生碳酸锰矿属于海相沉积型矿床,其成矿控制因素受到了古构造、岩相古地理、锰质来源、古气候、古生物和物理化学条件的综合制约。

(1)古构造条件。工作区处于扬子陆块与华南造山带的交接部位。雪峰运动之后,工作区处于拉张构造背景,沿雪峰隆起南、北两侧发生拉张断陷,与控制沉积盆地的"基底同沉积大断裂"共同控制了该类锰矿的 I 级古构造(图 4-23)。湘西南 II 级古坳陷控制怀化-靖州锰成矿带,III～IV 级古坳陷分别控制各矿床;各级古隆起形成盆地的障壁;安化-新晃与汉寿-城步两"基底同沉积大断裂"呈"人"字型相交,不仅构成矿带的西、东边界,而且与穿过工作区中部的桃源-通道"基底同沉积大断裂"一起成为深部锰质向沉积盆地聚集的通道。有利的古构造运动决定了沉积盆地的性质并控制了南华纪的沉积与锰矿床的形成。

(2) 岩相古地理环境。矿带在南华纪湘锰期处湘西南Ⅱ级古坳陷盆地，北邻洞庭古陆，西靠武陵、会(同)黎(平)两个古岛，南有四堡、龙胜古岛，盆地北东尚有仙人湾、古台山等水下隆起，它们共同构成了盆地的障壁，形成北、西、南三面临陆，南东通海的半封闭盆地环境(图4-23)。盆地内水动力微弱，水体结构有利于藻类生物的生长繁殖及水体密度分层和锰质浓集，形成了盆地中心炭泥质页岩相和向四周过渡的炭泥质碎屑岩相，其中的锰质岩、炭质泥页岩微相是本区碳酸锰矿最有利的成矿岩相。

(3) 锰质来源。盆地基底及周围老地层普遍具有高锰含量，局部形成了锰矿床(点)，这些含锰岩(矿)石经风化、剥蚀和搬运进入盆地，成为锰的主要来源。构成盆地边界的深大断裂及盆地内"基底同沉积断裂"将深部的富锰物质带入盆地，成为另一重要的锰来源。

(4) 古气候条件。南华纪湘锰期区内气候温暖，有利于藻类的生长繁殖，而藻类对锰质的富集起着重要的作用。通过研究现代冰川与现代海洋中锰结核形成之间的联系，认为冰川所产生的底层水温度低，富含CO_2和溶解氧，为弱碱性及硅酸不饱和性质，具备锰结核所需要的环境条件，正常流速下冰川活动由强减弱将有利于锰结核生长。区内南华纪湘锰期为间冰期，其古气候条件与现代海洋中锰结核生长的气候条件极为相似，有利于锰质的沉淀及碳酸锰矿的形成。

(5) 古生物条件。主要反映在矿石中有机碳含量高和古蓝藻类化石丰富的特征上。生物参与古陆(岛)的风化作用，将有利于含锰岩(矿)石Mn的释放并进入盆地，为成矿创造条件；蓝藻类海生生物在生长过程中，不断地从海水中选择性地吸收分散的锰质集于体内，死亡后于海底形成富锰堆积层，同时通过残余物质分解并释放CO_2，不断改变和调节介质的物理化学性质，使锰质不断富集于底层水和沉积物，直至经成岩作用形成$MnCO_3$的富集成矿。

(6) 含锰岩系特征。区内含锰岩系主要由炭质板岩、含锰板岩、含锰灰岩(白云岩)夹砂质板岩、板岩、薄层硅质岩和碳酸锰矿等组成，厚0~67.58m，一般厚5~14m。多数地段仅有1层锰矿，局部地段(沅头山矿区)可见2层锰矿。含锰层的厚度、岩性组合特征及其在湘锰组中的位置、沿走向的变化具有如下规律。

厚度、岩性组合变化特征：含锰岩系主要分布于湘西南Ⅱ级坳陷盆地中的南、北两个次盆地中，由盆地中心往盆地边缘，含锰岩系由厚变薄，岩性组合由复杂到简单，在盆地边缘相变为单纯的炭质板岩，直至尖灭；在工作区中部的相对隆起部位，含锰岩系不发育，厚度为0~2m，岩性主要由单一的炭质板岩、板岩组成。

含锰岩系在湘锰组中的赋存位置变化：在不同矿区，其位置有所不同，在团山矿区，位于湘锰组底部；在沅头山矿区，位于湘锰组中部；在新路河矿区，位于湘锰组顶部。含锰岩系的位置总体上由南东向北西方向具有由湘锰组的底部升至顶部的趋势，显示海侵从南东向北西的演化特点。

2) 氧化锰矿成矿条件分析

本区氧化锰矿均由原生碳酸锰矿或含锰母岩经次生氧化富集而成，属锰帽型氧化锰矿床，其氧化带的发育程度及矿床规模除与原生矿的成分、结构及矿体规模等因素外，主要受第四纪地质构造、气候条件和地形地貌等因素的控制。

(1) 气候条件。湘锰组沉积期，本区地处中低纬度区，气候炎热，雨量充沛且季节性变化明显，具有植被发育、生物活动能力强和腐殖酸丰富等特点，导致了强烈化学风化和生物风化作用。此外，含锰岩石具渗透性的性质，易于发生风化，并加大了氧化作用的深度，有利于原生矿或含锰母岩的氧化和淋滤富集，形成次生氧化锰矿床。

(2) 地质构造条件。区内构造发育，岩石破碎，有利于岩石发生风化，特别是十分发育的层间滑动断层及次级揉皱，对氧化带的发育和氧化锰矿的形成极为有利。

(3) 地形地貌条件。地形地貌不仅控制着侵蚀和堆积作用，还影响了地下水的流动和风化产物保留。本区地处山区，地形切割强烈，潜水面位置较低，有利于原生矿石的氧化，同时本区地形具有山麓切割强烈而山顶地形平缓的特点,有利于氧化锰矿的保存,形成氧化深度较大的氧化锰矿床。

综上所述,本区地质背景及成矿条件不仅有利于碳酸锰矿的沉积,更有利于氧化锰矿的形成,是优质氧化锰矿的有利成矿区。

5. 资源远景分析

工作区内浅表氧化锰矿矿石质量好,品位高,尤其是沅头山矿区的氧化锰矿具有较好的放电性能,且开采技术条件较简单;新路河矿区是寻找优质碳酸锰矿的重要找矿靶区;此外,在熟坪一带,长达60km范围内含锰岩系发育,浅表氧化锰矿显示良好,但深部工作程度低,具有产优质原生碳酸锰矿的条件。

二、典型矿床

(一)湖北火烧坪铁矿

长阳县火烧坪铁矿床位于长阳县资丘镇北11km,东与青岗坪矿区毗邻,西与田家坪矿区相接(图4-24)。

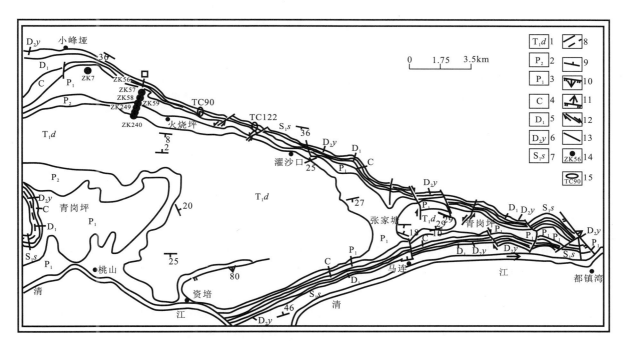

图4-24 长阳县火烧坪铁矿区地质图

1.三叠系下统大冶组;2.二叠系上统;3.二叠系下统;4.石炭系;5.泥盆系上统;6.泥盆系中统云台观组;7.志留系中统纱帽组;8.实测与推测地质界线;9.地层产状;10.实测正断层;11.实测逆断层;12.实测平推断层;13.性质不明断层;14.钻孔位置及编号;15.探槽位置及编号

1. 成矿地质特征

1)地层

矿区出露地层为中志留统至下三叠统,地层走向北西西,倾向南,倾角30°左右。区内断裂发育,主要有北北西向和北东向两组。由于断层横切地层,对矿层连续性有一定影响。铁矿赋存于泥盆系上统黄家磴组和泥盆系上统至石炭系下统写经寺组。

现将赋矿地层写经寺组、黄家磴组由新至老简述如下。

上覆地层：上石炭统黄龙组灰岩

——————整 合——————

写经寺组（D_3C_1x）

18. 紫色页岩及含铁页岩，夹结核状和薄层状赤铁矿（Fe_4）。本层在矿区东、西边缘变为 0.15～0.2m 深灰色、灰黑色页岩、薄层砂岩及菱铁矿互层，往西局部缺失。厚 0～22.4m
17. 紫红色白云岩，或泥质白云岩、白云质灰岩。矿区西部本层缺失。厚 0～5.2m
16. 紫红色、灰色泥质白云岩，上部偶见紫红色钙质页岩。厚 0.2～6.3m
15. 暗红色、黄色白云岩，或泥质白云岩、白云质灰岩。厚 0～4.5m
14. 灰色灰岩，泥质灰岩与灰质页岩互层，偶夹薄层白云岩、白云质灰岩。厚 5.7～23.7m
13. 灰色灰质页岩或灰绿色页岩，偶夹薄层泥质灰岩、灰岩及白云岩。厚 0.9～5.2m
12. 灰色灰质页岩，偶夹泥质灰岩。顶部夹 0.05～0.35m 紫红色含铁介壳灰岩或鲕状赤铁矿。厚 2.2～4.9m

——————整 合——————

黄家磴组（D_3h）

11. 钢灰色鲕状赤铁矿（Fe_3）夹灰色、灰绿色页岩，向西变薄至尖灭。厚 0.4～6.8m
10. 灰色页岩，含微量砂质，底部偶见 0.05～0.2m 的深灰色菱铁矿（?）。厚 1.2～3.7m
9. 灰色、深灰色细砂岩，多夹浅色薄层石英砂岩，或为石英砂岩、砂质页岩、泥质砂岩、粉砂岩。厚 0.2～2.5m
8. 上部为灰色灰质页岩，夹不连续薄层灰岩；下部为灰绿色页岩，偶夹不连续薄层砂岩。厚 1.2～3.0m
7. 紫红色鲕状赤铁矿及紫红色含鲕状赤铁矿页岩（Fe_2）。厚 0.4～3.5m
6. 灰绿色、灰色页岩夹条带状砂岩。厚 0～2.7m
5. 灰白色石英砂岩夹灰黑色泥质砂岩或砂质页岩。厚 2.3～12.1m
4. 灰色、灰绿色页岩。矿区中部，在本层顶、底部偶夹 0.4m 的含铁粉砂岩。厚 0.9～8.4m
3. 紫红色鲕状赤铁矿或含鲕状赤铁矿页岩（Fe_1），局部顶部有一层厚 0.1m 含绿泥石菱铁矿灰岩。厚 0.1～2.1m
2. 灰绿色、灰色页岩。厚 0.5～8.9m
1. 上部为灰黑色中厚层泥质砂岩；下部为灰白色中厚层石英砂岩；底部为黏土质砂岩或泥质砂岩，矿区西部偶见厚 0.3～0.4m 的鲕状赤铁矿或褐铁矿。厚 5～6m

——————整 合——————

下伏地层：中泥盆统云台观组石英砂岩

2）含矿岩系下伏地层

泥盆系中一上统云台观组（$D_{2-3}y$）　为灰白色、灰黄色中厚层—厚层石英岩状细粒石英砂岩，局部夹页岩。底部为白色石英砾岩。本组与下伏纱帽组呈平行不整合关系，厚度 60.40m。

3）含矿岩系上覆地层

石炭系上统黄龙组（C_2h）　为灰色、灰白色和肉红色中厚层—厚层块状细至粗晶灰岩、生物碎屑灰岩，局部夹厚层块状白云质灰岩。与下伏写经寺组呈整合关系，厚度约 45m。

4）矿区构造特征

火烧坪铁矿区地质构造较为简单，为两翼较宽缓向斜，断裂构造较发育，对含矿地层的连续性、赤铁矿体形态的完整性起破坏作用。

矿区内主体褶皱为马连向斜的北翼，该向斜呈东西向展布。其东段为向斜仰起端，属青岗坪铁矿区。向斜两翼由志留系上统纱帽组、泥盆系中—上统云台观组、上统黄家磴组、写经寺组、石炭系上统黄龙组等组成；向斜轴部最新地层为三叠系大冶组。

矿区内断裂较发育，其中以斜向正断层最多见，横向正断层次之，走向断层较少见。区内断层对矿体具有一定破坏作用。

斜向断层：多以北西向或北东向延伸，其中以 F_{133}、F_{19}、F_{24}、F_{54}、F_{66}、F_{71}、F_{112}、F_{120} 等为代表，断层倾角一般较陡，多在 50°以上，长度在 300m 以上，最长者达 4000 多米，垂直断距 20～250m。

横向断层：多以近南北向延伸，主要有 F_{34}、F_{113}、F_{125}、F_{126} 等为代表，断层倾角 55°～68°，走向延伸长度 320~1800m，垂直断距 40~100m。

2. 矿体特征

1) 矿体

矿区内含矿地层中共赋存有 4 层赤铁矿。

Fe_1 矿层（第一矿层）：赋存于黄家磴组下部，与灰色页岩互层，呈扁豆体状，厚 0.1~1.25m，沿走向常相变为含鲕状赤铁矿页岩。矿石品位 TFe 为 19.58%~29.82%，由于厚度小，变化大，品位低，无工业意义。

Fe_2 矿层（第二矿层）：赋存于黄家磴组上部，下距第一矿层 12m 左右。呈透镜状、扁豆状沿层分布，一般为单层产出，局部夹页岩而分叉。透镜体厚度为 0.3~1.5m，长度不超过 200m。矿区仅西部有可采矿层出现，一般不可采。矿石品位 TFe 为 30%~35%，因此意义也不大。

Fe_3 矿层（第三矿层）：赋存于黄家磴组顶部砂质页岩中，为本区工业矿层，矿层走向长 10.5km，宽 0.6~2.4km，地表露头标高最高 1800m，斜深至 1100m 标高尚未尖灭。矿层总厚 3m 左右，被两层页岩分隔成 3 个单层，即 Fe_3^1、Fe_3^2、Fe_3^3。

Fe_3^1 单层厚 0.02~0.62m，一般 0.2m，距第二矿层 0.5~0.8m。由于矿层薄，又不能合并开采，不具工业意义。

Fe_3^2 单层厚 0.45~1.96m，一般 1~1.5m。矿层东部及下部为鲕状赤铁矿，含铁量高；矿层西部及上部以砾状赤铁矿为主，含氧化钙高。故矿层由东向西、由下至上以酸性矿石向自熔性矿石过渡。矿石品位 TFe 为 39.07%~40.13%，SiO_2 为 9.23%~14.5%，Al_2O_3 为 4.08%~7.06%，CaO 为 7.89%~14.19%，MgO 为 1.67%~1.92%，P 为 0.82%~1.22%，S 为 0.47%~0.09%。

Fe_3^3 单层厚 0.59~3.31m，平均 1.26m，分布稳定，由砾状、鲕状赤铁矿及含铁灰岩组成。矿石品位 TFe 为 31.44%~44.32%，SiO_2 为 6.27%~10.15%，Al_2O_3 为 3.43%~5.15%，CaO 为 14.3%~18.97%，MgO 为 1.05%~2.8%，P 为 0.7%~0.84%，S 为 0.06%~0.17%，酸碱比大于 0.8。

Fe_3^2 和 Fe_3^3 间夹层不超过 0.4m，两矿层厚度互为消长，总厚 2~2.5m，平均 2.4m。由于夹层薄，可以合并开采。合并后的矿石大部分属自熔性矿石，或属碱性高磷、低硫中品位自熔性鲕状赤铁矿石。

Fe_4 矿层（第四矿层）：赋存于写经寺组上部，下距 Fe_3 矿层 20m 左右。赤铁矿、菱铁矿呈透镜状、结核状分布于紫色或灰色页岩中，断续可见，矿层薄，亦无意义。

2) 矿石质量

(1) 矿石矿物成分。

A. 矿石类型

矿石类型按自然类型大体上可分为两大类：即鲕状豆状赤铁矿和钙质鲕状赤铁矿。细分矿石自然类型则较为复杂，常见的有以下几类。

鲕绿泥石菱铁矿石：多见于矿层上部，或夹于鲕状赤铁矿之中。一般呈灰色、暗灰色、蓝灰色，或深灰色—灰黑色，鲕状结构及碎屑结构。矿物组成主要有鲕绿泥石、绿泥石、石英、胶磷矿、黄铁矿，以及少量水云母、锆石、电气石等。其中的鲕绿泥石，呈椭圆状、星点状及稀疏团块分布。菱铁矿晶体呈玻璃光泽，星点状分布。还常见黄铁矿沿层理产出，或成不规则的结核出现。

鲕绿泥石鲕状赤铁矿菱铁矿石：多出现于矿层上部，或作为夹层产出。呈暗红色—绿灰色、灰黑色，呈鲕状结构及碎屑结构。矿物成分主要为褐铁矿，次为赤铁矿、鲕绿泥石、绿泥石、石英、黄铁矿、胶磷矿等。其中的鲕绿泥石及鲕状赤铁矿呈稀疏状、扁豆状、团块状、条带状及似层状聚集排列。褐铁矿是地表次生氧化形成。

鲕绿泥石菱铁矿鲕状赤铁矿石：多见于矿层上部。呈含红色、钢灰色，风化剧烈呈褐色，呈鲕状结构及碎屑结构。矿物主要成分为褐铁矿、赤铁矿、石英、云母等，以及微量鲕绿泥石。鲕状体大多为褐铁矿与赤铁矿或针状连晶混合与透明矿物构成同心圆互层组成。

鲕状赤铁矿石：一般分布于矿层中部，呈似层状产出。矿石呈钢灰色、暗红色，呈鲕状结构及碎屑结构。主要矿物成分为赤铁矿，次为绿泥石，以及少量鲕绿泥石、石英、胶磷矿、黑云母、磷灰石等。鲕状体赤铁矿颗粒呈椭圆形，长轴定向排列形成似层状。绿泥石多呈胶结物产出，或呈鳞片状分布。石英以碎屑颗粒产出。

砂质菱铁鲕绿泥石鲕状赤铁矿石：分布于矿层下部，常产于砂质页岩、页岩及粉砂岩中，呈似层状、薄层状产出。矿石呈暗绿灰色、灰黑色、紫红色，地表经氧化呈褐红色。矿石矿物成分有鲕状赤铁矿、鲕绿泥石、菱铁矿（次生氧化成褐铁矿）、石英、绿泥石、黄铁矿、胶磷矿、锆石、电气石、高岭石、方解石、黑云母、白云母及炭质等，鲕状结构、碎屑结构。鲕粒由赤铁矿、绿泥石组成，胶结物为菱铁矿、绿泥石等。石英、黄铁矿等呈碎屑产出。

B. 矿石的成分

矿物成分：矿石矿物主要有鲕状赤铁矿、粒状赤铁矿，其次为菱铁矿等。脉石矿物有方解石、白云石、石英、绿泥石、黄铁矿、玉髓、胶磷矿、黏土及少许的磷灰石等。其中含铁矿物占70%以上。

C. 主要矿物特征

鲕状赤铁矿：多呈鳞片状集合体或胶状，隐晶或微晶，部分与胶磷矿、玉髓构成鲕粒同心环带，部分呈分散状分布于其他矿物之间作胶结物。其含量占矿石矿物的80%~90%。

胶磷矿：呈鳞片状与玉髓伴生构成生物构造外形或作凝胶鲕粒状占5%。

石英：多以鲕粒核心或呈碎屑粒状分布，呈次棱角或半滚圆状，粒径0.1~0.5mm，占3%。

玉髓：隐晶或纤维状集合体与胶磷矿伴生。含量5%~7%。

海绿石或鲕绿泥石：分布于赤铁矿之间或与石英构成鲕粒核心。

(2) 矿石化学成分。据火烧坪矿床样品分析结果，矿石中主要化学成分见表4-18。

表4-18 火烧坪铁矿化学成分表

化学成分含量	TFe(%)	SiO$_2$(%)	Al$_2$O$_3$(%)	CaO(%)	MgO(%)	P(%)	S(%)	碱比	V$_2$O$_5$(%)
Fe$_3$矿层	31.44~44.32	6.27~10.15	3.43~5.15	14.30~18.99	1.05~2.80	0.7~0.84	0.06~0.17	>0.8	0.056

鲕状豆状赤铁矿：TFe含量为37.8%~50.15%，平均42.42%~44.84%，SiO$_2$为5.24%~22.55%，Al$_2$O$_3$为4.23%~13.5%，CaO为0.3%~10.72%，MgO为0.53%~1.60%，P为0.73%~2.08%，平均0.86%~1.45%，S为0.017%~0.597%，平均0.08%，碱比为0.1%~0.77%，平均0.32%~0.72%。

钙质鲕状赤铁矿：TFe为24.30%~50.80%，平均30.40%~47.64%，P为0.505%~1.82%，平均0.89%~1.48%。

混合矿石：TFe为35.58%，SFe为35.38%，SiO$_2$为11.23%，CaO为10.72%，MgO为4.15%，Al$_2$O$_3$为5.32%，P为0.99%，S为0.107%。

(3) 矿石结构。区内赤铁矿矿石结构有鲕状结构、鲕状豆状结构、碎屑结构。

鲕状结构：鲕粒多为鲕状赤铁矿、鲕绿泥石等构成同心圆层纹，鲕粒呈椭圆形、圆形，鲕径一般为0.5~2mm（图4-25）。同心圆纹层数多者无明显圆核，纹层数少者一般以石英、绿泥石、赤铁矿或菱铁矿碎屑组成圆核。鲕粒多以接触式颗粒支撑，次为基底支撑，胶结物为铁质、绿泥石质及菱铁矿质。鲕粒含量一般为50%~80%，局部为30%~60%，胶结物含量为20%~70%。

鲕状豆状结构：呈椭圆形、圆形，豆粒粒径2~7mm，个别达13mm，鲕粒粒径0.05~2mm。豆、鲕一般具明显的不规则核心和同心圆层纹。豆粒、鲕粒多以接触式支撑，次为基底式支撑，胶结物为铁质、绿泥石质及菱铁矿质。豆粒、鲕粒含量为40%~70%，胶结物含量为30%~60%。

图 4-25 赤铁矿鲕状结构(光片×40)

碎屑结构：为次要的矿石结构类型。碎屑(含复碎屑)呈不规则粒状、棱角状和次棱角状、次圆状及少量滚圆状。碎屑粒径大小不一，一般在 0.01～2mm 之间，个别可达 4mm。碎屑间呈颗粒支撑或基底支撑，铁泥质胶结。碎屑含量为 40%～70%，胶结物含量为 30%～60%。

(4)矿石构造。矿石构造有块状构造、条带状构造。

块状构造：此类构造是矿区矿石构造的主要类型之一。由鲕状赤铁矿聚集为块状矿物集合体，构成矿层(体)的厚层或中厚层状构造。其中鲕粒、豆粒结构紧密者构成致密块状构造。矿石断面呈贝壳状，质地坚硬。

条带状构造：是矿区较多见的矿石构造类型。鲕状赤铁矿石、鲕绿泥石菱铁矿石、鲕绿泥石菱铁矿鲕状赤铁矿石及砂质菱铁鲕绿泥石鲕状赤铁矿石等不同矿石类型的组合和沉积韵律的变化构成了矿石中不同矿物集合体的条带状构造特征。有时也有含铁鲕绿泥石组合进来，常显示出明显的条带或条纹构造。

3)矿体围岩和夹石

(1)矿体围岩。矿区内铁矿层(体)共有 4 层，均赋存于黄家磴组上部。其中的工业矿体为第三矿层(Fe_3)。该矿层含 3 个分矿层，即 Fe_3^1、Fe_3^2、Fe_3^3，其中的 Fe_3^1 厚度较小，因而也没有工业意义，真正具有工业意义的矿层(体)是 Fe_3^2 和 Fe_3^3。矿体下伏围岩为粉砂岩、鲕绿泥石砂岩、页岩、砂质页岩及薄层鲕状赤铁矿等；上覆围岩为细砂岩、石英砂岩、砂质页岩、页岩等。

(2)矿体夹石。矿区内矿层(体)Fe_3^2 和 Fe_3^3 中的夹石为页岩、粉砂质页岩及鲕绿泥石岩，一般厚度为 0.10～0.60m，局部可达 1.20m。

4)成矿时代

宜昌-恩施地区分布较为广泛的鲕状赤铁矿成矿时代一直没有争议，统称为晚泥盆世。湖北省地质调查院在近年的潜力评价工作中，通过对区域地质调查的最新资料和岩石地层单位的清理研究成果综合分析，认为火烧坪矿床含赤铁矿岩系——黄家磴组和写经寺组的形成时代为晚泥盆世锡矿山期、邵东期至早石炭世岩关期，其中主要工业矿体第三矿层(Fe_3)赋存于黄家磴组中，其成矿时代为晚泥盆世锡矿山期。

3. 成矿作用特征

鄂西南宜昌-恩施地区赋存于晚泥盆世地层中的 Fe_1、Fe_2 和 Fe_3 矿层形成于海侵沉积旋回岩系中，而 Fe_4 则形成于海侵末期或海退沉积旋回岩系内。鄂西地区处于古华南海海湾盆地，长阳县火烧坪铁矿床内 Fe_3 为主矿层，Fe_1、Fe_2 和 Fe_4 为贫矿层，反映了矿区处在古海盆的北东缘。而在古海盆中心的官店、黑石板、伍家河、龙角坝和长潭河等矿床不仅规模巨大，矿石含铁品位也相对较高（TFe 为 39%～47.5%），多为富矿。

宁乡式铁矿的共生岩石类型包括石英砂岩、粉砂岩、黏土页岩、鲕状赤铁矿等，刘宝珺等（1994）把该类铁矿的沉积条件归属于滨海三角洲陆源型旋回，并认为形成于明显的温湿气候环境。据 Borchet 研究，氢氧化铁和氧化铁形成于浅海通风的水中，随着海水深度的加大，出现菱铁矿、鲕绿泥石，最后是黄铁矿。Taylor 曾指出，鲕绿泥石形成于较大范围的浅海海域内，其水温超过 20℃，进一步说明鲕状铁矿是在温暖潮湿的季节性气候条件形成的。

宜昌-恩施地区的火烧坪、官店等矿床，在相对温和、湿润的古气候条件下，上扬子古陆的含铁岩石进行了红土化作用，为成矿提供了充足的铁质来源。含矿岩系中盛产腕足类、珊瑚、鱼类、苔藓虫以及植物茎、碎片等化石特征，反映湿热气候条件下比较缓慢的沉积和局部海水交替进退情况。半封闭古华南海北部的海湾盆地或潮坪的浅海环境，水温较高，氧化条件较好。海洋的大风大浪不易侵袭到这个内陆盆地中来，海水比较平静，有利于铁矿沉积作用的进行。成矿物质通过古河流及潮汐搬运而来，可能以胶体、细悬浮凝胶或呈吸附的氧化物在相对较封闭的内陆古海湾盆地中，沉积于海侵序列的细碎屑岩中，形成一套含铁细碎屑岩（灰岩）建造，并形成了鲕状赤铁矿层（体）。

（二）花垣民乐锰矿

1. 矿床地质特征

矿区位于花垣县城南西 44km，地理坐标：东经 109°19′33″—109°22′19″，北纬 28°21′16″—28°24′15″。面积 18km²，区内最大标高 1057m，最低标高 400m。

本矿经详细勘探，探明的矿石储量 $38\,197.2\times10^4$t，为大型矿床。

矿区出露地层有青白口系马底驿组、五强溪组，南华系江口组、大塘坡组，震旦系陡山沱组、灯影组，寒武系牛蹄塘组等（图 4-26）。

含矿岩系为南华系大塘坡组下部。南华系大塘坡组自上而下剖面描述如下。

5. 灰色板状页岩夹黑色板状页岩，夹白云岩透镜体。厚 27～215m
4. 黑色炭质页岩，夹粉砂质炭质页岩和 3 层厚 0.5～0.7m 含锰白云岩，此层以下为含矿岩系。厚 24m
3. 黑色含锰炭质页岩，粉砂质炭质页岩，夹条带状菱锰矿的透镜体。厚 3～10m
2. 锰矿层（上矿层），由 1～4 小层菱锰矿组成，一般 1～3 层，矿层之间夹有黑色含锰炭质页岩及含粉砂质炭页岩
1. 黑色砂质炭质页岩，矿区中心夹含锰炭质白云岩、条带状菱锰矿（相当下矿层）及炭质砂岩。厚 0.1～6.29m

南华系大塘坡组下部含锰岩系的厚度与矿层厚度成正相关，根据矿区 12 勘探线以北 96 个工程控制的含锰岩系厚度与上、下矿层厚度之和的相关散点图分析，当含矿岩系厚度 25～35m 时，矿层厚 1.5～2.5m，当含矿岩系厚 35～52m 时，矿层厚 3.5～7m，因此认为含矿岩系厚度越大，锰矿层则越厚。

矿区位于摩天岭背斜南东翼，北西翼已剥蚀殆尽，为向南东突出的单斜构造。断裂以北东—南西向一组断裂规模较大，对矿床有一定影响。另外，尚有北西和近东西向的次级派生断裂。

本区有工业矿层 2 层，矿层系由若干似层状、透镜状矿体紧密叠置而成（图 4-27）。矿层在总体上与上覆和下伏岩层的产状一致，各层特征如下。

上矿层：是矿区的主要矿层，空间上总体为一个北东 40°走向展布的椭圆形。分布于全区范围内，

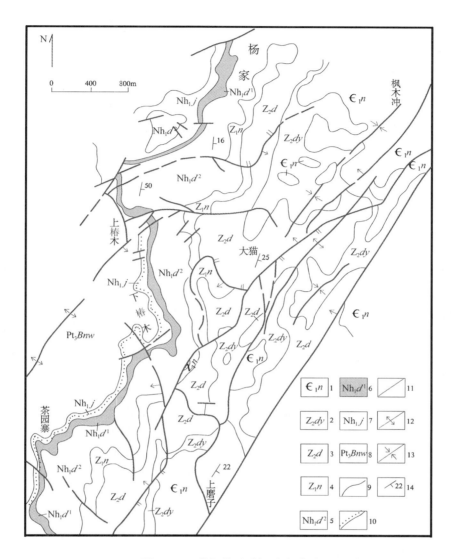

图 4-26 花垣县民乐锰矿地质图

1.寒武系牛蹄塘组；2.震旦系灯影组；3.震旦系陡山沱组；4.震旦系南沱组；5.南华系大塘坡上段；6.南华系大塘坡组下段(含锰层位)；7.南华系江口组；8.板溪群五强溪组；9.地质界线；10.不整合界线；11.断层；12.背斜轴；13.向斜轴；14.地层产状

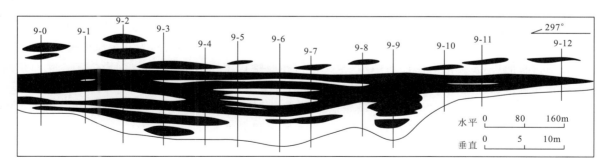

图 4-27 花垣县民乐锰矿第 9 勘探线矿层对比横剖面图

工业矿层沿走向长4250m,沿倾向延伸1800m,全区平均厚2.71m。产于含锰岩系下部,主要由3~4小层块状或条带菱锰矿与黑色含粉砂质炭质页岩相间组成,一般下部两小层较规则,呈层状、似层状,上部则常为透镜状。可采矿层分布于北东端勘探1线至南西22线,由于矿层的厚度、结构等差别,大致以13线为界,划分为北东和南西两个矿段。

矿区北东段(1—13线)的矿层沿走向稀薄2500m,沿倾向宽700~1800m,具工业价值的矿层厚度一般2~5.73m,平均3.09m,矿石占全区总储量的82%左右。矿层厚度虽时有变化,但其总的变化特点是具有矿床中心部分厚度较大,向边缘渐变薄的现象,特别是沿倾向,有每延伸100~150m厚度减薄1m的趋势。矿层结构较复杂,常夹2~3层黑色含粉砂质炭质页岩或含锰炭质页岩,局部为含锰云岩透镜体。全段表内矿体的平均夹石率为19.9%,夹石一般厚0.2~1m,沿走向长200~600m,倾向延伸50~500m,锰矿层常具分叉、复合、尖灭再现等特征。

矿区南西段(13—22线)是矿体经剥蚀后的剩余部分,矿段长1750m,宽300~600m,矿层厚度较之矿区北东段薄,具工业价值的矿层厚0.7~4.2m,平均1.68m。在勘探的工业矿层分布范围内,虽纵横方向上局部地段出现矿层厚度变薄,以致达不到可采厚度的情况,但未出现无矿天窗。一般来说,13—19线的浅部地段,即靠近透镜状矿体中心部分厚度较大,多在2m以上,而深部一般变薄在1m左右。往南西矿体边缘部分,锰矿层呈单个小透镜体出现,一般长数十米至百余米,厚度多为0.2~0.4m。此段矿层结构比较简单,一般不含夹石,仅局部夹少量0.1~0.4m的含锰黑色炭质页岩、含粉砂质炭质页岩或含砾细砂岩透镜体,表内矿体平均夹石率为3.9%。

下矿层:由似层状、透镜状矿体组成。产于含锰岩系底部,矿层底部与含锰岩系底界的距离0.1~3.6m。矿层顶与上矿层底界距离为0.43~0.8m,局部达1.2~1.4m,最大距离2m。该层主要集中分布于矿床的中心,北东起自勘探6线,南止于12线。走向上断续长1500m,沿倾向宽1290m。在平面图上总体呈北东-南西向展布的不规则状透镜体。矿层一般以单层出现,个别地方由2~3小层组成。厚度0.2~2.28m,一般0.89~1.22m,平均1.07m,局部地段尖灭。厚度变化系数为28%。厚度以10线4孔一带为中心,向四周逐渐变薄,其变化特点是矿层数增多,单层厚度变薄,以至尖灭,故沿走向和倾向常出现无矿天窗。该矿层矿石质量较差,厚度较薄且变化大,查明的矿石储量只占全区总储量的1.6%。工业意义不大。

上矿层直接顶板为含锰粉砂质炭质页岩,含锰一般3%~7%,平均5.29%。上、下矿层间为黑色含粉砂质炭质页岩;一般厚0.43~0.8m,最厚2m,因此,它既是上矿层底板,也是下矿层的顶板,岩石平均含锰2.27%。下矿层直接底板为粉砂质炭质页岩夹细砂岩、含砾砂岩和云岩透镜体,全区平均含锰3.78%。

矿石类型简单。按矿物成分划分了原生锰和氧化锰两种自然矿石类型。原生锰矿石是区内最主要的矿石类型,根据矿石中锰的含量、结构、构造又分为致密块状菱锰矿石和条带状矿石。前者主要分布于上矿层矿体中心部位,含锰量一般超过20%,质量较好。后者含锰量一般17%~18%,多分布于矿体边缘,氧化锰矿石分布于浅部地表,是由原生锰经次生富集而成;氧化程度以矿床中心部位较强,氧化深2~4m,矿层厚2.79~3.95m。由矿床中心向南、北两侧,氧化深度变浅,矿层厚度变薄。氧化矿石质量一般较好,通过选矿MnO_2含量达到70%~73%,放电时间500~550分钟,为Ⅱ级放电锰矿石。

矿石结构较简单,常见的有隐晶质结构、微粒结构和假鲕粒结构三种,其中以前者为主。矿石构造主要为块状和条带状构造。

矿石的矿物成分:金属矿物以菱锰矿最为重要,硬锰矿、软锰矿少见,且主要见于地表氧化程度高的地段。脉石矿物有石英、白云石、磷灰石、胶磷矿、黏土矿物和炭质等。

矿石化学成分见表4-19。

Mn/Fe比值为4.52~8.63,$SiO_2+Al_2O_3/CaO+MgO$比值为1.72~3.6。本区矿石属高磷非自熔性矿石。

表 4-19 花垣民乐锰矿矿石化学成分(%)

区段	矿层	品级	化学成分							
			Mn	P	SiO_2	Al_2O_3	CaO	MgO	S	TFe
13线以北	上矿层	I	21.34	0.239	20.97	4.02	6.81	3.85	1.31	2.38
		II	18.97	0.247	24.17	5.90	7.01	3.47	1.84	2.64
		平均	19.79	0.244	23.07	5.71	6.93	3.62	1.63	2.55
13线以南	下矿层	I	20.91	0.163	20.66	3.58	8.07	4.01	1.11	2.53
		II	19.4	0.173	22.25	5.62	7.73	3.60	1.74	2.55
		平均	20.28	0.167	21.32	4.79	7.87	3.76	1.49	2.54
全区	上矿层	平均	19.86	0.235	22.83	4.91	7.56	3.72	1.53	2.55
	下矿层	平均	16.15	0.235	27.61	7.18	7.16	2.54	2.35	3.59

矿石中化学组分具有一定的变化规律，锰含量的高低明显受矿石类型控制，以块状矿石为主的锰含量较高，以条带状矿石为主的锰量较低，如下矿层以条带状矿石为主，其含锰量低于以块状矿石为主，锰含量具有由矿床中心向边缘逐渐变贫，甚至变为含锰页岩的现象。另外，在剖面上同一矿层自下而上矿石的锰含量也具由富变贫的现象。

矿石中磷的含量也有一定的变化，矿床中心部位北西侧磷含量较高，向边缘逐渐降低，尤其是矿区东侧下降幅度较大，磷含量大于0.4%的高值区零星分布，但小于0.4%的低值区连续成片分布。矿石中磷含量与锰含量之间的关系沿倾向没有明显的规律，但在走向上，往往是锰磷亦低，具正相关关系。

矿石SiO_2的含量与锰的含量具负相关关系，这种变化规律，无论沿走向或倾向上均较明显，其相关系数为0.8~0.95。

2. 矿床成因探讨

1）成矿物质来源

本区成锰物质主要来自陆源岩石的风化析离，兼有来自沉积火山碎屑岩的海解作用和地壳深部的热液。还可能有其他来源，如来自沉积风化壳(即底板渗出矿质)等(付胜云，2010)。

(1)锰质来源于大陆岩石的风化析离。

①雪峰运动使湘西及邻区地壳上升，造成南华纪与青白口纪之间存在长期沉积间断；陆源物质有较充分的时间进行风化剥蚀和析离分异，而且当时气候潮湿炎热，化学风化强烈，速度又快，故使锰质聚集。锰矿就产于海进层序的下部。

②从锶同位素来看，吉首-凤凰锰矿带共采8件测定样品，其中6件黑色页岩的$^{87}Sr/^{86}Sr$介于0.74265 ± 0.00016~0.75808 ± 0.00025之间，2件碳酸锰矿石$^{87}Sr/^{86}Sr$介于0.70935 ± 0.00016~0.71145 ± 0.00039之间，求得初始值为0.7059 ± 0.00015。为了使初始比值更具有代表性，采用上述3个同层位的锰矿床平均初始$^{87}Sr/^{86}Sr$值(0.71217)同大洋火山岩、大陆壳的平均初始值相比，则高于大洋火山岩平均初始$^{87}Sr/^{86}Sr$值(0.7037)，且变化范围也比大洋火山岩(0.702~0.706)大，但接近于大陆壳的平均初始$^{87}Sr/^{86}Sr$值(0.719)。这是因为大陆地壳的岩石是富Rb的，Rb/Sr比值比上地幔岩石高得多，大约是上地幔的10倍。随着时间的推移，大陆壳岩石中锶的放射成因组分也比上地幔高，故大陆壳岩石$^{87}Sr/^{86}Sr$比值比上地幔岩石要大，其变化范围也较上地幔岩石宽。据此，反映成矿物质主要来源于大陆壳。

③据含Fe量和Fe/Mn的比值分析，锰质来自海底火山活动的火山沉积锰矿含铁甚高，锰质来自大陆的沉积锰矿含铁则较低。而且随着海水的加深，Fe/Mn比值越来越小，这是因为陆源搬运来的铁锰物质流入海洋后，靠近陆地范围pH值较低，铁质优先沉淀，锰质则在DH值增大的海盆中心沉淀。而

民乐锰矿床含 Fe 低（3.59%～2.55%），Ⅰ矿层 Fe/Mn 比值为 0.13，Ⅱ矿层为 0.22。并有矿层中心 Mn 高 Fe 低，边缘 Mn 含量变低而 Fe 含量有所增高的趋势。由此可以看出，民乐锰矿的物源主要来自于古大陆。

(2) 锰质部分来源于海底火山。

① 含锰岩系底部存在有火山碎屑及其岩石。岩石为沉凝灰岩、凝灰质砂岩、凝灰质菱锰矿、含凝灰质菱锰矿，火山碎屑形态主要为晶屑（石英、斜长石）和火山灰（扫描电镜可见火山灰结构），岩屑较少。

② 火山碎屑分布于菱锰矿中，晶屑周围为菱锰矿球粒所围绕，火山碎屑与菱锰矿微层构成叠复层理。

③ 火山碎屑富集的地段，恰是矿层之中心地带，又是锰、磷含量的高值区，火山碎屑与锰、磷似具正相关关系。

④ 已发现的火山碎屑多为细微的凝灰质和火山灰尘。提供成矿物质的途径可能为火山灰的分解渗滤，即锰质被火山灰尘埃微粒表面吸附，并以此方式带出，在海水的作用下，从中渗滤出锰质，再经海流搬运至近岸海湾中聚集并沉积下来。可见，海底火山活动可提供一小部分锰质。鉴于本区沉积火山碎屑岩分布零星，规模甚小，大塘坡组底部沉积火山岩厚度仅几厘米至十几厘米；而且一般火山-沉积矿床所具有的独特标志，诸如不具海侵层序，矿层与火山岩或沉积火山岩呈互层产出，沿水平方向矿层逐渐过渡为火山岩，矿石矿物常以氧化物、硫化物为主，围岩和矿石富含硅质或钠质等，在矿区均未见及。故将海底火山活动只作为锰质来源之一，不作为主要来源。

(3) 锰质少量来源于地壳深部。

地壳深部物质，包括地幔物质的地史演化，直接或间接地影响着表生地质作用的成矿物质基础。如洋底扩张中心，转换断层俯冲带上深大断裂以及其他深大断裂带，都可以导出深部成矿物质。民乐盆地南东缘推测有一条同生古断裂，在区域上延伸颇远，规模巨大，控制着断裂两侧的岩性、岩相、沉积环境、沉积建造，可能为雪峰期形成的深大断裂，与民乐盆地具有成生联系。湘黔川边境的大塘坡期锰矿多位于该断裂的旁侧，而且呈线状分布，故认为地壳深部的岩浆热液和变质水热液等高温、高矿化度和高化学能量的含矿溶液有可能沿上述断裂上升，就地进入水盆地提供一小部分成矿物质。

2) 锰质搬运方式

由于锰质是以陆源为主多来源的，成矿物质的搬运方式也是多样的。来自陆源的锰质主要是河流搬运，其搬运形式又与古大气圈、水圈的性质有关。来自海底火山作用的锰质，其搬运方式先是海洋底流，后是波浪和潮流，在海底火山活动时，喷出大量的细凝灰质和火山灰尘，已被矿床本身存在这种火山物质所证实。来自地下深处的锰质，主要是一种高矿化度的高能量热水溶液，沿深断裂的通道上升进入盆地。根据地壳深处和上地幔的研究，上升热液中的锰质主要呈重碳酸锰的形式，因为地下深处压力很大，又是一个完全封闭的条件，所以重碳酸盐可以一直从深处上升到地表而进入海盆。

3) 锰质沉积作用

成矿期为潮湿的亚热带气候，当时大气圈，水是一个富 CO_2、贫 O_2 的还原环境；菱锰矿形成的 pH 值一般为≥7.8，最高为 8.5，Eh 值以负值为主；成矿盆地为近岸的海湾盆地边缘；盆地边缘又处于半局限状态，盆地内发育着大量的蓝藻生物。当河流、海流（深部）热流携带的锰质，以重碳酸锰形式进入盆地边缘后，增加了盆地矿物质总浓度，重碳酸锰越聚越多，就发生了沉积作用。由于矿石中菱锰矿呈微细泥晶结构和蓝藻化石细胞已经矿化的特点，按照碳酸盐沉积理论，其沉积方式有两种：一种是菱锰矿由于化学作用直接从水体中沉积，另一种是藻类死亡后堆积。

4) 锰质成岩富集作用

当含锰的沉积物沉积到沉积界面以下后，物理化学条件发生了变化。由于大量的泥质、菌（藻）类有机体的存在，水中含量很高，成为早期成岩作用中元素迁移、富集的介质和物质交换的媒介。生物遗体腐烂分解后，形成 H_2S、H_2、NH_3、CO_2、H_2O，并放出热能，产生一个较复杂的物理化学与生物有机化学环境，使沉积的锰藻本身的有机化合物大部分被分解，仅以稳定的卟啉化合物和叶绿素继续存在至今，而其中的 Mn 与 CO_2，组合形成碳酸锰矿物，以蓝藻化石形态保存下来，形成碳酸锰矿层。直接从水体沉淀的碳酸锰，因具有不溶于铵盐的性质，使其不被溶解流失，与锰藻经过成岩变化后形成的碳酸锰一起，共同组成锰矿层。而与 $MgCO_3$ 同时沉淀的 $CaCO_3$、$MgCO_3$ 等却易溶解流失，致使矿层中难见到灰岩、云岩。Fe^{2+} 在成岩期因有大量的 H_2S，则与 H_2S 分解出 S 结合，形成草莓状黄铁矿。所以矿石中 Fe 和 S 关系很密切，相关系数为 0.837。由于 pH 值较高，固相的 SiO_2 被溶解后，一部分沿成岩裂隙充填，形成细网状脉保留在矿石中，另一部分则沿着先形成的固体沥青质球粒边缘沉淀。随着漫长的地质作用的进行，上覆沉积层越来越厚，压力越来越大，含锰沉积层不断脱水、压实、固结，锰质在固结过程中还可以发生局部的再分配，使之形成透镜状及其所组成的透镜体群。据斯米尔诺夫（1976）的资料，在成岩作用中，锰的含量可增加 1.4～6.7 倍。由于含锰岩系越厚，储存在其中的锰质总量越多，围岩中所含锰质在成岩期已大部分迁移至矿层，故有含锰岩系厚度与锰矿层厚度成正相关的关系。

5) 矿床成因类型和成矿模式的探讨

对成锰物质的来源、搬运方式、沉积作用和成岩富集作用的综合研究，认为吉首-凤凰锰矿床的物源是以陆源为主兼有火山灰分解渗滤的锰质和深部含锰热液，其搬运方式在前寒武纪 CO_2 高、O_2 低的背景条件下，主要是呈重碳酸盐形式的河流搬运，也有海水底流和深大断裂导出深部热液的重碳酸盐；沉积作用有从海水中直接化学沉淀和生物直接堆积，成岩作用可以使锰质重新再分配，从而提高了矿床的富集程度。通过成矿地质条件分析，认识到锰矿床严格受地层层位、海侵沉积旋回、构造的坳陷幅度、古地理环境和湿热气候等多种因素所制约。因此认为吉首-凤凰锰矿床既非单一陆源的浅海化学沉积成因，又不是来源于火山的火山-沉积矿床，而是主要来自陆源兼有其他来源的盆地边缘化学及生物-化学沉积矿床。

三、区域成矿规律

(一) 宁乡式铁矿

湘西-鄂西地区铁矿以宁乡式铁矿为主，其次是江口式铁矿。宁乡式铁矿分布于扬子陆块中部泥盆系浅海相碎屑岩建造中，矿体呈层状和透镜状主要赋存于中—上泥盆统砂、页岩中，部分产于上、下二叠统黏土质页岩和黏土岩中。

该类矿床规模大、产地多和分布广，主要分布于鄂西-渝东-湘北、湘东-赣西、桂东北-黔东南和黔北-川南地区，主要矿床有湖北官店、火烧坪、龙角坝铁矿，湖南大坪、石家坊铁矿，四川巫山、芙蓉山铁矿，贵州苦李井铁矿，广西海洋铁矿和云南鱼子甸铁矿，其中以长阳火烧坪铁矿为典型代表。

1. 鄂西南地区沉积型铁矿远景区

该类型铁矿远景区广泛分布于鄂西上扬子台坪地区，分布面积 15 000 km^2，已查明矿产地 42 处，其中大型矿床 5 处，中型矿床 18 处，小型矿床 19 处，查明铁矿资源储量 20×10^8 t，其中大中型矿床资源储量占 55%。铁矿产于泥盆系上统黄家磴组和写经寺组，矿体呈层状，最发育地段有 4 层矿，单矿体厚度 1～4.83m，长度数百米至数千米，最长 5000m，延深数百米至千米，最大延深 2600m。矿石主要有用矿物以赤铁矿为主，含少量黄铁矿，具鲕状结构，TFe 含量 31%～44%，P 含量 0.7%～1.44%，用常规选矿方法难以脱磷，属难选冶矿石。

写经寺组岩性可分上、下两段，上段为黄灰灰绿色页岩、砂质页岩、石英砂岩夹粉砂岩、含鲕绿泥石菱铁矿和鲕状铁矿层；下段在宣恩、建始一带以灰岩、泥质条带灰岩或泥质灰岩为主，局部夹页岩。在湖北五峰、宜昌、长阳等地，则常以泥灰岩夹泥页岩为主，部分地区相变为以细砂岩或铁质石英砂岩为主，夹有鲕状赤铁矿层。黄家磴组以杂色页岩、石英砂岩和粉砂岩为主，在区内岩性变化不大，但在鹤峰以东至长阳、宜都和宜昌等地则砂岩增多，常以石英细砂岩、细砂岩或粉砂岩为主。在建始、宣恩等地，一般以泥质页岩和钙质页岩为主，即有从西（南）向（北）东由以页岩主过渡为砂岩为主的特点。但普遍夹有鲕状赤铁矿,时夹鲕绿泥石砂岩。

含矿岩系中有 4 层铁矿层,从上到下编号为 Fe_4、Fe_3、Fe_2、Fe_1,其中 Fe_2、Fe_1 属黄家磴组,Fe_4 和 Fe_3 产于写经寺组。

Fe_1 矿层赋存于黄家磴组下部。见于少数矿区,呈透镜状和扁豆状,厚度较薄且品位不富,工业价值不大。

Fe_2 矿层赋存于黄家磴组上部。厚度为 0.8~1.2m,矿石以砂质鲕状赤铁矿为主,局部为砂质菱铁矿。矿石品位 TFe 为 35%~40%,局部有大于 45% 的富矿,P 为 0.7%~1%,S 为 0.01%~0.1%。

Fe_3 矿层赋存于写经寺组下部。该矿层分布广,是各矿区最重要的工业矿层。厚度为 1~4m,一般厚度在 1.5m 左右,以钙质鲕状赤铁矿为主。矿石品位 TFe 为 35%~45%,局部 50% 以上,P 为 0.27%~1%,S 为 0.02%~0.3%,酸碱比 0.25~0.5,局部大于 1,属高磷、低硫自熔性中品位铁矿石,少数为富矿石。

Fe_4 矿层赋存于写经寺组上部。矿层结构比较复杂,一般有 3~6 个分层,有用矿层 1~2 层。工业矿层厚在 2m 左右,主要由菱铁矿、鲕绿泥石及鲕状赤铁矿组成。矿石品位 TFe 为 22%~50%,P 为 0.29%~1.42%,S 0.03%~0.38%。

在 4 层铁矿层中,Fe_1 矿层薄、稳定性差,一般无工业价值,局部有规模不大的扁豆体状矿体;Fe_2 矿层为区内主要矿层之一,特别是本区南部各矿区分布较普遍;Fe_3 矿层是区内最重要矿层,不但全区分布稳定,而且厚度较大;Fe_4 矿层好于 Fe_1 矿层,但矿层结构、矿石类型复杂,是区内工作程度最低的矿层。

宁乡式铁矿由于含磷高,一直没有被正式开发利用。近年来由于铁矿价格上升幅度大,已有部分矿山开采其中的富矿,作为磁铁矿矿石的配矿原料,也有少数矿山开采作为烧制水泥的配料,但总的用量不大。据统计,鄂西地区宁乡式铁矿分布于 10 个县,其中 4 个县有小规模开采,共有小矿山 8 个,矿山年总产量不超过 $3×10^4$t。

宁乡式铁矿在鄂西地区已查明 $20×10^8$t 铁矿资源,通过选冶技术攻关,尽早开发利用,使资源量转化为基础储量,是湖北省铁矿资源的重大潜力。2010 年矿产资源潜力评价共预测该地区海相沉积型铁矿资源量为 $54.91×10^8$t,分布于宜昌-恩施地区和神农架地区。

2. 湘西地区沉积型铁矿远景区

湘西地区沉积型铁矿远景区位于湖南省北西部的澧县、石门、慈利、桑植、永顺和大庸一带。铁矿主要分布于石门-桑植复式向斜内上泥盆统黄家磴组。含铁层位分布范围广泛,东西长约 200km,南北宽约 80km。

截至 1983 年底,共查明铁矿产地 50 处,其中有中型矿床 9 处,小型矿床 3 处,矿点 38 处。累计探明表内矿石储量 $20 176.8×10^4$t,表外储量 $125.2×10^4$t,尚未开采,2010 年矿产资源潜力评价共预测该地区海相沉积型铁矿资源量为 $12.23×10^8$t,分布于桑植-石门地区。因此,该层位的铁矿具有一定的工业价值。

含矿岩系主要为紫红色、灰绿色页岩、含铁页岩、鲕绿泥石页岩、含铁石英砂岩、石英砂岩和砂质页岩,局部成韵律。由于受古海岸线、海水的深浅及物质成分来源等的控制,含矿岩系在空间上变化较大,可以分为 4 个相区:靠近古海岸线的新关—小溪峪一线为砂岩相,以碎屑沉积为主;在蒋家湾、凤鹤山则为砂岩夹页岩相。石门垭为砂页岩交互相,人潮溪一带为页岩夹砂岩相;在麦地坪、隆洞坪一带为页岩相。其中以砂岩相矿体为最好。

含矿岩系的厚度自西往东有变厚的趋势,西部卧云界一带厚度只有数米,往东至桑植麦地坪厚达 40 余米,至石门新关则厚度达 50 余米。此外,南部的含矿岩系较北部为厚,如石门新关含矿岩系厚 50 余米,石门太清山则为 30 余米。在小溪峪、新关、杨家坊等矿区含矿岩系厚,矿层也厚。自小溪峪、喻家咀向西南含矿岩系沉积后,曾发生过地壳上升和风化剥蚀,将含矿岩系上部,甚至全部剥蚀,二叠系底部页岩或栖霞灰岩直接覆盖于矿层之上构成铁矿层的顶板。

铁矿层有 1~6 层,具工业意义的除太清山、麦地坪有 3 层外,其他矿区普遍为 1 层,且多为第二矿层(矿层顺序自下而上)。矿层延伸长 2000～11 000m,一般 4000～8000m。矿层沿走向、倾向变化大,具分支复合和尖灭再现的现象。

矿体形态多呈不规则的透镜状和似层状。矿体厚度一般 1.6～2.7m,最厚为 4.8m,局部(如槟榔坪)可达 8.1m。单矿体长度在不同地区相差悬殊,一般数百米,最大的矿体长达 7000m。据已查明的矿体,走向长度小于 500m 的占 51%,大于 1000m 的仅占 30%。一般具工业价值的矿体走向长度大于 500m。

矿层顶板多为黏土质页岩、铁质页岩,底板为黏土页岩、绿泥石页岩或含铁砂岩、含铁页岩,部分地方可见含铁角砾的铁质泥岩。

(二)江口式铁矿

江口式铁矿主要分布于湘西南地区,位于扬子陆块与华南造山带结合部位,出露有板溪群—志留系浅变质岩,区内江口组含铁岩系分布广泛,是湖南省重要的沉积变质型铁矿(江口式铁矿)成矿区。区内先后经历了雪峰、加里东、海西—印支、燕山和喜马拉雅期等多次运动,形成了一系列走向 NE、NNE 的褶皱带,并伴随岩浆活动,其中溆浦-融安深断裂对震旦系及下古生界的沉积环境有明显的控制作用。断裂南东侧,为江口组含铁岩系分布区,而断裂北西侧,无江口式铁矿分布;沿断裂带基性、超基性岩体呈串珠状、长条状分布;断裂带的中南段为震旦系沉降幅度巨大的沉积中心,该沉积中心的时空展布与该区江口式铁矿的形成及分布关系密切。

1. 矿床特征

铁矿床主要赋存于南华系下统江口组地层中。赋矿岩系为绿泥石板岩、含砾板岩、含砾砂质板岩、凝灰质砂岩、含铁碎屑岩、含铁板岩和赤铁矿层,具多源混合沉积物特征。区域性断裂带控制了南华纪岩相和矿带的空间分布,铁矿体形状呈层状、似层状、透镜状,产状与围岩基本一致。

矿体延长一般数百米至几千米,极少数可达 10 余千米,延深数百米至千米以上。厚度一般几米至 40 余米,矿层厚度与含铁岩系的厚度成正相关关系。矿石品位:赤铁矿石一般为 28.10%～30.50%,混合矿石一般为 26.63%～33.73%,磁铁矿石一般为 25.87%～28.63%。其中 SiO_2 含量高,属含 S、P 较低的酸性贫铁矿石;伴生有 Au,含铁岩系中 Au 含量 $(0.14～0.29)×10^{-6}$,铁矿石中为 $(0.14～0.19)×10^{-6}$。

矿床形成时期经历了雪峰—燕山多期构造运动的叠加改造,磁性矿体主要分布在褶皱强烈发育部位及岩体或各类岩脉侵入部位,非磁性矿体则与含铁岩系的空间分布基本一致,沿走向及倾向均呈现明显相变特征。矿石矿物一般以赤铁矿、磁铁矿和假象磁铁矿为主,其次有少量褐铁矿和微量的黄铁矿、菱铁矿,矿石中普遍含少量碳酸铁和硅酸铁。脉石矿物主要为石英和长石。该类型矿床一般可达中—大型规模。

2. 成矿规律

1)地层层位与岩性对铁矿的控制

赋矿地层对江口式铁矿的控制作用主要表现在:①江口式铁矿具有稳定的层位,这与江口组地层中铁质含量普遍较高有直接的成因联系;②含矿层位往往是大范围分布,一般沿走向延展数千米至数百千米,沿剖面矿体厚度数米至数十米;③铁矿层的产状与地层产状基本一致;④矿层顶底板围岩岩性与铁矿体富集关系密切,当矿层底板为含砾砂岩时,矿层稳定,且延展较大,若为砂质板岩或二者交替出现时,矿体则延展较小,多为透镜体,反映了海水深度和环境对铁质的富集有着直接的影响。

2)岩相古地理对成矿的控制

该区雪峰运动表现为强烈的地壳抬升,形成了震旦系与板溪群之间的假整合—微角度不整合接触,局部地区伴有微弱的火山喷发。地壳运动的强度在空间不平衡,由北往南逐渐减弱,形成了与板溪期近似的古构造格架及古地理雏形。

在南华纪江口期,本区沉积相可分为两个相区:北区(扬子陆块)因雪峰运动抬升成陆,至南华一直处于侵蚀剥蚀阶段。中区(湘中-桂北弧后海盆区)为海洋冰川与海洋沉积相区,其中黔阳-湘潭小区早时为陆源区,没有接受沉积;湘西南洞口-绥宁-祁东小区,岩石组合与黔阳-衡阳小区相似,但有含铁硅质岩、赤铁矿层,属温暖、潮湿浅海棚缘盆地相环境。此时沉积的江口组地层,在其厚度为 500～3500m 的含矿层内,以多源复理式碎屑岩建造为主,其中含砾板岩的基质和砾石成分复杂,反映沉积物来源的复杂性和多源性。此外,含砾砂岩中泥质含量较高,石英含量变化区间较大(15%～65%),与边缘海杂砂岩特点相似;岩石中锰和钙的含量较高。

3)古构造对成矿的控制

本区处于扬子陆块与华南造山带结合部位。雪峰隆起作为扬子陆块东南边缘长期活动的区域,其与华南造山带以深断裂分界。由于多期次构造运动的叠加,本区表现为强烈的倒转褶皱,为该区铁矿床的变质改造提供了动力和热能。此外,区内展布着一系列平行或大致平行的向 NW 倾斜的断裂带,其中溆浦-黎平和溆浦-融安深断裂形成于雪峰期,并在加里东、印支和燕山期均有活动。在重力梯度带内有航磁异常显示,沿断裂带基性—超基性岩体呈串珠状、长条状分布。这些断裂带对区内震旦系及下古生界的岩相、岩性、厚度和沉积环境有明显的控制作用。北纬 27°20′以南,断裂的南东侧为江口式铁矿的分布区,断裂北西侧,无江口式铁矿沉积。沿断裂的中南段为沉降幅度巨大的震旦系沉积中心。

上述特征表明,断裂带的形成和长期活动是形成江口式铁矿的主要因素之一。

4)变质作用对成矿的控制

(1)动力变质作用的影响:在构造活动强烈的挤压部位,由于动力变质热液的影响,在还原环境中有机硫(H_2S)等还原剂将赤铁矿还原为磁铁矿,导致该地段铁矿体中磁铁矿含量明显增高、粒度变粗(由微细粒变为中粗粒),常形成大厚度的磁铁矿体,故动力变质作用是使赤铁矿转变成磁铁矿的重要因素。

(2)岩浆热液的影响:在空间位置上,该区铁矿层呈现出愈靠近岩体或岩脉,铁矿石的磁化率具有增高的趋势,故岩浆热液活动是该区磁铁矿形成的另一重要原因。

此外,变质作用可使矿层铁质贫化。在磁铁矿形成以后,大量的饱和 SiO_2 溶液进入可形成石英、绿泥石等矿物,或磁铁矿进一步被石英和绿泥石交代,导致矿石铁含量下降,故磁铁矿矿石品位通常低于赤铁矿矿石品位。因此,变质作用只能促使赤铁矿向磁铁矿转化和铁矿物粒度增加,但不能提高矿石的品位。

3. 矿床成因

通过对铁矿沉积环境与典型矿床特征的分析,认为该区铁矿床的形成大致经历了浅海相沉积铁矿初始矿源层聚集、埋藏成岩和变质改造三个阶段。

1)浅海相沉积铁矿矿源层的聚集阶段

本区铁质具多来源,主要来自海底深部含铁碎屑及火山物质,其次为扬子古陆经长期风化侵蚀形成的含铁碎屑。海底深部含铁碎屑与海底火山作用来源的铁质经海底洋流、波浪和潮流的搬运,铁呈胶体溶液和低价溶解状态随上升洋流向大陆方向转移,陆源铁质亦以胶体溶液和低价溶解状态随地表径流进入浅海,其混合物在适宜的物理化学条件下发生沉淀。在海进初期的浅海环境中,由于海水逐渐淹没大陆低洼地区而形成的局限海盆或半封闭的海湾区或泻湖区,为铁质沉积创造了有利条件。震旦纪大气圈中贫 O_2、富 CO_2 和碳氢化合物,且在海洋中缺乏作为电解质的盐类,进入水体的铁质能保持低价状态,低价铁易于呈溶解状态[如 $Fe(HCO_3)_2$]保留在海水中。此外,部分高价氧化铁组成的胶体溶液在海水中缺乏电解质的条件下,也能长期稳定地保留在海水中。当富铁溶液被带到局限海盆或半封闭的海湾区或泻湖区而与溶液氧接触时,低价铁便氧化成 Fe_2O_3 而发生沉淀,形成该区铁矿初始矿源层。本区震旦纪由于干、湿季交替变换和较浅的沉积盆地水体,使得水界面的变化频繁,导致铁质沉积物常常暴露于大气而以 Fe_2O_3 的稳定状态保存于沉积物中。由于沉积物堆积迅速,埋藏在沉积物中的孔隙水通过扩散作用向上运移,在上覆泥质层的隔离下,铁质常在粉砂沉积物中富集,形成本区江口式铁矿的一大特点。

2) 成岩固结阶段

在初始矿源层沉积后的成岩过程中,地层水或地下水可使成矿铁质再次转移和富集。因此,成岩阶段也是铁质聚集的重要阶段。该过程不仅形成了矿源层,且决定了铁矿体在时间和空间上的展布,也决定了矿床的规模。

3) 铁矿床的变质改造阶段

铁矿床矿源层形成后可因变质事件的叠加而发生改造和富集,这些作用包括区域变质作用、动力变质作用和热液变质作用等。据野外观察和室内研究,岩体或岩脉侵入时的高温及其挥发组分可引起的热液接触变质作用,而地质演化过程中强烈挤压抬升所引起的动力热液变质作用,也是本区江口式铁矿床遭受改造和富集的主要因素。其野外地质证据为:与岩体或岩脉相接触或位于强烈褶皱部位的铁矿层或围岩,因遭受了高温热液的蚀变作用而形成深变质带,铁矿层中赤铁矿被还原成颗粒较粗的磁铁矿,而远离侵入体或强烈褶皱区,则变质程度显著减弱,磁铁矿亦少见。

综上所述,该区江口式铁矿属沉积变质型铁矿床。

(三) 锰矿

湘西-鄂西地区及邻区(渝东、黔东)是我国重要的铁、锰矿分布区,以湘、黔、渝交界处发育最好,是我国重要锰矿产地之一(叶连俊等,1998)。锰矿床(点)的分布大部分受武陵坳陷(初始裂谷)的控制。含矿建造主要由碎屑岩与炭质页岩组成。下部以砂砾岩和砂岩为主,普遍含凝灰质及火山岩碎屑,上部是富炭质的黑色页岩。锰矿层主要产于上部黑色页岩中,矿层厚度不等,一般为 0~5m,主要由菱锰矿、锰方解石和锰白云石组成。含锰层黑色页岩中普遍富含有机质和黄铁矿,其中有机碳的含量平均在 3.3% 以上,最高可达 7%,黄铁矿中硫的含量最高可达 5% 以上(叶连俊等,1998)。

大塘坡锰矿层出现在新元古代间冰期,受新元古代 Rodinia 超大陆裂解作用的影响,在华南形成了新元古代被动陆缘裂谷盆地,呈北东—北北东向展布的断裂系控制了该区南华纪早期菱锰矿沉积盆地的分布。该区经历了晋宁、雪峰、加里东和燕山期等多次构造运动,褶皱断裂发育(刘巽锋等,1989)。

中国南方南华纪大塘坡早期是重要的锰矿成矿期。20 世纪 50 年代末在贵州松桃大塘坡地区发现菱锰矿床以来,先后发现和探明了松桃杨立掌、大屋、大塘坡、黑水溪、举贤、湖南花垣民乐、重庆秀山小茶园和革里坳等一批大中型锰矿床,使黔、渝、湘"三角"地区成为我国最重要的锰矿资源富集区之一。关于"大塘坡式"锰矿的成因,前人已作过较多研究,但一直存在生物成因、火山喷发-沉积成因、热水沉积成因和碳酸盐岩沉积成因的争议。

1. 鄂西地区锰矿

鄂西地区的锰矿主要分布在长阳地区,成因类型主要为湖泊沉积型,以长阳锰矿为其典型代表。成锰盆地为地堑式槽状盆地。锰质主要来源于古陆风化和剥蚀。含锰岩系为南华纪间冰期湖相碎屑岩系。该矿含锰段赋存于南华系莲沱组砂岩段之上,南沱组冰碛岩段的下部,主矿体厚一般 1.3~3.59m,有 1~3 层矿,局部达 5 层,于锰矿层之下均见到一层冰炭层。矿体呈扁豆状、透镜状和团块状。锰矿物主要矿物组成为菱锰矿、钙菱锰矿、胶菱锰矿和胶磷矿等。锰矿品位一般 10%~20%,TFe 为 4%~5%,P 为 0.1%~1.1%。矿石类型主要为碳酸锰矿石,其次为氧化锰矿石,矿石质量多为高磷高硅碳酸锰矿石。

区内锰矿最基本的成矿作用为沉积作用。沉积作用使锰直接富集成矿,或形成锰矿矿源层、矿胚层,为后期改造型锰矿的形成提供物质基础。热液变质和表生风化作用使沉积作用富集的锰矿发生再次富集。

后期改造和表生作用对提高锰矿的质量也具有重要意义。表生成矿作用通过两种机制富集成矿元素:含矿胚层中较活泼的杂质元素(Ga、Mg、K、Na)流失;在适合的条件下,锰质组分(Mn^{4+}、Fe^{3+}、Al 和 Si)从"矿胚层"中活化移出,并在有利储矿空间沉淀而富集成矿。

2. 湘西地区锰矿

湘西地区锰矿床为典型的沉积矿床,可分为花垣民乐、古丈和凤凰3个锰矿田。以花垣民乐地区的锰矿开发利用较高,研究较为详细。近年对花垣摩天岭、古丈野竹和古丈大龙一带的锰矿调查取得了许多新进展。

1) 成矿地质特征

湘西锰矿床沿摩天岭和古丈背斜的两翼分布,锰矿体赋存于南华纪大塘坡组。根据岩(矿)性组合特征,将大塘坡组自下而上分为两个岩性段,即下段黑色页岩段和上段灰色页岩段。

下段全厚51.39m,一般厚9.29~38.06m,在花垣民乐一般厚25~32m,最厚51.39m;在古丈一带厚0~20m;凤凰一带厚0~9.81m。下部为含锰矿层,厚1.29~3.00m,岩性主要为黑色炭质页岩夹黑色块状及条带状菱锰矿,局部见少量的顺层石英脉,地表多风化淋滤形成氧化锰矿,底部常见一层厚3~10cm的含粉砂黏土质黄铁矿;上部为黑色页岩夹黑色含炭质页岩,顶界常见深灰色白云岩透镜体。上、下两部分均含凝灰质,厚8~35m。

上段厚100~200m,为灰色、灰绿色薄层粉砂质页岩,页理发育,层面平整,水平层理及波状层理发育,风化后呈页片状,中下部局部夹深灰色白云岩透镜体。与下伏古城组呈整合接触,与上覆南沱组呈平行不整合接触。

含锰岩系指大塘坡组下段的黑色页岩夹菱锰矿层。按岩性组合特征可将含锰岩系分为A、B、C、D四套岩石组合类型,其中A、B两类型含矿性好,而C、D类型含矿较差甚至无矿。因此岩石的含矿性与含锰岩系的厚度大小密切相关。在总体上,含锰岩系厚度愈大,含矿性愈好。

锰矿体多呈若干似层状或透镜状矿体紧密交错叠置而成,总体呈层状产出。矿体与围岩呈整合接触关系。矿石矿物主要为含锰碳酸盐的系列矿物、黏土矿物和碎屑矿物。含锰碳酸盐矿物有菱锰矿、钙菱锰矿、镁菱锰矿、钙镁菱锰矿、镁钙菱锰矿、锰白云石和方解石等。矿石中黏土矿物主要是伊利石,此外尚有相当部分微细的石英和长石。碎屑矿物类主要有火山碎屑和陆源碎屑。其他矿物有磷灰石、胶磷矿、黄铁矿以及有机碳质等。

根据矿石结构构造和成分特征,可分为以下7种类型。

(1) 条带状菱锰矿矿石。灰黑色,主要矿物为菱锰矿(平均40%~45%)、白云石、黏土质和有机组分(一般为1.5%~2.5%),常含有少量的黄铁矿、磷灰石和陆源碎屑,后者由细粉砂的石英、云母和绿泥石碎片等组成,矿石具明显的条带状构造。

(2) 致密块状菱锰矿矿石。暗灰色,矿物组成较单一,相对于条带状菱锰矿石,其菱锰矿和有机质含量明显增高,菱锰矿平均60%~65%,有机质一般为2%~2.5%,且陆源碎屑含量大幅下降。矿石中菱锰矿集合体呈不均匀堆积,且形状不规则和大小不一。有机组分沿层理分布,但分布不均,使得矿石的结构构造显示斑杂特征。

(3) 显微花斑状菱锰矿矿石。暗灰色、灰黑色,其中菱锰矿集合体的堆积无规律,集合体微观外貌多样,其间为黑色黏土质与有机质分布。

(4) 纹层状火山碎屑菱锰矿矿石。灰色、暗灰色,除主要为菱锰矿外,还有酸性火山碎屑物质、石英、长石、云母晶屑、岩屑和超显微的火山灰尘等物质成分。矿石中菱锰矿的含量变化较大,一般为25%~40%,火山碎屑物质含量为25%~50%,有机质含量一般仅占1%左右,部分矿石中含一定量的陆源碎屑。火山碎屑常形成灰白色或白色微波状断续纹层或透镜体夹层,与菱锰矿集合体或其碎屑形成叠复式微层理构造。此类矿石常具后期改造的痕迹,可见有碳酸盐、水云母、硅化石英和玉髓等围绕菱锰矿碎屑生长。该类锰矿石结构和构造特征指示其形成可能与海底火山作用有关。

(5) 豹皮斑纹菱锰矿矿石。暗灰色,高度富集菱锰矿集合体,一般为70%~75%;有机质、其他碳酸盐和黏土质含量低于30%;陆源碎屑一般较低。矿石中有机质的分布极不均匀,形成斑块状。这些斑块多数未发生位移,仍明显地保存层理构造。受后期改造的影响,矿石中可形成穿插的白色方解石和石英细网脉。

(6)砂屑状菱锰矿矿石。暗灰色、灰黑色。菱锰矿集合体的砂屑(按砂屑与胶结物的比例)占70%~90%。有的砂屑经过短距离的搬运,稍有磨损,虽分选不好,大小混杂,然而却基本上顺层分布。另一些菱锰矿集合体砂屑却在盆地内经搬运而外形滚圆,经再沉积作用被亮晶方解石、锰白云石和有机组分胶结。多种胶结物一般不互相混杂,而是成先后次序胶外菱锰矿集合体砂屑,往往构成典型的多世代的栉壳状构造。

(7)皮壳状氧化锰矿矿石。灰褐、暗灰色的皮壳状。它产于原生锰矿石的氧化带。矿石中除碳酸盐外,由于风化作用而出现硬锰矿、软锰矿、水锰矿、褐锰矿、褐铁矿和石英、黏土矿物等。各种锰矿物的含量受氧化强弱程度影响而变化较大。

2)成矿规律

(1)沉积环境。雪峰运动后,本区再次受地壳拉张断陷作用影响而快速沉降,形成深水盆地,在盆地内形成滞流、缺氧还原环境,同时,基底断裂的活动,使深部富含锰的热液沿断裂进入盆地,形成热水沉积。

(2)成矿物质来源。对于民乐锰矿床锰质来源问题,多数学者认为主要来自古陆岩石的风化和分解,部分来自火山碎屑岩的海解作用和地壳深部的热液。最近,杨绍祥和劳可通(2006)认为,矿床的成矿物质主要来源于海底火山活动,其理由是:①含锰岩系底部存在有火山碎屑,这些物质包括沉凝灰岩、凝灰质砂岩、凝灰质菱锰矿和含凝灰质菱锰矿,火山碎屑形态主要为晶屑(石英、斜长石)和火山灰(扫描电镜可见火山结构),岩屑较少。②火山碎屑分布于菱锰矿中,晶屑周围被菱锰矿球粒所围绕,火山碎屑与菱锰矿微层构成叠复层理,并形成火山碎屑菱锰矿石。③火山碎屑富集地段恰是Ⅰ矿层的分布地段和Ⅱ矿层的中心地带,又是锰、磷含量的高值区,火山碎屑与锰、磷似具正相关关系。④已发现的火山碎屑多为细微的凝灰质和火山灰尘。提供成矿物质的途径可能为火山灰的分解渗滤即锰质被火山灰尘埃微粒表面吸附,并以此方式带出。在海水的作用下,从中渗滤出锰质,再汇集至沉积盆地中积聚下来。矿床中这种细微的火山喷发物不可能是喷口及其附近的堆积物,而应是远源的飘荡物质。表明作为主要矿源区的火山中心距该区较远,但其喷口沉积物被烘热的海水改造后,锰质被淋滤出来被热流体挟带迁移。由于锰的活动性强,可进行远距离搬运。成矿物质可由多种途径供给,从海洋底锰结核的蕴藏量可知,海洋所能提供的矿质可能多于大陆来源。因此,锰应该主要来自海底深部。矿床与火山物质间的密切关系,反映了接纳与供给间的相互关系。⑤南华纪地层中,Mu、Cr、Ni、Ti、V、Cu、Ga和B等元素含量的峰值均出现于大塘坡组含矿岩系,反映了成矿期间有幔源物质的加入,并通过海底火山作用进入同时代海水。时间上与该区南华纪拉张裂陷的发育阶段相对应,这为成矿物质的火山作用来源提供了有力的证据。

需要指出,本区发育有古老的深断裂带,这些地壳的软弱地带对构造活动十分敏感。从矿床铅同位素模式年龄可知,区域内存在长期多次的地壳运动。因此,在南华纪地壳拉张裂陷发展期间,应有部分深部物质通过深部断裂的运移而参与成矿作用。

(3)岩相古地理。南华纪时期,湘西区地形因受雪峰运动影响而呈北高南低的态势;海水自北西向南东逐渐加深,碎屑颗粒由粗变细;海岸线位于现今湖北省南部,为该时期陆源碎屑的主要供给区。本区因邻近海岸线,故区域岩相具滨岸浅海沉积的特点,但在沉积演化过程中受到气候冷暖交替及海平面升降等因素的影响,因而出现了冰期、间冰期形成的冰海碎屑和正常海成的含锰黏土岩、碳酸盐岩等相间分布的岩相组合。据湖南省内区域地质资料,该时期雪峰山-武陵山附近存在水下高地,故在吉首—花垣民乐一带的近滨环境中又出现海湾沉积。

湘西地区南华纪拉张裂陷作用强烈,虽其强度和规模可能不及湘中地区,但仍在花垣、凤凰、古丈等地形成了一系列主要呈北东向的次级断陷盆地,并沿花垣-张家界深断裂带旁侧呈线状分布。由于裂陷槽盆地的沉积环境与两侧的近滨浅海或"海湾"不同,所以在岩性特征、沉积厚度、含矿性等诸多方面都有较大的差别。

(4)成矿模式讨论。南华纪本地区因地壳拉张,形成了一系列断陷盆地,并引发大规模的海底火山运动,喷发中心区分布于湘西南—湘中一带。在花垣、凤凰和古丈等地沿深断裂带也有断陷盆地分布,并在盆地内形成了一些规模不等的民乐式锰矿床(点)。成矿过程可用以下模式总结:在火山喷发过程中,锰质和细粒火山物质迅速堆积成为含锰的凝灰质沉积物;由于火山作用派生的流体对其加热作用,海水对这些疏松的沉积物进一步溶滤,使含锰物质富集起来并运移到裂陷盆地中沉积下来而富集成矿。因此该区的锰矿属海底火山-沉积锰矿床。

3. 氧化锰矿

在原生含锰岩层中,碳酸锰和硅酸锰矿物中的锰多以二价形式存在,在亚热带气候条件下,位于氧化带内的碳酸锰矿物在 H_2O、O_2、CO_2 的作用下,极易被水解而使锰释放出来,经氧化形成 Mn^{3+} 和 Mn^{4+} 的氧化物、氢氧化物。同时,锰矿层中易被溶解、水解的非含锰矿物的风化可使 Ca、Mg 等元素大量流失,而 Mn、SiO_2、Al_2O_3、Fe_2O_3 等元素在原地基本保存,从而使 Mn 的相对含量大幅提高,在氧化带内形成富集的氧化锰矿(锰帽型)。

区内氧化锰矿均由原生碳酸锰矿或含锰岩系经次生氧化富集而成,其氧化带的发育程度及矿床规模除与原生碳酸锰矿的发育程度相关外,与气候、地形地貌和地质构造也密切相关(魏道芳,1995)。

1)含锰岩系

含锰岩系的厚度决定了原生碳酸锰矿的厚度,进而控制了氧化锰矿的厚度及品位。一般含锰岩系的厚度与湘锰组的厚度成正相关,湘锰组厚度越大,则含锰岩系的厚度就越大,其中氧化锰矿体的厚度也就越大、品位越高。当湘锰组的厚度小于 5~6m 时,含锰岩系不发育,矿体就尖灭。

含锰岩系的物质组分对氧化锰矿的形成及厚度、品位变化也有着重要的影响。含锰岩系中碳酸盐沉积与碎屑沉积的组合比单一的碎屑沉积更利于氧化锰矿的形成,这是因为碳酸盐岩易发生化学风化,为形成岩溶裂隙、洞、缝提供了良好的通道,更有利于氧化作用的深入进行。

2)构造条件

沉积期后的构造运动、矿区具有的单斜构造,尤其是发育于含锰岩系与南沱组冰碛砾泥岩之间具有多期活动性的层间破碎带,对氧化锰的次生富集起到了重要作用。断裂带和节理、断裂等裂隙一起为地下水的循环和大气 O_2、CO_2 的加入提供了良好的通道,并为氧化锰矿的富集提供了容矿空间,因此构造越发育、岩石越破碎,矿床氧化带就越发育,氧化锰矿床的规模就越大。

3)地形地貌条件

地形地貌条件不仅控制着侵蚀和堆积作用,还决定着地下水的运动和风化产物的保留程度。

(1)含矿层产状与地形坡向关系对矿体的影响。通常情况下,当含矿层的倾向与地形的坡向一致时,有利于氧化锰矿的形成。当含矿层倾向与地形坡向相反,则不利于氧化锰矿的形成。但当含矿层顶板发育层间破碎带或断裂构造时,有利于地表水和地下水进入含矿层,由于底板围岩的隔水层,富含锰质的地下水便顺着底板侧向运移,从而使底部矿石品位普遍高于顶部。

(2)剥蚀速度与氧化速度对矿体的影响。锰帽型氧化锰矿是原生碳酸锰矿或含锰岩系经次生氧化富集而成。当剥蚀速度大于氧化速度时,氧化锰矿则会流失;反之,则富集成矿。

当地形起伏较大,切割相对剧烈时,剥蚀速度太快,氧化深度一般较小,形成的氧化锰矿难以保留。但当潜水面离地面较深,氧化条件良好时,在山脊或山坡处氧化深度也较大。而当地形起伏相对较小,剥蚀速度小于氧化速度时,其氧化深度一般大于地形起伏较大处的氧化深度,形成的氧化锰矿体延深较大。

4)气候条件

湿热的气候可以加快化学风化作用和生物风化作用的进行,从而对氧化锰矿的次生富集有利。本区处于中—低纬度区,气候潮湿较炎热,植被发育,生物活动能力强,腐殖酸丰富,导致了较强的化学风化和生物风化作用,使地表及一定深度内的岩石、矿物遭受强烈的溶解、分解破坏作用,对次生氧化锰矿的形成较为有利。不仅如此,繁盛的植被还有利于阻止氧化锰矿的流失。

第五章 区域成矿规律

第一节 控矿地质因素

一、沉积岩建造组合与成矿关系

沉积建造组合是一定大地构造和古气候背景下的岩石共生组合体。其形成决定于大地构造、古地理环境、古气候等多种因素。但最重要的因素是大地构造环境。而特定的沉积建造组合又与特定的矿产资源相关联。一方面，特殊的沉积建造本身就构成矿床，另一方面，特定的建造有着不一样的物质组成和物理化学性质，在不同的成矿条件下，控制着不同的矿产资源的区域分布、赋存状态。

1. 中—新元古代早期含矿建造

1) 含铁锰磷建造

中元古代神农架群矿石山组沉积赤铁矿（神农架式）：该赤铁矿主要分布于神农架主峰及黑水河至九冲一带。产于矿石山组下部层位。其含矿岩系可分三段：下部为粗碎屑沉积，中部为细碎屑含铁沉积，上部为泥质沉积。含铁岩系厚 6~66m。总体局势北西厚、南东薄。一般含铁矿一层，局部可见多层，矿层厚 1~13m。矿层厚度与含铁岩系成正比关系。沉积环境为强氧化弱还原，属浅海近滨—临滨带。

湘西地区的铁矿赋存于板溪群马底驿组，有沉积型、火山喷发-沉积型两种类型。

新元古代沉积型赤铁矿仅见于大庸县大湾，矿层赋存于马底驿组浅变质长石砂岩及含铁砂岩底部，夹灰色至肉红色灰岩，矿层最大厚度 1.72m，最高品位 TFe 34%，矿层不稳定。赤铁矿产于海侵旋回的下部，属浅海相近滨海的氧化环境沉积。

火山喷发-沉积型赤铁矿见于益阳沧水铺地区。含铁建造由马底驿组底部紫红色板岩之下的细粒火山角砾岩、凝灰岩、凝灰熔岩夹粗粒火山角砾岩构成。含铁层呈似层状、条带状。赤铁矿主要赋存于火山角砾岩中，呈砾石产出，部分亦为胶结物，赤铁矿砾石化学成分（%）：TFe 为 41.508、SFe 为 40.8~49.8、TiO_2 为 0.5~0.8。砾石质赤铁矿石主要矿物成分为赤铁矿及少量镜铁矿，赤铁矿呈微粒至鳞片状集合体，以胶结物的方式出现，矿石品位（%）：TFe 为 32.8~45.7、SiO_2 为 23.8、Al_2O_3 为 6.3、MgO 为 0.15、CaO 为 0.25。赤铁矿砾石含矿率仅为 2%~10%。赤铁矿透镜体与紫红色板岩、铁质板岩、灰色板岩交替出现，呈过渡关系。成因属于与火山喷发作用有关的沉积型赤铁矿。

总之，新元古代板溪期马底驿时的含铁紫红色黏土岩建造，是湘西已知最古老的含铁建造，主要展布在围绕扬子古陆边缘的浅海相区，由于含铁低，地壳不稳定，沉积环境动荡，分异性差，铁矿不具工业价值。

2) 含铜建造

新元古代含铜沉积较普遍，铜矿赋存层位主要为冷家溪群和板溪群马底驿组，在湘西地区分布较广，已知有关的铜矿产地达 50 余处，按其成因主要有沉积变质型和与火山岩有关的火山热液型两类，前者多属于与含铜黏土岩类沉积有关的含铜建造，常称为板岩铜矿。

新元古代冷家溪群火山岩型含铜建造见于益阳市石嘴塘等地。海底喷发的呈层状、似层状产出的拉斑质玄武岩、细碧玄武岩、细碧-辉绿岩-石英角斑岩夹于冷家溪群具复理石韵律的砂岩、板岩、砂板岩中。火山活动提供了铜矿的部分成矿物质来源。火山岩中铜矿化石英细脉及硅质岩细脉发育，铜矿化呈浸染状产出，矿化微弱，一般铜品位0.04%～0.11%，最高1.33%。金属矿物有黄铜矿、铜蓝、自然铜、黄铁矿、磁黄铁矿、方铅矿、闪锌矿等。

冷家溪群中的沉积变质型铜矿，见于芷江县双岩塘。双岩塘铜矿化赋存于冷家溪群灰绿色薄至中层状细至粗粒杂砂岩、凝灰质砂岩与黏土质板岩中，含铜凝灰质砂岩厚0.3m，砂岩成分主要由基性喷出岩屑和酸性脉岩屑组成，黄铜矿呈星散状浸染于砂岩中，尚见有较多的孔雀石沿砂岩的孔隙浸染，伴生矿物有黄铁矿。它是湘西已知最早的含铜建造，铜矿化与黏土质沉积物有关，属浅海相还原环境沉积，铜矿富集受区域变质热液、构造变形和地表风化次生影响，局部成矿。

新元古代板溪期火山岩型含铜建造见于益阳县沧水铺地区，铜矿化产于板溪群马底驿组下部紫红色板岩之下的火山角砾岩、流纹质凝灰熔岩中，呈星散浸染状。金属矿物有辉铜矿、黄铜矿、斑铜矿、孔雀石、黄铁矿、磁铁矿、赤铁矿、毒砂、辰砂、锑华等，含铜品位一般较低，最高可达3%。

板溪群中的含铜钙质黏土岩建造较冷家溪群含铜黏土岩建造重要，分布亦较广泛普遍，板溪群马底驿组、高涧群黄狮洞组是湘西地区一个较为重要的含铜层位，有上、下两层铜矿化。含铜层严格受马底驿组、黄狮洞组底部钙质岩段控制。马底驿组含铜板岩主要分布于保靖县大岩、古丈县黄泥溪、沅陵县荔枝溪、楠木铺、花岩山、庙王山、晒谷塔、齐眉界、张家坪、黄土坡、三门洞、沪溪县欧溪、上堡、麻阳县栗坪、芷江县中寨坡等地，其中上堡为小型铜矿床。马底驿组钙质岩段含铜建造，为海侵旋回下部，由北而南沉积物由粗变细，颜色由紫红色逐渐过渡为灰绿色，厚度增大，石门县杨家坪剖面厚193m，常德县太阳山厚367m，永顺县施溶溪厚1063m，安化县杨林厚1122m，沅陵县松溪厚1199m。

综上所述，新元古代早期含铜建造较为发育，有含铜火山岩建造、含铜黏土岩建造、含铜砂岩建造、含铜火山-碎屑沉积建造、含铜碳酸盐建造。铜的沉积与还原环境有关，主要铜矿物为辉铜矿。铜矿成矿物质来源与中性、中酸性、中基性海底火山喷发活动有关。由于沉积环境动荡，尚未形成大规模的集聚，但足以为后期热液改造叠加成矿提供矿质来源，即所谓的"矿源层"。

2. 新元古代中晚期含矿建造

新元古代中晚期南华系、震旦系，沉积类型较为齐全，蕴藏有铁、锰、磷等重要矿产，储量丰富，在含矿沉积建造中占有重要地位。

1）南华纪早期含铁建造

本区南华纪早期含铁建造主要分布在江口地区，属于一个完整的海侵旋回，为韵律性强的复理石碎屑岩建造，中上部夹少量火山沉积物质。这种很强的韵律性、不稳定性和复杂性是南华纪早期陆缘裂谷盆地含铁建造的特色。

矿石中赤铁矿绝大部分结晶呈显微磷片状、柱状他形晶，属次微粒和极微粒的欠均匀嵌布类型，磁铁矿粒径0.02～12mm。还有次生褐铁矿和黄铁矿晶体、粒状集合体、团块、细脉。石英粒径0.004～0.04mm。绿泥石、绢云母多呈鳞片状。

矿石化学成分单样分析最高(%)：TFe 为45.46，P 为0.7，S 为2.342，SiO_2 为58.45，Al_2O_3 为9.92，CaO 为6.74，MgO 为4.59，灼失5.85，WO_3 为0.1，Au $0.67×10^{-6}$。值得特别提出的是一般含金量为 $0.1×10^{-6}$，属微含金的铁硅质建造。微量元素W丰度高是洞口地区含铁建造的一个特点，矿石最低含W量达 $100×10^{-9}$。

2）南华纪早期含锰建造

南华纪早期是本区最重要的锰矿形成时期。在湖北长阳古城，含锰岩系位于古城冰期与南沱冰期之间，属间冰期沉积的产物。含锰岩系上部和下部为粉砂质泥岩或黏土岩夹锰质透镜体；中部为锰矿层夹水云母黏土岩；顶、底部为含砾粉砂岩。含锰岩系厚度一般为12～14m，最厚可达26.72m，矿层厚6～8m，按矿石贫富可分三层：上、下为表外矿层，中部为工业贫矿层。矿石类型属高磷、低品位碳酸锰矿石。总的沉积环境为大陆冰湖-湖泊环境下沉积形成。经过构造盆地—冰湖—湖泊几个发展阶段，使锰质得以长期积聚，在适当的介质条件下，最后形成锰矿床。在湖南的花垣-古丈地区含锰建造属间冰期温暖气候条件下沉积，富含有机质、黄铁矿，属黑色页岩炭泥质碳酸盐相生物化学沉积建造，为地壳相对稳定时期半局限浅海盆地半封闭条件下还原环境的产物。含锰建造相当稳定，颇具特色，简称为含锰黑色页岩建造。

3) 震旦纪含磷建造

震旦纪含磷建造主要分布在鄂西的荆襄、宜昌、鹤峰、保康、神农架和湘西的澧县一线西北地区，属浅海碳酸盐岩台地相沉积建造。

湖北的磷矿资源十分丰富，其类型主要有沉积型磷块岩和沉积变质型磷灰石两大类。

陡山沱组磷块岩：主要分布在湖北省荆襄、宜昌、鹤峰、保康、神农架等五大磷矿田。含矿岩系主要由微晶白云岩、含炭质或锰质白云岩、燧石层夹黑色炭质页岩及 5 层(Pn_1—Pn_5)磷块岩组成，厚 100～180m。

灯影组磷块岩：具工业意义的磷矿主要见于扬子台褶带北缘。大洪山和南漳邓家崖两矿带。大洪山矿带含磷岩系主要为磷酸盐夹磷块岩沉积。厚 265～304m。磷矿体呈透镜状、似层状，长 64～830m，厚 0.81～20.82m。矿石呈块状和条带状两种；邓家崖磷矿带分布于南漳县境内，矿体呈层状、似层状夹于白云岩中，矿层厚 0.1～13.44m，长 75～3540m，有角砾状、条带状及块状矿石。可能为风暴沉积物。

鄂西震旦纪磷矿主要形成于扬子地块南北缘，特别是北缘发育良好。这是取决于当时古地理特征南陡北缓的缘故。从上述几个大型磷矿床、矿田来看均分布闭塞或半闭塞的台地相区。主要发生在浅海陆棚台地边缘地带。湘西震旦纪磷矿的沉降中心在石门一带，由南往北，厚度增大，含磷性增强，石门杨家坪含磷建造总厚 475.68m，平均含 P 1.78%，建造总含磷厚度为 846.71m，磷背景度为 3119.4×10^{-9}，为湖南省各时代该类建造中最高者。含磷建造自下而上可分为 5 个微相旋回，白云岩磷块岩建造位于顶部，组成两个亚旋回，由含炭质云岩—白云岩—含磷云岩—云质磷块岩组成韵律，形成多层磷块岩。磷块岩具粉—细晶砂屑结构、亮晶砂屑结构及胶状结构。据电子显微镜研究，磷矿物主要为泥晶磷灰石，以水平层理为主，夹波状层理、低角度斜层理、小至中型楔状层理、透镜层理等，冲刷构造发育。磷块岩矿层沉积环境为振荡频繁的浅海台地潮间环境。

石门中岭含磷建造总厚 411.32m，以白云岩建造为主，底部夹有少量火山碎屑泥质沉积建造，据 381 个样品统计，P 丰度为 1990×10^{-9}，相关分析资料表明，P 与 Al、Fe 成线性负相关，关系密切，相关系数分别为-0.967 和-0.204，显示了磷、铁的沉积分异作用，碎屑泥质建造不利于磷矿沉积。石门地区晚震旦世浅海碳酸盐岩台地沉积了规模巨大的磷块岩矿床，磷矿层最大总厚度 20 余米，磷矿石平均化学成分（%）：P_2O_5 为 16.41、CaO 为 36.18、MgO 为 9.14。CaO/MgO 比值为 3.96，CaO+MgO/SiO_2 比值为 3.57。主要矿段磷矿层层数及含磷建造工业含矿度有一定变化，成矿中心在板桥、清官渡一带。

古丈、辰溪一带含磷建造厚度变薄，页岩增多，为碳酸盐黏土岩沉积建造，沪溪洗溪含磷建造厚 104m，磷矿层位于中部，总厚 3.75～8.03m，总含矿度为 80.17m·%，远小于石门一带，向南含磷性更差。矿区含磷建造的含矿度总体较为稳定，局部亦有变化，一般含磷建造厚度与含矿度成正相关，磷矿富集中心受古地理控制。

3. 早古生代含矿建造

早古生代含矿沉积建造均以黑色页岩建造为特征，主要矿产有重晶石、钒、铀、镍、钼、石煤、锰等，具有工业价值，其中尤以早寒武世早期早时含矿多元素黑色页岩建造最为重要。

1) 早寒武世含重晶石建造

鄂西早寒武世含重晶石建造产于两郧地区庄子沟组（原称水沟口组）和两竹地区鲁家坪组。含矿岩系下部一般由含磷、钒、铀的黑色硅质页岩、粉砂质页岩夹石煤组成；上部为泥质粉砂岩、硅质页岩；顶部夹泥质灰岩透镜体，含矿岩系厚 24～320m。重晶石矿一般产于岩系下部，含矿一层，厚 2m 左右。多呈层状、似层状、透镜状，长数十米至千余米。矿石一般呈浅灰—深灰色，条带状、薄板状，块状构造，少见结核状。矿石以重晶石为主，个别地区有毒重石矿体（竹山文峪河），脉石矿物主要有石英及铁矿、炭质、绢云母等。

湖南早寒武世含重晶石建造以新晃贡溪一带最发育,赋存有规模巨大的浅海相沉积型重晶石矿床。

重晶石岩夹于炭泥质硅质岩与炭质板岩互层交替过渡带中,属含钡炭泥质、硅质黑色页岩建造,底板为条带状、结核状磷块岩、炭质页岩夹重晶石透镜体,顶板为黑色炭质板岩、钒矿层、磷块岩、硅质页岩夹炭质页岩,含矿1~4层,矿体呈层状、似层状、透镜状,一般厚1~4m,最大厚度10.19m,重晶石具花岗变晶结构,矿石平均化学成分(%):$BaSO_4$为72.39,SiO_2为9.04,Al_2O_3为2.05,Fe_2O_3为1.97。含钡建造内普遍见有重晶石薄层、条带、团块或星点,与硅质岩相依关系密切。建造内普遍有中基性熔结凝灰岩条带,层位稳定,成矿与火山活动有成因联系。

2) 早寒武世含钒建造

主要含钒层位为早寒武世初期"黑色岩系"。含钒岩系在扬子地层区称牛蹄塘组,在南秦岭-大别地层区称庄子沟组。矿石自然类型有:①硅质-含钒粉砂质板岩型;②含钒炭质板岩型;③含钒炭质页岩型;④含钒炭质泥岩型等。普遍共伴生有重晶石、钼、镍、磷、铀、银、金、铜等矿,有的局部富集成矿,可以综合回收利用。

张家界天门山、慈利大浒、张家界后坪一带的镍矿,富镍矿石条带最高含镍可达8.487%,最低1.128%,平均3.305%。主要矿石矿物有黄铁矿、硫钼矿、二硫镍矿、辉银矿、砷黝铜矿、辉镍矿、黄铜矿、闪锌矿、紫硫镍铁矿、铜蓝等。含矿层位连续稳定,矿体呈透镜状。

钼矿与镍矿紧密伴生,金属硫化物富矿条带含钼最低0.557%,最高3.454%,平均0.810%,矿体含钼品位0.2%~2.7%,平均品位0.587%,品位变化系数1.42。

石煤在寒武系下统中广泛分布,已被工业利用,发热量一般为21~22MJ/kg,单矿层最大厚度可达56.52m,固定炭一般10.91%~12.73%,S 2.67%~4.57%。

铜矿、锌矿、铀矿局部富集。银分布普遍,一般品位$(5~20)\times 10^{-6}$,个别可达$(50~80)\times 10^{-6}$。

总之,早寒武世黑色页岩建造赋存有多种矿产,可以综合利用,具有重要工业价值。

4. 晚古生代含矿建造

晚古生代沉积建造赋存有多种重要矿床,其中以煤、石灰岩、白云岩、石膏、硅石、海泡土、铝土矿、耐火黏土等非金属矿产价值最大,此外,铁、锰、硫、磷等矿产也具有一定的工业价值。

1) 石灰岩建造

鄂西的石灰岩分布较广,根据工业用途不同可分为电石用石灰岩、熔剂用石灰岩、水泥原料用石灰岩。电石用石灰岩矿已评价的矿床有襄阳隆中面山、大奇山、华严寺、灵泉寺四个块段、谷城万里山、巴东官渡口、南漳银马山以及宜昌-远安百里荒。此外,还有钟祥小石门、长阳晒纸坪、鹤峰长湾等矿区。赋矿层有晚石炭世黄龙组(百里荒、银马山、晒纸坪、小石门)、中二叠世栖霞组(隆中)、早三叠世大冶组(万里山、官渡口、长湾)。

熔剂用石灰岩矿已评价的有宜都、长阳、宜城、恩施等地。赋矿层位主要是晚石炭世黄龙组和中二叠世栖霞组。黄龙组石灰岩主要矿区有枝城鄢家沱、松木坪、恩施中间坪等。栖霞组石灰岩矿区主要有宜城西山等,矿层一般赋存于栖霞组中、上部层位。

2) 含硫建造

鄂西的硫矿以黄铁矿为主,矿床类型有沉积型、火山喷气-沉积型两种。

沉积型黄铁矿:矿体主要赋存于中二叠世梁山组(前曾称马鞍煤系麻土坡煤系)、晚二叠世龙潭组(前人称碳山湾煤系)。主要矿区有荆门市仙居、保康县三虎石、恩施沐抚、向家村、建始磺厂坪、宜都夏家湾等地。梁山组黄铁矿主要赋存于煤系上部,可采一层;龙潭组黄铁矿主要赋存于煤系下部,可采1~3层。矿体一般呈层状、似层状,长数千米,厚1m左右。矿石以结核状为主,次为星散状、条带状、块状等。品位S 10%~32%。由于和煤、黏土等矿共生,一般综合开采利用。

松滋锈水沟黄铁矿赋存于早石炭世和州组黏土岩和泥岩中。矿体呈层状、似层状,长1.75km,厚0~3.67m。矿石呈结核状、星散状、板状、条带状。品位S 9%~27.63%。

火山喷发-沉积型黄铁矿:分布于郧西和竹山一带。主要产地有竹山县文峪河、大剥皮和郧西县马鞍关。矿赋存于晚南华世耀岭河组和早震旦世陡山沱组底部。主要含矿岩石为石英绢云母片岩和炭质绢云母石英片岩。矿体呈层状、似层状。一般长100～600m，厚1.5～10m。矿石一般为浸染状、条带状及块状。

3）铁锰磷建造

晚古生代铁锰磷建造是仅次于新元古代铁锰磷建造的第二个含矿沉积建造，其中以含铁建造较为重要，铁矿具有较大的工业价值。

鄂西南的晚泥盆世及晚泥盆世至早石炭世沉积赤铁矿（宁乡式）分布广泛。含铁岩系由晚泥盆世黄家磴组及晚泥盆世至早石炭世写经寺组组成，二者为连续沉积。黄家磴组主要由杂色页岩、粉砂岩及石英细砂岩，夹两层鲕状赤铁矿。全组厚26～63m，写经寺组分上、下两段：下段以灰岩与泥灰岩夹页岩或细砂岩及鲕状赤铁矿；上段为黄绿色页岩、石英砂岩及粉砂岩夹鲕状赤铁矿或鲕绿泥石菱铁矿。全组厚20～57m。总的沉积环境属于海陆交互滨岸浅海滩相沉积，而铁矿石形成于近滨相下部至远滨相环境中。探明储量占全省铁矿总储量的30%。

湘西北地区的铁矿层位有泥盆系上统黄家磴组、写经寺组，均为滨海碎屑岩建造，铁矿夹于砂页岩中，为氧化环境沉积的产物，矿物成分主要为赤铁矿、次为绿泥石、菱铁矿等。铁矿多沉积于氧化-还原交替环境，环境不同矿物相和含铁沉积建造不同。

4）含煤建造

(1)鄂西的含煤地层（含煤时代）主要有中二叠世梁山组，晚二叠世龙潭组及晚三叠世—早侏罗世九里岗组、王龙滩组和桐竹园组3个含煤期。

中二叠世梁山组含煤建造：分布广泛，其中以鄂西建始渣树坪、巴东麻沙、长阳马鞍山、落雁山、宜都松木坪、宜昌—远安白里荒等地发育较好。扬子台地北缘宜城、南漳及鄂西南的利川、咸丰等地，梁山组岩性为含煤铝土质砂、泥质岩系，岩系中铝土矿、黏土矿是重要的产出层位，但含煤性差。总体煤系形成于滨岸-沼泽环境。由一套含煤碎屑岩组成，主要岩性由石英砂岩、砂质页岩、炭质页岩、黏土岩及煤层或煤线组成。厚1～52.6m，一般数米至20余米。与下伏早二叠世船山组、晚石炭世黄龙组、中晚泥盆世云台观组，甚至中志留世罗惹坪组、纱帽组等呈平行不整合。

煤系一般含煤1～4层，可采煤一层，煤体呈透镜状、鸡窝状、藕节状或似层状。煤层厚0～4m，一般0.5～1m。其煤质自肥煤至无烟煤均有产出，但以贫煤、无烟煤为主。

晚二叠世龙潭组含煤建造：龙潭组总的特点是：厚度较小，岩相类型及其含煤性变化大。煤系厚度0～70m不等，一般5～10m。煤系岩性大致可为分三类：第一类主要由泥岩、含炭黏土岩、页岩和煤层组成，时夹薄层黄铁矿层，主要见于恩施、鹤峰一线；第二类主要由粉砂岩、泥质粉砂岩、中—细粒砂岩、泥岩及煤层组成，分布于鄂西南利川一带；第三类为一、二类均可出现的岩石类型，主要分布于恩施以北巴东地区。

一般含煤1～3层，可采煤一层，局部地段可见两层。煤体呈似层状透镜状、藕节状。煤层结构简单，厚度0.22～1.56m。煤系、煤层的厚度与下伏茅口组的基准面有一定关系，当基底夷平程度差，则厚度变化大；与茅口期的岩性也有一定关系，以硅质岩为主（孤峰组）时，含煤性好，而以灰岩（茅口组）时，含煤性差；当煤系厚度太大（武汉市流芳岭）、太薄时煤层差；煤系厚度在5～10m时，煤层发育就好。当煤系为砂岩、粉砂岩、泥岩组成时，在剖面上又各自厚度大致相当时，含煤性好。煤系以泥岩为主时，含煤性差；以灰岩、硅质岩为主时，只是偶见煤线或透镜状煤体。煤质以无烟煤为主。

(2)湘西北地区二叠系下统含煤岩系分布于梁山组。出露零星，规模不大，多为小型矿床。煤矿属陆缘海侵旋回底部滨海沼泽相沉积。煤层均为烟煤，赋存于梁山组含煤段中、下部，局部见于底部，含煤1～4层，一般1～2层，局部可采。煤矿属高灰分、富硫—高硫焦煤，煤的洗选性差，不宜作炼焦用煤，只能供民用。矿床规模为小型。

5. 中生代含矿建造

1）含煤建造

鄂西秭归盆地含煤岩系中含煤20多层，最多可达50层左右，可采煤层1～4层，煤层总厚度0.52～

5.86m，含煤系数1.5%，主要分布于盆地东缘、南缘地区。煤层多为透镜状，夹石多，分叉频繁、结构复杂。该成煤期主要形成于陆内河湖沼泽环境。

2）含膏建造

早、中三叠世石膏矿分布于鄂西利川、巴东、秭归等地。矿石赋存于嘉陵江组、巴东组。嘉陵江组石膏一般产于第四、五岩性段，含石膏3～7层，单矿层厚10～26m，$CaSO_4$ 9.1%～93%。巴东组一般含膏1层，厚1～3m。$CaSO_4$一般54.94%～77.52%。晚白垩世石膏矿主要分布于江汉盆地荆门断陷及云应坳陷，矿层主要赋存于晚白垩世跑马岗组（麻城铺）。

3）含铜建造

含铜建造产于鄂西中三叠世巴东组，铜矿点主要见于巴东、恩施、远安、南漳、当阳、荆门等地。铜矿主要产于粉砂质黏土岩、粉砂岩、灰岩中，呈透镜状、似层状。主要矿石为孔雀石、辉铜矿、黄铜矿，品位0.01%～0.24%。

湘西中生代陆相沉积型砂岩铜矿具有工业价值，含铜建造主要分布于沅麻盆地东部。沅麻盆地白垩系上统戴家坪组含铜岩系中，铜矿体呈层状、似层状、透镜状产于含铜岩系的灰白色、灰绿色、青灰色浅色层中，严格受浅色层控制。属滨湖三角洲相含铜建造。

二、火山岩岩石构造组合与成矿关系

扬子地台区火山岩岩石构造组合与成矿关系主要表现为如下两种。

超基性—基性火山岩组合：分布广泛，武当-随枣地区为变玄武岩、变细碧岩、变角斑质凝灰岩、变细碧质凝灰熔岩等，在郧西陈家垭一带形成具工业价值的海底火山喷发沉积-变质铁矿床，在变质火山碎屑岩中还见细脉浸染状、星散状黄铜矿、辉铜矿矿化。另外，在陆相火山岩洼地中的玄武岩内见有金矿化，如安陆玄武岩中的金矿化。

雪峰山地区与科马提岩相关的有金、锡、铂、钯等矿产，在宁乡云影窝的钾镁煌斑岩质火山角砾岩中，早期工作曾发现有颗粒细小的金刚石。

中酸性火山岩岩石组合：火山喷发-沉积变质热液型矿床有竹山县银洞沟多金属矿床。矿体产于南华纪武当岩群二岩组的中酸性火山岩（变石英角斑质凝灰岩、变酸性熔岩）中，已圈出27个矿体、44个矿种，除Ag、Au外，尚有Pb、Zn、W、Sn、Bi、Mo、Cu、Sb、As等44种，组成多金属火山喷发-沉积变质热液型矿床。益阳赫山石嘴塘-大渡口地区产科马提岩——英安岩岩石组合，邓石桥等地具有多处热液金矿化点。

三、侵入岩岩石构造组合与成矿关系

基性—超基性岩石组合仅见于宜昌夷陵区梅子垭、天花寺铬铁矿床（贫矿）。碳酸杂岩组合形成稀土矿床，如湖北省庙垭、杀熊洞的稀土矿床。

四、变质作用与成矿的关系

1. 变质沉积型磷矿

扬子地台区含磷地层为新元古代震旦纪陡山沱组，是区内主要含磷层位。大悟县黄麦岭磷矿为沉积变质磷灰岩型矿床，磷矿石工业储量达1×10^8t，为一大型矿床。矿体规模大，构造简单，水文条件好，目前该矿床尚在开采中。

2. 变质沉积型铁矿

神农架群矿石山组的含铁岩系称"神农架式铁矿"，地层经历亚绿片岩相变质，在区内表现为三段结构：下部为粗碎屑沉积，中部为含铁沉积，上部为泥质沉积。岩系厚度南薄北厚、东薄西厚，如九冲厚16m、黑水河厚66m，铁矿的厚度与含铁岩系的厚度成正消长关系。神农架群矿石山组的赤铁矿，具有较高的研究意义和开发价值。

产于南华纪江口组中的沉积型铁矿经区域变质后形成。1958年首先发现于湖南洞口县江口,又称为"江口式"(或祁东式)铁矿。主要分布于本区的南部。

3. 硫铁矿

典型代表是湘西董家河碳酸盐型铅锌硫铁矿。成矿富集与原始沉积成矿及地下热水环流叠加改造有关,在早震旦世陡山沱期,伴随隐晶白云岩的沉积,产生硫矿的原始聚集,形成矿层,同位素铅为正常铅,硫来源于海水,热卤水作用使矿化进一步富集。矿体形态简单,为似层状、透镜状、扁豆状,金属矿物主要为黄铁矿、闪锌矿、方铅矿,伴生银、镉,非金属矿物主要为石英、方解石、白云石、重晶石。

第二节 成矿区带划分及特征

成矿区带可划分为全球性的成矿域、大区域性的成矿省、区域性的成矿区带及地区性的成矿亚区(亚带)、成矿小区(小带)等不同级别。根据《中国成矿区带划分方案》(徐志刚等,2008),湘西-鄂西成矿带所属Ⅰ级成矿域:Ⅰ-4 滨太平洋成矿域(叠加在古亚洲成矿域之上)。南北跨两个Ⅱ级成矿省:Ⅱ-7 秦岭-大别成矿省和Ⅱ-15 扬子成矿省。共涉及 5 个Ⅲ级成矿区(带)和 14 个Ⅳ级成矿区(带)(表 5-1,附图 5)。

表 5-1 湘西-鄂西成矿带成矿区带划分表

成矿省	Ⅲ级成矿区(带)		Ⅳ级成矿区(带)
秦岭-大别成矿省(Ⅱ-7)	Ⅲ-66 东秦岭 Au-Ag-Mo-Cu-Pb-Zn-Sb-非金属成矿带	Ⅲ-65-② 南秦岭 Au-Pb-Zn-Fe-Hg-Sb-RS-REE-V-蓝石棉-重晶石成矿亚带	Ⅲ-65-②-1 竹山地区(襄一广断裂带北侧)Au-Ag-Nb-REE 成矿带
			Ⅲ-65-②-2 郧西-丹江口贵金属-Sb 成矿带
			Ⅲ-65-②-3 武当山地区 Au-Ag-Cu-Pb-Zn-Fe-V 成矿带
扬子成矿省(Ⅱ-15)	Ⅲ-73 龙门山-大巴山(陆缘坳陷)Fe-Cu-Pb-Zn-Mn-V-P-S-重晶石-铝土矿成矿带		Ⅲ-73-1 神农架 Pb-Zn 成矿带
	Ⅲ-74 四川盆地 Fe-Cu-Au-石油-天然气-石膏-钙芒硝石-盐-煤和煤层气成矿区		Ⅲ-74-1 利川-秭归煤-硫铁矿-天然气成矿带
	Ⅲ-77 上扬子中东部 Pb-Zn-Cu-Ag-Fe-Mn-Hg-Sb-磷-铝土矿-硫铁矿-煤-煤层气成矿带	Ⅲ-77-② 湘鄂西-黔中南 Hg-Sb-Au-Fe-Mn-(Sn-W)-磷-铝土矿-硫铁矿-石墨成矿亚带	Ⅲ-77-②-1 宜昌-兴山 Pb-Zn-Fe-P 成矿带
			Ⅲ-77-②-2 长阳-龙山-花垣-石门 Fe-Mn-P-Pb-Zn-Hg 成矿带
			Ⅲ-77-②-3 慈利-花垣 Mn-Pb-Zn-Hg 成矿带
			Ⅲ-77-②-4 环江-罗城 Pb-Zn-Ag-S-Fe-煤成矿区
	Ⅲ-78 江南隆起西段 Sn-W-Au-Sb-Fe-Mn-Cu-重晶石-滑石成矿带		Ⅲ-78-1 沅陵-麻阳 Mn-Pb-Cu-Pb-Zn 成矿带
			Ⅲ-78-2 益阳-怀化 P-W-Sb-Au 成矿带
			Ⅲ-78-3 白马山穹隆 Au-Sb 成矿区
			Ⅲ-78-4 洪江-桂北 Fe-Mn-Pb-Zn-W-Sn-Cu-Co-Ni-滑石成矿带
			Ⅲ-78-5 元宝山 Sn-Cu-Pb 成矿区

一、Ⅲ-66 东秦岭成矿带

东秦岭 Au-Ag-Mo-Cu-Pb-Zn-Sb-非金属成矿带总体呈东西向展布,涉及湖北省西北部、河南省西南部及陕西省东南部,跨中南、西北及华北三个大区,根据成矿地质特征又分为三个成矿亚带:北秦岭 Au-Cu-Mo-石墨-蓝晶石-红柱石-金红石成矿亚带(Ⅲ-65-①)、南秦岭 Au-Pb-Zn-Fe-Hg-Sb-RS-REE-V-蓝石棉-重晶石成矿亚带(Ⅲ-65-②)、南阳(盆地)石油-天然气-天然碱-石膏成矿亚带(Ⅲ-65-③),湘西-鄂西成矿带主要为南秦岭成矿亚带的南部。

(一)区域地质构造概况

该成矿带位于南秦岭造山带东南部,涉及武当基底断褶带、两郧构造带、郧均构造带、襄枣断陷盆地 4 个Ⅲ级构造单元,南界为青峰-襄樊-广济断裂带,东界为郯庐断裂带。

1. 地层

带内出露新元古代至新生代地层,属秦岭地层区。新元古代发育双峰式海底喷发火山岩系——武当岩群和耀岭河组,其中,武当岩群由变火山岩和变沉积岩组成,耀岭河组为细碧角斑岩系列;晚古生代主要是陆缘裂谷型沉积,普遍发育滞留还原环境的黑色岩系、热水沉积岩,是区内沉积型钒、钡、石煤等矿床的主要赋矿岩系;泥盆纪—三叠纪海相局限盆地的碳酸盐岩和碎屑岩的沉积,早古生代及以前形成的地层普遍遭受了区域变质作用。另在南襄盆地内自下而上沉积了 3 套构造层序:中生界上白垩统裂陷沉积层序、新生界古近系裂陷沉积层序及新近系坳陷沉积层序,其中古近系是主力烃源岩和油气分布的主要层段。

2. 构造

由于南北方向构造的挤压和破坏,区内地层形成了一系列北倾的褶皱和倒转褶皱,以及许多大型推覆体,造成大面积的地层反复叠置和断块。

断裂构造主要有青峰-襄樊-广济断裂、新城-黄陂断裂、红春坝-曾家坝断裂、白河-十堰断裂及两郧出断裂等。青峰-襄樊-广济断裂是秦岭造山带与扬子陆块间的分界断裂;新城-黄陂断裂对区内中生代岩浆侵入活动具有限制作用;红春坝-曾家坝断裂与青峰-襄樊-广济断裂控制了元古宙基性侵入岩的分布,红春坝-曾家坝与白河-十堰断裂控制了海西期的碱性岩浆活动。

3. 岩浆作用

区内岩浆岩有新元古代基性—超基性侵入岩及火山岩系、早古生代碱性系列的正长岩及镁铁质岩、晚古生代正长岩-碳酸盐岩杂岩体及中生代斑状花岗岩-花岗岩。

(二)区域矿产

成矿带内已发现金、银、稀土矿、铁、钛、铜、铅锌、锑、钒、钼、重晶石、硫铁矿、绿松石、大理石、金红石、石棉等,矿床类型主要有海相沉积型、海相火山沉积(热液改造)型、岩浆型、热液型(石英脉、破碎带蚀变岩)及风化-淋滤型等,其中银、金、铌-稀土矿、重晶石及绿松石是区内的优势矿床,主要有竹山银洞沟大型银金矿、竹山庙垭特大型铌-稀土矿、郧县云盖寺大型绿松石矿以及吴家庄-高庄中型金矿床、郧西县佘家院银金矿、郧县许家坡金银矿、郧西白岩沟金矿和郧西县枣树坪金矿、柳林重晶石矿等。

(三)区域成矿规律

(1)与早寒武世黑色页岩、硅质岩有关 Ba、P、V、Mo、Mn、石煤成矿作用主要分布在武当-随枣地区的竹山、郧西、丹江口市及随南一带,含矿层位主要有与台区牛蹄塘组相当的庄子沟组,该区常见钒与磷、重晶石相伴产出,在竹山一带,还有黄铁矿床形成,且钒矿中常伴银、铀、铜、钼。同时在竹山一带的下志留统大贵组中也有钒铀矿分布,并伴有铜。本类矿床属于与海相黑色岩系有关的沉积型矿床,虽经受了轻微的变质作用,但其与矿化富集间并无必然联系,成矿主要与沉积环境有关,其空间分布主要与后期构造作用有关。建立如杨家堡式钒矿床。

(2) 与震旦纪—下古生界黑色岩系有关的磷、Mn、V、Mo、U、重晶石、毒重石(五元素)矿床成矿作用主要分布于武当复背斜的西缘及随南一带,为赋存在震旦系和下寒武统黑色岩系的沉积矿床,赋矿层位有震旦系江西沟组、霍河组和寒武系下统庄子沟组,其中柳林式沉积型重晶石矿和赵家峡式磷矿赋矿地层为庄子沟组,文峪河式硫铁矿赋存于江西沟组和霍河组。

与早古生代超基性—基性岩有关的 Ti、Fe、Pt 矿床成矿作用主要分布在武当地区。早古生代超基性—基性岩与稳定地块边缘的深断裂带关系密切;岩体岩石类型主要为辉石岩、玻基辉石岩、辉长岩、辉绿岩,局部出现橄榄辉石岩;岩体规模不大,出露面积一般为 $2\sim15km^2$,但岩相带明显,矿化受岩相控制;岩体侵入最新地层在北大巴山-随应复向斜中为下古生界,在武当复背斜中为中元古界武当岩群。成矿岩体受区域变质的程度较低,蛇纹石化一般不明显,除岩体边部时见有与围岩片理一致的片理外,其主体部位一般尚保持原侵入岩的结构构造。

矿化类型以铁、钛为主,其中钛一般以钛铁矿、金红石形式存在,有的岩体铂族元素的含量可达伴生矿产要求;矿石一般呈海绵陨铁结构,浸染状构造,矿体与围岩界线不清。矿物成分主要为钛磁铁矿、磁铁矿,常伴有钒、钴、铂族、金等,可综合利用。典型矿床有丹江口市银洞山钛磁铁矿床,房县东河含钯钛磁铁矿床。

(3) 与晚古生代碱性岩-碳酸岩有关的 Nb、REE、U、S、P 矿床成矿作用主要分布在武当地区,大多分布在安康-十堰断裂与红春坝-曾家坝断裂之间,岩性主要有正长岩-碳酸岩、霞石正长岩、正长斑岩、英碱正长岩、石英正长岩、钠质正长斑岩、硬玉正长岩等,目前探明有大中型铌-稀土矿床的主要为位于竹山断裂带北侧的庙垭正长岩-碳酸岩岩体和杀熊洞辉石碱闪岩-霞石正长岩-黑云霓石碳酸岩,其他岩体仅见铌、稀土等矿化出现。

典型矿床为竹山庙垭铌-稀土矿床和杀熊洞铌-稀土矿床等,含矿岩体侵位于中元古界武当岩群、震旦系及下古生界中,侵入的最新地层为下志留统梅子垭组。主要岩石类型有正长岩、混染正长岩、铁白云石碳酸岩、方解石碳酸岩、黑云母碳酸岩、正长斑岩、黑云霓石碳酸岩、霞石正长岩、辉石碱闪岩等,以各类碳酸岩中含矿最好,次为各类混染正长岩类。建立如庙垭式铌—稀土矿床。

(4) 产于三叠纪及更老碎屑岩和碳酸盐岩中的 Hg、Sb、Au 矿床成矿作用主要分布于郧西-老河口地区,以两郧断裂为其南边界,是我国东秦岭锑铅锌金汞成矿带的东延部分。赋矿地层是泥盆系—石炭系,金矿与锑矿相伴产出,成矿分别受地层层位、岩性和断裂构造控制,区域性大断裂控制矿带、矿田的形成和展布,次级断层和裂隙控制矿体、矿脉的位置、规模、形态和产状。受相同的导矿深大断裂带控制,金矿和汞锑矿床对赋矿围岩具有不同的选择性,金矿产于不纯泥质岩和细碎屑岩中,而汞锑矿床产于碳酸盐岩中。金矿床(体)一般产于稍深层位,而锑矿床(体)产于稍浅层位。此外,本亚系列中还存在产于碳酸盐岩中的卡林型金矿。

二、Ⅲ-74 四川盆地成矿区

(一) 区域地质构造概况

四川盆地 Fe-Cu-Au-石油-天然气-石膏-钙芒硝石-盐-煤和煤层气成矿区在本区仅为其东部的一小部分,位于鄂西的恩施地区。

该成矿区位于上扬子陆块的东段,北与阳日湾-京山前陆褶冲带相邻,东邻黄陵台坪变形带和八面山台坪褶皱带。在区域上是与川中盆地关联的晚三叠世—侏罗纪盆地。受后期构造改造,区内现今呈零星分布,较大的主要有利川盆地、秭归盆地,均由河-湖相含煤碎屑岩组合(T_3j—J_1t)、湖泊泥岩粉砂岩组合(J_2q—J_3s)、冲积扇砂砾岩组合(J_3p)组成,是主期碰撞造山过程中被动陆块的沉积。

(二) 区域矿产

该成矿区（鄂西部分）内的矿种主要有赋存于三叠系嘉陵江组、巴东组中的石膏、岩盐,九里岗组中的煤矿及上三叠统—下侏罗统香溪群和中侏罗统聂家山组中的次生卤水矿及陆相沉积型矿床等,但矿床规模较小。在建南盆地和利川盆地中,岩盐和石膏受蒸发沉积控制,岩性为一套泥灰岩、白云岩、含石膏假晶白云岩、溶崩角砾岩、膏泥岩、石膏、硬石膏岩等。其中石膏主要赋存在嘉陵江组四、五段中,含石膏3~7层,单层厚10~26m,石膏及硬石膏矿体累积厚19~185.34m,平均111.03m,矿石含 $CaSO_4$ 91%~98%。巴东组也见膏层,厚1~3m。在嘉陵江组中发育断裂、裂隙,断裂、裂隙中发育铅锌矿化。本成矿带中有中生代三叠纪嘉陵江组中的、盐类矿产分布;白垩纪陆相沉积岩中的煤矿主要分布在秭归、利川等地。从而反映出本矿带成矿的时空演化特征。

(三) 区域成矿规律

早中三叠世时期,成矿带进入盆地萎缩阶段,海水全面退却,由陆棚-开阔海台地相灰泥岩、颗粒灰岩（大冶组）向局限台地相白云岩（嘉陵江组）转变,在建南盆地和利川盆地的嘉陵江组中沉积了岩盐等矿产。由于印支运动的影响开始显现,地壳持续抬升,中三叠世中晚期,残留海盆范围进一步缩小,在成矿带内伴随小规模的海侵及海退,形成巴东组潮坪-泻湖相紫红色碎屑岩夹碳酸盐岩沉积,在巴东组中也沉积了岩盐等矿产。

中三叠世末的印支运动,使成矿带内从海陆交互相沉积转为陆相沉积。

晚三叠世始,随着太平洋板块向亚洲陆壳的俯冲,亚洲陆壳从西向东的仰冲位移,区内陆壳随之伸展张裂,新生一系列内陆坳陷盆地。

晚三叠世,盆地内沉积作用与坳陷作用同时发生,在淡水湖泊相为主要沉积的同时,伴生有湖泊沼泽相含煤沉积,形成晚三叠世九里岗组沉积期的赋煤岩系,这期煤系发育于印支运动后新成的坳陷盆地,主要分布于秭归、利川等地。这些盆地在晚三叠世末印支运动的影响下,随湖北大陆整体抬升而抬升,彻底成为内陆盆地。

早侏罗世,内陆盆地发生断坳并持续下沉,由此在盆地内河流相的岸后沼泽亚相及湖泊相的湖泊沼泽亚相中,沉积形成了煤层。

三、Ⅲ-73 龙门山-大巴山（陆缘坳陷）成矿带

(一) 区域地质构造概况

该成矿带位于上扬子陆块北部的龙门山-大巴山前陆褶冲带。北临秦岭造山带,印支—燕山造山运动痕迹在该区反映明显,区内地层普遍发育同斜或平卧褶皱,断裂构造发育。该区以中元古界郑家垭组—矿石山组为褶皱基底,盖层在东部发育齐全,西部因上升剥蚀,一般仅保留有古生界以下地层,岩浆岩多见扬子期基性岩,大洪山一带见下古生代金伯利岩。矿产有铅锌矿、磷矿、铝土矿、硫铁矿、金刚石、锰矿、重晶石矿等。近年来陆续在该成矿带中发现有陡山沱期的磷矿床,最近的1:5万矿产远景调查,在九道一带的牛蹄塘中发现了钒矿床。四川万源至重庆城口大巴山地区发现的黑色岩系中的铂矿矿层厚度大,品位高,延伸稳定,远景资源量巨大,因此该成矿带可能存在铂、钯矿床,下一步工作值得注意。

该成矿带出露地层主要有中元古界石槽河组—矿石山组、新元古界震旦系陡山沱组灯影组和早古生代地层。局部出露早古生代和三叠纪地层。石槽河组—矿石山组仅在本成矿区带西部保康以西地区出露,是区内的褶皱基底。

新元古代随着晋宁造山作用的结束,早震旦世的裂陷槽-陆缘海变为陆棚-陆表海环境。尔后,转变为台地前缘斜坡-台地边缘生物礁相,沉积了陡山沱组中下部的含磷白云岩或磷块岩,形成区内重要的含磷层位。陡山沱组磷块岩常与粉砂质页岩、硅质岩、碳酸盐岩共生,并处于同一个沉积相带中,说明沉

积环境由酸性向碱性的演化过程。在酸性向碱性过渡的条件下,形成磷块岩、白云岩的互层结构。反之,形成泥质岩、磷块岩互层结构。pH 值过高或过低,都不利于磷块岩的沉积。

陡山沱期末,由于幅度不大的抬升作用,该区灯影期进入局限海-开阔海台地相沉积部分为灰色含藻白云岩和叠层石白云岩;中部为深灰、灰黑色磷块岩、砂质白云岩和含硅质条带白云岩;上部为灰色、灰白色泥质白云岩、含夹硅质团块或条带的白云岩及条带状硅质岩。该期是区内次要的成磷期。

早古生代本区一直处于浅海沉积环境,志留纪末的广西运动,地块抬升,缺失泥盆纪和石炭纪地层,二叠纪开始新的海侵,在滨岸潟湖相环境下形成煤系沉积型的硫铁矿、黏土矿等矿产。

磷矿主要产于震旦系陡山沱组,其次为灯影组,岩性为一套互层状白云岩夹硅质磷块岩,其沉积环境为潮间-潮下高能带或潮间高能带,多沉积于滨岸构造发育、浅水、潮汐作用较强等部位。

铝土矿、硫铁矿产于二叠系梁山组,海陆交互及滨岸潟湖、沼泽环境对沉积型铝土矿、硫铁矿成矿较为有利。

区内褶皱和断裂构造发育,褶皱多发育复式同斜褶皱和平卧褶皱;断裂构造主要发育有 NW(近EW)和 NNE—NNW 两组断裂,其中青峰-襄樊断裂及其次级断裂控制着热液型铅锌多金属以及重晶石矿化。

(二)区域矿产

区带内主要矿产为磷,其次为铅、锌、钒、锰、硫、铝土矿、煤等矿产,成因类型以沉积型为主,热液型次之,岩浆型最少。沉积型以震旦系、寒武系、二叠系为主要含矿地层,产有磷,其中磷、铅、锌主要产于震旦纪陡山沱组和灯影组,煤、硫、铝土矿产于二叠纪梁山组。热液型主要分布于青峰-襄樊-广济断裂带附近,受断裂构造控制,往往存在原始沉积富集层,该富集层一般以碳酸盐岩为主,主要是陡山沱组、灯影组和少量寒武系地层。岩浆型矿产仅分布于大洪山一带,主要产金刚石。

重要矿产有磷矿,主要分布于该成矿带中部的房县基底出露区,赋矿地层为上震旦统灯影组,含矿建造为一套含磷白云岩、泥质白云岩建造。岩性组合为:上段为夹燧石团块白云及泥质白云岩;中段为白云岩夹磷矿层;下段以含藻叠层石白云岩为主,但岩性变化较大。在裂隙面上时有铁质污染及炭质充填,此层中普遍有藻化石、叠层石。可形成中型磷矿床。

(三)区域成矿规律

新元古代,随着晋宁造山作用的结束,早震旦世的裂陷槽-陆缘海,变为陆棚-陆表海环境,沉积成矿作用是这个时期主要的成矿作用。形成了陡山沱组中下部的含磷白云岩或磷块岩沉积建造,构成区内重要的含磷层位。灯影期进入局限海-开阔海台地相白云岩、磷块岩沉积建造是区内第二个含磷层位。

晚古生代二叠纪末开始海侵,在滨岸潟湖相、沼泽环境下的海陆交互沉积建造组合,形成了沉积型的煤、硫铁矿、黏土矿等矿产。

加里东期的金伯利岩是金刚石矿化的母岩。

区带北缘的青峰-襄樊断裂及其次级断裂则控制了热液型铅锌多金属及重晶石矿化。

四、Ⅲ-77 上扬子中东部(坳褶带)成矿带

(一)区域地质构造概况

该成矿带位于上扬子陆块中东部的神龙架—黄陵隆起和八面山陆内变形带。属上扬子成矿亚省,涉及鄂渝湘黔桂滇川等省市,呈半圆弧形环绕四川盆地分布,又可分为滇东-川南-黔西 Pb-Zn-Fe-REE-磷-硫铁矿-钙芒硝-煤和煤气层成矿亚带(Ⅲ-77-①)、湘鄂西-黔中南 Hg-Sb-Au-Fe-Mn-(Sn-W)-磷-铝土矿-硫铁矿-石墨成矿亚带成矿亚带(Ⅲ-77-②)两个亚带,两者界线位于毕节—赫章一线,湘西-鄂西成矿带为Ⅲ-77-②西部,主要涉及湖北西南部、湖南西北部及广西西北部。

湘鄂西-黔中南 Hg-Sb-Au-Fe-Mn-(Sn-W)-磷-铝土矿-硫铁矿-石墨成矿亚带（中南区部分）(Ⅲ-77-②)大地构造位置处于上扬子古陆块的湘鄂渝碳酸盐岩台地南东部，北以阳日-九道断裂与阳日湾-京山前陆褶冲带相邻，东邻江汉坳陷盆地，南为江南隆起西段，西为四川盆地。

1. 地层

地层出露较齐全，中太古代—新生代地层皆有出露。

中太古代—中元古代地层主要出露于北部的黄陵隆起及神农架隆起地区，黄陵变质基底分布有古元古界黄凉河组变火山-沉积岩系及扬子期变中酸性侵入岩，其变质程度达混合岩相和片麻岩相，形成一系列混合岩化斜长角闪岩、黑云质或角闪质斜长片麻岩、含炭富铝质片麻岩、大理岩、石英岩等，不仅形成了沉积变质型石墨矿床，而且是后生金银矿的重要矿源建造；在鹤峰走马坪一带分布有中元古界冷家溪群变质复理式建造，为一系列泥砂质片岩、千枚岩，也有金矿化点分布；神农架基底则分布有中元古界神农架岩群碳酸盐岩夹含铁碎屑岩建造，形成海相沉积型铁矿及铜矿的矿源。

南华系—震旦系主要为一套冰水碎屑沉积岩-碳酸盐岩组合，是区内锰、铅锌的主要赋矿地层之一，其中震旦纪陡山沱组更是我国磷矿的重要产出层位之一。

寒武系下统下部黑色板状页岩夹粉砂岩、细砂岩是重晶石、萤石及镍、钼、磷、硫铁矿等矿产的重要赋存层位；中下统的碳酸盐岩是区内铅锌矿的另一个重要赋矿层位。

奥陶系下统底部为厚层灰岩夹白云岩，其上为灰岩夹页岩、白云岩、生物碎屑灰岩或页状泥灰岩，顶部为薄至中层瘤状泥灰岩。中统下部主要为中至厚层瘤状灰岩；中部为龟裂纹灰岩、瘤状灰岩。上统由黑色炭质页岩、硅质页岩夹粉砂岩等组成。下奥陶统桐梓组泥质生物灰岩和白云质灰岩中含铅锌矿。

志留系为浅海相砂页岩-砂岩组合。

泥盆系主要出露中上统，中统以石英砂岩为主，夹少量砂质页岩及粉砂岩。上统为石英砂岩、粉砂岩、砂质页岩，大致呈互层产出，底部含鲕状赤铁矿。

二叠系缺失下统。中统梁山组为砂、页岩夹煤层，偶见灰岩，含铝土矿。栖霞组—茅口组由碳酸盐岩组成，局部夹泥灰岩或不稳定的煤层或煤线。上统下部称龙潭组，下部由杂色泥岩、铝土质岩、黑色页岩及煤层组成，局部夹细砂岩；上部由含燧石团块或条带的灰岩组成，夹黑色页岩、泥灰岩或硅质岩、白云质灰岩。上统上部由灰岩、泥质灰岩、白云质灰岩或硅质灰岩组成。

三叠系由主体为碳酸盐岩-碎屑岩建造，下统为薄层灰岩夹泥灰岩，往上为中至厚层灰岩夹白云质灰岩。中统下部为白云岩、白云质灰岩夹灰岩；上部为灰色灰岩、泥灰岩、紫灰色砂、泥岩、黄灰色紫红色泥灰岩、泥质灰岩及灰岩。上统底部有少量砾岩，下部长石石英砂岩夹砂、泥岩，中、上部为砂、泥岩及煤层组成的韵律。

2. 构造

位于凤凰-慈利区域大断裂的西北，区内褶皱发育，断裂次之，褶皱表现为一系列的紧密线状褶皱，轴迹以北东向—北东东向为主，次为南北向，卷入的地层为寒武系—三叠系，属印支燕山期的产物。

断层主要表现为一系列的脆性断层，规模不大，以北东向断层为主，次为北西向与南北向断层。

凤凰-慈利大断裂属于新元古代冷家溪群基底中剪切变形带后期活动的反映。它是扬子东南被动陆缘与扬子稳定构造块体间的重要分界线。同时，还是一条区域地球物理重力梯度带。沿断裂构造岩类、揉褶皱、构造透镜体、片理化带等发育。该断裂使早期湘西北沉积的铅锌矿溶解、活化和迁移，在有利地段、适宜的温度压力条件下富集。另一方面，随热液或热水溶液而来的外来矿物质——铅、锌等的叠加使矿化进一步富集为工业矿体。

3. 岩浆岩

区带内在黄陵变质基底分布有大别期超基性岩-太平溪超基性岩体，岩性为橄榄岩、纯橄岩、蛇纹岩；在黄陵变质基底、神农架基底分布有扬子期基性岩；在黄陵变质基底和钟祥杨坡等地见扬子期花岗岩、二长岩等。

4. 各构造期成矿地质构造环境及其演化

早古生代地层发育,沉积建造以碳酸盐岩台地相和台缘生物礁相为主,属稳定型沉积。下寒武统牛蹄塘组黑色页岩、硅质岩、灰岩;下奥陶统桐梓组白云岩。主要矿产为沉积型磷矿、铁矿,次有层控热液型铅锌矿。

加里东构造运动对其影响有限,志留系沉积以后,隆升遭受剥蚀,在中泥盆世晚期接受陆表海碎屑沉积,二者之间为假整合接触。短暂沉积后海水又退出该区,直至二叠纪早期地块下沉为浅海环境,复又接受含煤碎屑-浅海碳酸盐沉积。由于海平面上升速率较快,早期含煤建造厚度较薄,且含黄铁矿较多,局部形成硫铁矿床。

由于印支期构造变形的影响,本区总体上长期处于隆起状态,除东部洞庭断陷边缘局部接受早侏罗世粗碎屑沉积外,其余地区无沉积。受来自东部构造作用力的影响,先期断裂多有活动,对沉积盆地有明显的控制作用,同时也为低温热液铅锌、汞矿的形成提供了有利条件。

(二)区域矿产

1. 概况

该成矿带内已发现主要矿产为铅锌、锰、铁、磷、银,其次为铜、金、钒、重晶石、石墨、石榴子石、煤、煤层气、硫铁矿、累托石、石膏矿、膏盐等矿产超过20余种,矿床类型主要有沉积型、热液型、沉积-变质型等。以出现大量沉积型矿产为特征,而赋存在上震旦统和寒武系—奥陶系中的层控热液型铅锌矿,近年来也显示了巨大的找矿前景。沉积矿产由老到新,分别有黄凉河组中的沉积变质石墨矿床、矿石山组中沉积铁矿、南华系中的锰矿、下震旦统陡山沱组中的磷矿和银钒矿、钒钼矿、重晶石矿和煤层气、泥盆系中的沉积铁矿、上奥陶统—下志留统龙马溪组中的二叠系黏土矿、上三叠统—侏罗系的煤矿、上三叠统和白垩系中的沉积型和层控热液型铜铅锌矿。层控热液矿床有中元古界石槽河组中层控热液型铜矿、震旦系及中下寒武统中的铅锌、汞矿等。

在黄陵变质基底分布的大别期超基性岩-太平溪超基性岩体控制有小型铬铁矿床和3个中型蛇纹岩矿床;在黄陵变质基底、神农架基底分布的扬子期基性岩;在黄陵变质基底和钟祥杨坡等地的扬子期花岗岩、二长岩等,这些中酸性岩接触带见有矽卡岩分布和铜钼、钨钼矿化出现。该成矿亚带中的某些热液型铜、金、硫矿等,可能与岩浆热液有关。

其中赋存于南华系中的沉积型碳酸锰矿、震旦系陡山沱组中的沉积型磷矿及赋存于震旦纪—早古生代碳酸盐岩中铅锌矿皆已形成大型的开发基地。而泥盆系的中沉积型铁矿(宁乡式)、震旦系陡山沱组中的银钒矿(白果园式)虽达大型矿床规模,但由于冶炼技术方法的限制,尚未得到开发利用。

2. 重要矿产特征

1)铅锌矿

该成矿亚带铅锌矿主要分布于鄂西地区的黄陵-神农架地区及湘西的花垣-龙山地区;矿床成因类型主要为层控热液型(MVT),赋矿层位主要为晚震旦世陡山沱组、灯影组及寒武系清虚洞组、娄山关组等。已发现大中型铅锌矿床5处,在湖南花垣地区、已形成大型开发基地。

2)磷矿

该成矿亚带北部是我国两大磷矿产地之一,主要分布于湖北的黄陵断穹北部、神农架穹隆周缘及荆襄地区,另在湖北鹤峰及湖南石门东山峰地区亦有贫磷矿产出。主要矿床类型海相沉积型磷块岩,赋磷层位以震旦纪陡山沱组最为重要,本类磷矿常形成中型、大型,乃至超大型矿床,主要有钟祥胡集磷矿床、宜昌丁家河磷矿床、宜昌殷家坪磷矿床、兴山树空坪磷矿床、保康白竹磷矿床、远安盐池河磷矿床等。截至2009年底,海相沉积型磷矿累计查明资源储量354 219.205×10^4 t。

2)铁矿

区内铁矿主要为沉积型,赋矿层位有中元古代神农架群矿石山组、晚泥盆世黄家磴组和写经寺组。

该区是我国泥盆系中"宁乡式"铁矿的主要分布区,已查明此类矿床矿石资源储量超过 20×10^8 t,主要分布于长阳台褶束和恩施台褶束东南部及湘西北的部分地区。已发现有湖北宜昌官庄,长阳石板坡、火烧坪,建始官店,恩施铁厂坝,宣恩长潭河等大型矿床 10 处;湖北长阳杨柳池、马鞍山,建始太平口、伍家河,枝城松木坪,宣恩苦草河、中间河,巴东瓦屋场、湖南东山峰等中型矿床 24 处,还有小型矿床 14 处。

中元古代沉积型赤铁矿床主要分布于神农架主峰及黑水河至九冲一带。已发现主峰铁厂湾、九冲两处中型矿床,黑水河 1 处小型矿床。含矿岩系为中元古代矿石山组下段累计查明资源储量 7971.968×10^4 t 矿石。

3)锰矿

区内锰矿以沉积型为主,赋矿层位主要为南华纪大塘坡组,矿石类型为碳酸锰矿,主要分布于湖北长阳、湖南花垣、凤凰一带。大中型矿产地主要有湖南花垣民乐大型锰矿、湖北长阳古城中型锰矿床。

4)金矿

区内金矿主要分布于黄陵断穹结晶基底中,主要类型有破碎蚀变岩型、石英脉型,含矿岩性为元古宇变质岩系及花岗岩。矿床规模较小,仅发现有 2 个小型矿床,但品位较高。

5)银矿

以沉积型银钒矿为特征,主要分布于黄陵断穹北缘的兴山县白果园、南缘的长阳县向家岭一带,达大中型规模。矿化主要赋存于震旦系陡山沱组顶部黑色页状泥岩、黏土岩及薄层白云岩中。银大都以微米级的银矿物显微包体存在于黄铁矿中,部分呈单独矿物存在于岩石中;钒则以类质同象存在于黏土岩和云母中。矿体呈层状、似层状沿层分布;矿石类型可分为富银钒黑色页状黏土岩型和银钒泥质白云质或白云岩型 3 种。

(三)区域成矿规律

1. 矿床时空分布

元古宙中期,主要在神农架地区形成了沉积型铁矿,晚期在黄陵断穹一带形成了大量热液型金矿点;区内成矿作用最先为南华纪大塘坡期沉积了重要的湘潭式锰矿。早震旦世陡山沱期沉积有含磷白云(页)岩建造,是我国重要的成磷期;早寒武世,黑色页岩系中沉积了镍钼钒矿床,中寒武世—早奥陶世碳酸盐岩中沉积了铅锌矿床。晚泥盆世滨海相碎屑岩中沉积了赤铁矿层。中二叠世梁山期沉积了煤系、硫铁矿或铝土矿。燕山期区内有热液型重晶石萤石矿,为含矿热液沿断裂充填至宝塔龟裂灰岩中的产物;另外,区内燕山期热液对区内沉积的铅锌(汞)矿有明显的叠加富集作用。

早震旦世—早寒武世的钒或银钒矿则分布在神农架—兴山—长阳—鹤峰一带,早震旦世磷矿几乎遍及全区。早古生代晚世层控热液型锌矿分布在鹤峰—宣恩一带,菊花石矿床局限分布于恩施一带,晚古生代的煤、黄铁矿、黏土矿主要分布在荆当和恩施—长阳一带;区内锰矿主要分布于湖南花垣民乐及湖北长阳一带;区内磷矿集中分布于湖北黄陵断穹北部,神农架断穹北部及荆门胡集一带,另在湖南的石门东山峰地区也有分布;震旦纪铅锌矿主要分布在黄陵断隆、神农架断隆、长阳背斜核部、湖南西部的花垣—龙山一带及广西西部的北山地区;晚古生代沉积铁矿仅分布在黄陵断隆南东缘-恩施-长阳成矿区、湖南永顺-石门向斜中,元古宙铁矿仅分布于神农架地区;区内石膏(岩盐)矿分布于东部石门县、津市一带;热液型重晶石萤石矿只在北部桑植油坊一带有少量分布。

2. 控矿因素

1)沉积岩相与建造对成矿的控制作用

区内沉积岩相与建造对成矿的控制作用明显,不同岩相、建造沉积不同的矿产,主要表现在以下几个方面。

(1)大塘坡期为水下隆起区内坳陷中次深海环境沉积的含锰黑色页岩建造。

(2)中寒武世—早奥陶世的铅锌矿主要赋存于开阔碳酸盐岩台地相的泥晶灰岩、藻灰岩、云灰岩及白云岩中。

(3) 宁乡式铁矿产于晚泥盆世滨海相碎屑岩中。

(4) 中二叠世梁山期黄铁矿、煤是在泻湖海湾三角洲相环境下形成的。

(5) 陆相氧化环境沉积的紫红色砂泥岩中沉积了石膏(岩盐)矿。

(6) 热液型重晶石萤石矿只分布于宝塔组龟裂灰岩中。

2) 构造对成矿的控制作用

深大断裂控岩控相,控制了矿田的分布与矿化。区内大塘坡期锰矿主要分布于民乐矿田中,其成锰盆地分别受花垣-慈利断裂带与凤凰-张家界断裂带与新晃-芷江-冷家溪断裂带的控制,在深大断裂不均匀拉张的作用下,沿着沉积断裂发育了凹陷带,成锰盆地即分布在凹陷带中。

区内铅锌矿同样受花垣-慈利断裂带与凤凰-张家界断裂带与新晃-芷江-冷家溪断裂带的控制,其同生断裂性质不但控制了岩相,也为成矿提供了物源,更是热液上升通道,是叠加改造必不可少的条件。铅锌矿床均位于断裂构造附近,南部汞矿化更是与断裂构造关系密切。

区内磷矿只分布于东山峰背斜中,铁矿、煤、硫则主要分布于永顺-石门向斜中,说明褶皱构造对矿床的保存起到了很重要的作用。

3) 侵入岩对成矿的控制作用

区内未见岩浆活动,区内矿化与侵入岩无关,矿化热液为混合热卤水。

4) 变质作用对成矿的控制作用

区内的围岩蚀变主要有硅化、碳酸盐化。碳酸盐化是区内铅锌矿的矿化蚀变,碳酸盐化范围大,则矿体规模大,碳酸盐化越强,则矿石品位越高。硅化在部分铅锌矿脉中也有出现。

五、Ⅲ-78 江南隆起西段成矿带

该成矿带涉及湖南西南部、广西壮族自治区西北部及贵州省西南部,跨中南、西南两个大区,主体位于中南区内,为上扬子成矿亚省的南东部分。北西以慈利-古丈-凤凰断裂带为界并紧邻湘鄂西-黔中南成矿亚带,东于洞庭湖与下扬子成矿亚省相接,南以南丹-宜山断裂为界,西界以紫云-南丹(-昆仑关)断裂与南盘江-右江裂谷盆地分开。

(一) 区域地质构造概况

成矿带大地构造位置处于上扬子陆块的雪峰隆起中部,总体为一向北西凸出的弧形构造。

1. 地层

出露地层从新元古界冷家溪群至中生界白垩系均有出露,以南华系—奥陶系及白垩系最为发育。

冷家溪群:以一套灰绿色为主的浅变质细碎屑岩、黏土岩及含凝灰质细碎屑岩组成的复理石建造,局部夹基性、中酸性熔岩。

板溪群:以紫红色、灰绿色浅变质粗碎屑岩与泥质岩为主,下部夹碳酸盐岩及炭质板岩,有时具铜矿化或夹含铜板岩,局部含基性至中酸性火山岩。

南华系:下部为砂、泥质岩和凝灰质岩等正常海洋沉积和含冰碛砾石板岩等海洋冰川沉积的混合沉积,夹铁矿层,上部主要以冰碛砾泥岩为代表的海洋冰川沉积物,其间为间冰期的黑色炭质板状页岩夹碳酸锰矿。

震旦系:蕴藏有铅锌、铁、锰、磷矿。以硅质岩、板状页岩为主夹碳酸盐岩。

寒武系:可分为两大建造组合体系,凤凰-吉首-张家界断裂北西为台地相碳酸盐岩建造组合,岩石类型主要为灰岩、白云岩类,产层控型铅锌矿;断裂南东湘中为泥质-碳酸盐岩建造组合,岩石类型主要为斜坡相泥质-碳酸盐岩组合、滑塌浊积系列、泥质-硅质岩建造组合。它反映沉积盆地由西北向东南水体渐深的特征,赋存有石煤、重晶石、磷、钒、铀等矿产。

奥陶系:凤凰-吉首-张家界断裂北西,沉积物具有与湘西北连续过渡的特征,岩石组合由碳酸盐岩过渡到泥质碳酸盐岩或泥质岩组合。凤凰-吉首-张家界断裂南东,以一套泥质岩石组合为特征,夹少量硅质岩与碳酸盐岩。

志留系:凤凰-吉首-张家界断裂北西属稳定型混合相沉积,为一套浅海相碎屑岩与泥质岩、钙泥质岩建造;雪峰山东南缘为山前凹陷快速堆积的浊积岩系,岩性主要为一套石英杂砂岩、粉砂岩夹泥岩。

泥盆系:总体上可分为下部碎屑岩系,上部为碳酸盐沉积。下部岩性以中厚层中粒石英砂岩为主,底部多发育复成分砾岩、角砾岩,上以砖红色厚层砂岩、粉砂岩为主夹薄层页岩;上部属开阔浅海台地和台间盆沉积,沉积建造组合类型以灰岩-泥页岩建造为主。

石炭系:沉积组合也可分为上、下两部分,下部以碎屑-碳酸盐沉积为主体;上部以灰岩、白云岩为主。

二叠系:早期岩性为碳酸盐岩组合,中期为含煤碎屑岩建造组合——龙潭煤系;晚期海平面自西向东加深,岩性组合由碳酸盐向硅质-泥质过渡。

上三叠统—侏罗系:出露面积少,为一套断陷盆地含煤的碎屑沉积,岩性总体上由砂砾岩、砂岩与粉砂岩、含菱铁矿的粉砂岩夹不稳定煤层组成。

白垩系:是湖南省中生代盆地演化末期的河流为主间有浅湖的干旱、半干旱环境沉积。总体上岩性为紫红色、杂色砂砾岩—砂岩—粉砂岩—粉砂质泥岩构成一套向上变细的旋回性沉积,是一套冲洪积的灰紫色、紫红色调砂砾岩粗碎屑沉积组合。在盆地发展中晚期沉积建造趋细,并含有岩盐、石膏及铜矿。

2. 岩浆岩

该区出露的岩体有桃江岩体、白马山岩体、瓦屋场岩体、五团岩体、苗儿山岩体、越城岭岩体等,按时代可划分为志留纪花岗岩、三叠纪花岗岩、侏罗纪花岗岩。与成矿有关的主要是晚三叠世与侏罗纪花岗岩。

1)志留纪花岗岩

志留纪花岗岩可分为早志留世和晚志留世花岗岩。早志留世花岗岩主要分布在白马山、苗儿山岩边部,早志留世花岗岩岩石类型有细粒或中细粒(含辉石)角闪石黑云母石英闪长岩、石英二长闪长岩、英云闪长岩—奥长花岗岩—细中粒(角闪石)黑云母花岗闪长岩—二长花岗岩等;晚志留世花岗岩岩石类型有中粒(角闪石)黑云母花岗闪长岩—中粒少斑状或细中粒少斑状(角闪石)黑云母二长花岗岩或花岗闪长岩—粗中粒斑状或中粒斑状黑云母二长花岗岩—微细粒斑状或细粒斑状黑云母二长花岗岩—细粒二(黑)云母二长花岗岩,少量的奥长花岗岩和正长花岗岩。

2)三叠纪花岗岩

三叠纪花岗岩可分为中三叠世花岗岩与晚三叠世花岗岩。

中三叠世花岗岩:主要分布在白马山岩体及中华山岩体。岩石总体由角闪石黑云母石英闪长岩、石英二长闪长岩、英云闪长岩→角闪石黑云母花岗闪长岩→角闪石黑云母二长花岗岩→中粒斑状、细中粒斑状黑云母二长花岗岩→细粒斑状、微细粒斑状黑云母二长花岗岩→细粒黑云母二长花岗岩。

晚三叠世花岗岩:主要分布在白马山岩体、瓦屋场及五团岩体,岩体岩石类型基本为二长花岗岩,最晚次的细粒二(白)云母花岗岩。

3)中侏罗世花岗岩

中侏罗世花岗岩主要分布在白马山岩体中,岩性从黑云母花岗闪长岩—黑云母二长花岗岩—二云母二长花岗岩都有。岩体有一定价值的锡、钨矿化。

3. 构造

该区位于雪峰陆缘裂谷盆地,发育有新晃-芷江-冷家溪断裂带、城步-新化-桃江断裂带、凤凰-张家界断裂带、安化-溆浦-洪江 4 条区域性大断裂带。

新晃-芷江-冷家溪断裂带:是沅麻盆地的东南边界,是雪峰山基底逆冲推覆带的前锋,在逆冲推覆带的西缘发育有大量的逆冲推覆岩片、构造窗、飞来峰构造体。走向北东东—近东西向断层十分发育，断面一般南东倾，倾角30°～60°不等，地表冷家溪群既可逆冲于青白口系之上，也可逆冲于早古生代乃至中生代红层之上，脆性破碎构造岩类十分发育，多期次构造活动形迹清晰。发育有东西向或北东向线性延伸的强直片理带、剪切透镜体、流褶皱，以及顺片理带发育的透镜状、眼球状石英细脉带，其中金矿化现象比较普遍。

凤凰-张家界断裂带：呈北东向展布，破碎带中见大量的碎裂岩、角砾岩及其他构造岩块，该断裂成生于加里东早期，从早寒武世开始活动，具同沉积断裂性质。于加里东运动中由北西往南东发生逆冲而定型。后期有过不同程度地叠加改造，导致断面局部反倾。具多期活动的特征。

城步-新化-桃江断裂带：为向北西逆冲断裂-褶皱构造组合，溆浦等地可见青白口系逆冲于震旦系之上，震旦系又逆冲于寒武系之上的构造迹象。青白口纪冷家溪群和板溪群受断裂带影响，不仅发生推覆和大规模倒转褶皱，而且表现出韧性变形特点，发育透入性劈理，局部达完全构造置换。强烈的构造变形和其产状组成构造混杂现象。

安化-溆浦-洪江断裂带：形成向北西逆冲的断裂-褶皱构造组合，构造带中脆韧性变形特征明显，在剪切主界面东西两侧的冲断褶皱岩片的倒向分别是东倒西倾和西倒东倾，西侧的韧性逆冲推覆体与中生代逆冲推覆构造方向一致而得到加强，形成一系列多级叠瓦式逆冲断层组合型式。

地表主体构造呈北东向—近东西向展布，形成一系列开阔短轴背向斜和北东向断裂组成的褶断组合。区内大致经历了两期变形，早期是以层理为变形面，形成轴向北东—南西，轴面向南东倾斜、北西歪倒或斜卧的褶皱。晚期表现为轴向北东的宽缓无劈理背向形的叠加，且多以冲断-褶皱组合型式表现。局部地段见有不协调褶皱叠加变形形迹，并使相对早些时候的次级褶皱趋于紧密。

4. 各构造期成矿地质构造环境及其演化

以安化-溆浦-洪江断裂带为界，断裂以西为雪峰山西缘陆缘裂谷盆地，断层以东为雪峰山东缘陆缘裂谷盆地。

雪峰山西缘陆缘裂谷：出露地层主要是新元古代板溪群—早古生代志留系及中生代三叠系—白垩系。板溪群（高涧）为陆缘斜坡碎屑岩夹火山岩建造，厚度巨大且以含大量的火山碎屑沉积为特征；南华系为一套冰缘气候下的含砾岩系与陆缘碎屑岩建造，但缺失下部沉积且厚仅数十米。下古生界为台缘斜坡钙屑岩建造。地层中赋存有沉积变质型磷矿和热液脉状充填型铅锌矿、铜矿。底部层位中则赋存有钒、钼多金属矿和重晶石矿。晚三叠世沉积物、侏罗系为一套碎屑岩建造，白垩系为一套陆相红色碎屑岩建造，砂岩中含铜矿。

在中新生代雪峰山脉不断隆起的构造背景下，沿造山带前缘的北北东向断裂带形成了山前断凹陷盆地主体，接纳山前粗碎屑沉积：晚三叠世沉积物、侏罗系—白垩系。在区域伸展作用下，随着盆地的演化，盆地扩大加深，沉积碎屑物变细，并赋存具有经济意义的矿产，如侏罗系中的煤矿，白垩系中的砂岩型铜矿等。

沿红盆中央一线发育一条规模较大的麻阳-澧县断裂带，该条断裂在侏罗系、白垩系中表现尤其强烈明显，具同沉积断裂性质，即断裂之北，侏罗系、白垩系沉积厚度3000m，其南小于500m，据此可判断它早期已存在，盆地在白垩纪晚期到第三纪早期关闭。

雪峰山东缘陆缘裂谷：主要地层为新元古代—下古生代沉积物，其中以南华系—志留系分布最广，出露齐全。高涧群为陆缘斜坡碎屑岩夹火山岩建造；南华系是该裂谷的主要充填物，为一套巨厚的冰缘气候下含砾岩系与含铁碎屑岩建造，厚达数千米，类似于夭折裂谷沉积。越过洪江-溆浦断裂向西沉积层厚度即减至数米或数十米，并缺失下部沉积。自震旦纪—志留纪则维持较稳定的斜坡相泥质-硅质-钙质碎屑沉积，至晚奥陶世开始，裂谷被来自湘东南地区的造山带碎屑基本填充。而奥陶系—志留系的连续沉积和笔石相特征，构成了江南盆地斜坡带与珠江盆地的分野。

自加里东运动以后长期隆起遭受剥蚀，直至晚石炭世晚期，该区沉降抑或海平面上升，造成了雪峰隆起带被海水浸漫，形成陆表海环境，接受以碳酸盐岩建造为主体的沉积。

(二) 区域矿产

1. 概况

区内矿产丰富，主要矿产为钨、锡、铜、铅锌、铁、锑、金、重晶石，其他矿产有铝土矿、磷矿、硫铁矿、锰、钼、镍、稀土、锡、萤石、钒矿、高岭土、汞矿、玻璃用砂岩等36种矿产，共发现矿（床）点343处。小型以上矿床有108处，其中特大型2处，大型8处，中型40处，小型58处，沃溪、贡溪、铲子坪、董家河、九曲湾等都是有名的矿产地。

2. 主要矿产特征

1) 铜镍矿

铜镍矿主要分布于广西罗城宝坛地区，为岩浆熔离型矿床，矿体主要产在四堡群第二期闪长岩-辉长辉绿岩-橄辉岩-辉石岩型岩体底部细粒辉石岩中，含矿岩体分布于四堡期褶皱剧烈的九堡—如龙—河边村一线以南，受四堡期东西向褶皱控制，以后又受雪峰—加里东期南北向褶皱和断裂改造。地表主要在背斜轴部密集分布，东西成带，南北成行。矿石中除了铜镍以外，可供综合利用的元素有钴、钯、铂、硒、碲、银等。在相同的物理化学条件下，岩体厚度越大，分异越完全，镍品位较高。岩体倒转层位成矿较好，正常层位成矿较差。与加里东期北东向含锡断裂交汇处往往发生热液叠加和成矿再造作用，矿体变富。

2) 锡多金属矿

锡多金属矿主要分布于广西罗城地区，宝坛式热液型锡多金属矿，矿体主要产在四堡群文通组和鱼西组地层及侵入该层位的四堡期中—超基性岩和雪峰期花岗岩中，且以赋存在变质砂岩和辉长辉绿岩的矿体最多，所占的储量最大。矿石矿物以锡石、黑钨矿、黄铁矿、黄铜矿为主，次为闪锌矿、方铅矿、钛铁矿、白钛矿，还有少量的斑铜矿、黄铜矿；锡石与花岗岩和基性岩有成因联系，成矿的锡元素具有多来源特性。

3) 铅锌矿

铅锌矿主要分布于广西龙胜地区及湖南沅麻盆地周缘。矿床成因类型为老厂式中低温热液型矿床及董家河式碳酸盐岩型。

老厂式中低温热液型矿床：主要分布在龙胜一带，沿北北东向龙胜-永福深断裂分布。矿体主要赋存于北东向次级断裂、寒武系与泥盆系不整合面中，呈脉状、透镜状。前泥盆系沉积地层为本区矿源层，中生代侏罗纪二长花岗岩和花岗闪长岩与铜、铅锌等矿产有关，代表性矿床有龙胜柚子坪铅锌矿床、龙胜大柳铅锌矿、永福保安矿床等。

董家河式碳酸盐岩型：主要分布于湖南沅麻盆地周缘，另在广西三江地区亦有分布，矿体主要赋存于震旦系下统硅质白云岩中，呈层状、似层状产出，以锌为主，伴生硫铁矿化。可达大型矿床规模。以董家河铅锌硫铁矿床为代表。

4) 钨矿

钨矿分布于广西资源县—兴安县一带，矿床类型以矽卡岩型为主，次为热液脉型。矽卡岩型钨矿寒武系清溪组为其成岩成矿的围岩，其中的泥质粉砂岩夹泥砂质灰岩和钙质岩类对成矿最有利，其顶底板为高塑性的板岩对成矿起圈闭作用；矿源W来源于深部，Pb、S主要来源于围岩；岩浆水上升与天水混合演化成含矿热液。热液脉型钨矿受控于北北东向区域性平峒岭大断裂，大断裂两侧（主要是上盘）的次级北北东向断裂及其派生的张性断裂和裂隙带为赋矿构造，出露有雪峰期中粒斑状黑云母二长花岗岩，南华系江口组长石石英砂岩与板岩组合为主要赋矿岩性；矿化主要富集于断裂带向内转折部位、上盘，成矿时代为雪峰期。

5) 锑矿

锑矿主要分布于广西罗城县及雪峰隆起中段的沅陵地区。成因类型主要为热液型，多产于元古宇—下古生界碎屑岩中，矿体赋存于层间断裂破碎带及其派生的羽状裂隙中，呈脉状、似层状，矿石矿物组合复杂多样，多构成锑或金-锑或金-锑-钨组合。可形成大型矿床。代表性矿床为板溪锑矿。

6）稀土矿

稀土矿分布于广西资源县大部及龙胜县、全州县、兴安县的部分地区，为离子吸附型稀土矿，发现离子吸附型稀土矿床（点）共计4处，仅1处达小型矿床规模。含矿岩体主要为越城岭岩体西部及猫儿山岩体中部。

7）重晶石矿

重晶石矿主要分布于怀化地区，其次在广西三江地区也有分布，为海相热水沉积的产物。矿体产于早寒武世牛蹄塘组灰黑色炭质板状页岩、灰绿色砂岩，夹白云质灰岩、灰岩中，矿层呈层状、似层状，分布连续、稳定；重晶石是唯一的矿石矿物，脉石矿物主要为含炭质的黏土矿物和方解石；具镶嵌粒状变晶结构、针状、柱状变晶结构、放射状变晶结构、残余内碎屑结构、麦粒状结构，条纹状、条带状和块状构造。矿床规模达大型，代表性矿床有贡溪大型重晶石矿床。

（三）区域成矿规律

1. 成矿时间

（1）区内成矿作用最先为早青白口世在潮间坪环境下发生了铜矿的原始聚集，形成矿化层。南华纪江口期沉积型铁矿，大塘坡期沉积了省内主要的湘潭式锰矿。震旦纪陡山沱期碳酸盐岩中沉积了铅锌硫铁矿与磷矿。

早寒武世，黑色页岩系中沉积了重晶石与镍钼钒矿床，中晚奥陶世黑色岩系中沉积有锰矿床。

中二叠世梁山期沉积了煤系与铝土矿，早白垩世紫红色粉砂岩中沉积了砂岩型铜矿床。

（2）区内热液型金锑钨多金属矿的成矿作用自加里东期开始，燕山期达到高峰。伴随着加里东期构造运动，区内形成了受层位控制的热液充填型金钨锑矿（沃溪）。印支期区内热液成矿作用不明显，至燕山期，成矿达到高潮。板溪锑矿、铲子坪金矿、平滩钨矿均为燕山期成矿作用的产物。

（3）燕山期侵入岩的成矿作用或热卤水的叠加改造，还使早青白口世的铜矿矿化层与早震旦世陡山沱期碳酸盐岩中的铅锌硫铁矿层进一步富集；岩浆侵入的热变质作用使江口期赤铁矿蚀变为磁铁矿，提高了矿产的可利用性。

2. 空间分布

（1）区内锰矿主要分布于南部洞口一带与北部的古丈，同时，在洞口一带还分布有铁矿，两者均赋存于南华纪地层中，但在古丈地区未见铁矿分布。

（2）区内磷矿、沉积（改造）型铅锌矿主要分布于中部沅陵地区，大致沿沅麻盆地东南缘的新晃-芷江-冷家溪断裂带分布。

（3）区内铜矿主要分布于沅麻盆地南部，另外在沅陵寺田坪也有分布。

（4）重晶石主要分布于西部的贡溪，同期沉积成矿的镍钼钒则主要分布于北部的张家界。

（5）煤、铝土矿主要分布于北西部的辰溪-沅陵地区。

（6）热液型金锑钨矿主要分布于南东部的雪峰弧隆起内。

本成矿带矿床分布具有明显的分带性，其空间分布特点是：从北西往南东，矿化分带大致为锰镍钼钒→铜铅锌磷→金锑钨铅锌；从北往南为锰镍钼钒→铜铅锌磷→金锑钨铅锌→铁锰。雪峰山隆起区主要分布的是金锑钨多金属矿，成因类型与岩浆热液有关，上扬子东南被动陆缘陆棚-斜坡区，分布的主要是与沉积作用有关的重晶石、镍钼钒、磷、铅锌铜等矿产。矿床多沿区内的深大断裂呈带状分布。

3. 控矿因素

1）沉积岩相与建造对成矿的控制作用

区内沉积岩相与建造对成矿的控制作用明显，不同岩相、建造沉积不同的矿产，主要表现在以下几个方面。

(1) 早青白口世马底驿期只在潮间坪环境下才发生了铜矿的原始聚集,形成矿化层。

(2) 南华纪江口期为水下高地附近临滨-远滨亚相沉积的含铁(砂质)板岩建造,大塘坡期为水下隆起区内坳陷中次深海环境沉积的含锰黑色页岩建造。

(3) 早震旦世陡山沱盆地相沉积有含铅锌白云(页)岩建造或含磷白云(页)岩建造,而相变为砂泥岩建造时,则没有磷矿沉积,铅锌矿沉积也微弱。

(4) 早寒武世的重金属、镍钼钒沉积只分布于黑色页岩建造中,而且主要分布于深大断裂附近。

(5) 中二叠世梁山期的铝土矿赋存于泥坪亚相的铁铝(页岩)岩建造中,随着水体变浅,沉积环境为泻湖时,则出现煤系沉积。

(6) 麻阳式砂岩型铜矿赋存于早白垩世神皇山期滨湖三角洲相含铜砂岩建造的浅色层中,没有浅色层出现,则没有铜矿化。

2) 构造对成矿的控制作用

深大断裂控岩控相,控制了矿田的分布与矿化。区内大塘坡期锰矿主要分布于古丈与洞口两个矿田中,其成锰盆地分别受花垣-慈利断裂带与凤凰-张家界断裂带与新晃-芷江-冷家溪断裂带的控制,在深大断裂不均匀拉张作用下,沿着沉积断裂发育了凹陷带,成锰盆地即分布在凹陷带中。沿深大断裂带产生海底火山喷发,成矿物质堆积在海盆中,形成热水沉积型重金属矿与镍钼钒矿。

另外,花垣-慈利断裂带与凤凰-张家界断裂带及新晃-芷江-冷家溪断裂带还控制了沅麻中生代盆地的形成,控制了麻阳式砂岩型铜矿的分布。

城步-新化-桃江断裂带主要控制了区内岩浆岩带的分布,同时控制了热液型金锑钨多金属矿的成矿。低序次断层是含矿热液的通道与容矿空间,控制了矿床的分布与矿体的形态规模。

区内开阔背斜对董家河式铅锌的富集有着明显的控制作用,向斜构造控制了区内沉积型矿床的分布。

3) 侵入岩对成矿的控制作用

区内岩浆活动不强烈,从加里东到燕山期均有出露,以花岗岩类为主。但重磁资料表明,深部有隐伏岩体存在,而且与矿床分布相吻合,说明区内热液型矿床与岩浆岩在空间上关系密切。

大量科研资料表明,区内热液型矿床的成矿物质主要来源于岩浆,多为混合热液,成矿时间与出露岩体比较一致,因此,区内热液型矿床与岩浆岩在时间上、成因上也关系密切。沃溪金锑钨矿成矿时代为加里东期,板溪锑矿、铲子坪金矿、平滩钨矿成矿时代为燕山期。

4) 变质作用对成矿的控制作用

区内的围岩蚀变主要有硅化、毒砂化、黄铁矿化、绢云母化、褪色化等。硅化是铲子坪式金矿必不可少的蚀变作用,金矿即产于硅化带或石英脉中。毒砂化、黄铁矿化、硅化是板溪式金锑的矿化蚀变标志,紧靠矿体。硅化、黄铁矿化是沃溪金锑钨矿的矿化蚀变标志。

第三节 重要矿集区特征

湘西-鄂西成矿带北达秦岭-大别成矿省,主体为扬子成矿省,主要矿产有铅锌、铁、铜、磷、锰、金、银、钒、钼、石墨、硫铁矿和黏土等。根据该区成矿特征及规模矿床的相对聚集分布,从北至南圈定了竹山银金稀土矿集区、神农架铁铅锌磷矿集区、兴山-宜昌金银锌钒磷矿集区、建始-五峰铁硫煤矿集区、湖南龙山-石门铁磷铅锌多金属矿集区、永顺-花垣锰铅锌多金属矿集区、湖南沅陵-怀化铜铅锌多金属矿集区、湖南新晃重晶石矿集区以及湖南白马山穹隆金锑多金属矿集区9个主要矿集区(附图5)。

一、湖北竹山银金稀土矿集区(KJ-1)

该矿集区位于鄂西北竹山地区,所属大地构造单元为秦岭造山带(Ⅰ)。出露新元古代南华纪至早古生代地层,有南华纪武当岩群、耀岭河组,震旦纪江西沟组、霍河组,以及志留纪竹溪组等。岩浆岩有华力西期庙垭碱性-碳酸盐侵入体及基性岩脉。

该矿集区主要成矿地质作用有火山沉积成矿作用和岩浆成矿作用。前者形成了竹山银洞沟大型银金矿,该矿床矿体赋存于武当岩群的一套火山喷发—沉积的火山凝灰岩、火山碎屑岩类火山岩中,矿化受构造、岩性及中低温热液改造的控制。后者形成了竹山庙垭大型铌-稀土矿和杀熊洞铌-稀土矿,矿化赋存于碱性-碳酸盐杂岩体中。含矿的杂岩体产出则受一定的构造环境控制。

二、湖北神农架铁铅锌磷矿集区(KJ-2)

该矿集区位于鄂西神农架、保康及兴山地区,大地构造位于上扬子陆块神农架-黄陵隆起。出露有中元古代—早古生代地层,主要的赋矿地层有矿石山组、陡山沱组和灯影组。

区域成矿地质作用为沉积成矿作用和层控热液成矿作用。前者形成了兴-神-保磷矿田,由兴山瓦屋磷矿区和神农架林区郑家河矿区、宋洛矿区、莲花-武山矿区、武山湖及保康东蒿、观音岩、白竹等20多个矿区组成。赋矿层位为陡山沱组,由自下而上有3个含磷层位,即Ph1,Ph2,Ph3。沉积型的神农架主峰铁矿赋存于矿石山组。层控热液成矿作用形成了冰洞山铅锌矿,以及沐浴河、银洞坡等铅锌矿床(点),与神农架断穹北缘早震旦世陡山沱组有关。赋矿岩石主要为白云岩,矿石多呈角砾状构造,铅锌矿大多呈胶结物形式存在,铅、碳、氧同位素组成及特征表明矿床类型为层控热液型矿床。

三、湖北兴山-宜昌金银锌钒磷矿集区(KJ-3)

该矿集区位于鄂西的兴山、远安、宜昌地区,大地构造单元属于上扬子陆块的八面山陆内变形带。出露以中、新元古代—早古生代地层为主,为黄凉河岩组、力耳坪岩组、莲沱组、陡山沱组、灯影组、牛蹄塘组等,其中前南华纪地层均遭受了区域变质。岩浆岩以大别期的太平溪超基性岩体为主,以及扬子期花岗岩、二长岩等。

区域成矿地质作用以沉积成矿作用、层控热液成矿作用为主,其次是岩浆成矿作用。沉积型的宜昌磷矿共由14个矿区34个矿段组成。磷矿有3个含磷层位,即下磷矿层(Ph1)、中磷矿层(Ph2)、上磷矿层(Ph3),具有工业价值的矿层主要为下磷矿层(Ph1)。具有品位高、厚度大、分布稳定、资源量巨大的特征。沉积型的白果园银钒矿,赋矿层位为震旦纪陡山沱组。层控热液型矿床有凹子岗锌矿,热液型矿床有拐子沟金矿、安家沟硫铁矿等。

四、湖北建始-五峰铁硫煤矿集区(KJ-4)

该矿集区位于鄂西南的建始、鹤峰、五峰及长阳西部等地。大地构造单元属于上扬子陆块的八面山陆内变形带。出露古生代志留纪、泥盆纪、石炭纪、二叠纪及中生代三叠纪地层,主要的赋矿地层为泥盆纪黄家磴组、写经寺组,二叠纪龙潭组。

区域成矿地质作用为沉积成矿作用,形成了沉积型的长阳火烧坪大型(赤)铁矿、建始官店大型(赤)铁矿、建始磺厂坪硫铁矿等大型矿床,以及建始渣树坪小型煤矿等,矿床、矿点共计30多处。沉积型赤铁矿赋存于晚泥盆世黄家磴组和写经寺组,硫铁矿和煤赋存于晚二叠世龙潭组含煤岩系中。

本区是我国最重要的沉积铁矿(宁乡式铁矿)成矿区,已发现一批大中型矿床,这些矿床点均产于泥盆系上统黄家磴组和写经寺组碎屑岩,层位稳定。此类铁矿因含磷高尚未大规模开采利用,但是,随着选冶技术的进步,其价值将会突现,值得期待。

五、湖南龙山-石门铁磷铅锌多金属矿集区(KJ-5)

该矿集区位于湘西北地区,大地构造单元属于上扬子陆块的八面山陆内变形带。区内地层自震旦系以上各层位均有出露,其中与成矿有关的主要有震旦系、寒武系、奥陶系和泥盆系,岩性为碳酸盐岩(铅锌矿的赋矿岩石)和碎屑岩(宁乡式铁矿的赋矿岩石)。由下古生界地层形成一系列走向北东的复式背斜褶皱。

铅锌矿分布于震旦系、寒武系和奥陶系的碳酸盐岩,矿体多呈层状、似层状、透镜状,顺层产出,少数充填于断裂构造裂隙呈脉状切层产出。矿化富集受地层岩性和构造热液叠加双重因素控制。矿床成因类型主要属沉积-改造型(层控)矿床。经近年工作相继在该区发现一批具一定厚度、品位较富、延伸较稳定的铅锌矿,显示出有较大的找矿潜力。由于工作程度低,勘查评价投入不足,目前已发现的矿(床)点规模较小,代表性有龙山的下光荣、洛塔铅锌矿等。

磷矿也是该区一特色矿种,代表性矿床是石门东山峰磷矿。产于震旦系上统陡山沱组,震旦纪为裂谷盆地向被动大陆边缘盆地转化阶段,沉降中心在石门一带,属浅海碳酸盐岩台地相沉积建造,矿石类型以白云质磷块岩为主,品位较低、储量大。

六、湖南永顺-花垣锰铅锌多金属矿集区(KJ-6)

该矿集区位于湘西的永顺-花垣一带,大地构造单元属于上扬子陆块的八面山陆内变形带。区域构造以发育北东向为主的一系列断裂、褶皱为特征。区域大断裂有北东向花垣-张家界、吉首-古丈、麻栗场断裂等,平面上向南西撒开。区内出露地层主要有青白口系至震旦系,以及下古生界,少量上古生界和三叠系小面积分布。其中南华系莲沱组是重要的含锰层位。下古生界呈北东向带状广泛分布,形成一系列走向北东的复式褶皱群,主要有凤凰、花垣、张家界等复式背斜,寒武系—奥陶系碳酸盐岩是区内铅锌矿和汞矿的含矿层位。区域重力特征反映出深部构造与地表构造与成矿有关的一致性特征。

区内矿床点众多,矿产以铅锌、锰、汞、钒、磷为主,次为银、锑、黄铁矿、重晶石、水泥灰岩、白云岩。典型矿床有湖南省花垣渔塘寨铅锌矿、李梅铅锌矿、民乐锰矿、茶田汞矿,贵州省铜仁—万山一带的汞矿等一批大中型矿床,是我国一个著名的成矿带,找矿潜力大。

与铅锌矿成矿有关的地层主要是寒武系、奥陶系。铅锌矿体受寒武系下统清虚洞组藻礁相灰岩,中统敖溪组白云岩,下奥陶统南津关组、红花园组硅化生物碎屑灰岩控制,呈层状、似层状、透镜状,多数顺层产出,个别切层。矿化富集受地层岩性和构造热液叠加双重因素控制,矿床类型属层控低温热液矿床。典型矿床有花垣渔塘、李梅铅锌矿等一批大中型矿床,矿石可选性好,已勘查的矿床均已开发利用,取得了巨大的经济效益和社会效益。自 2009 年以来,仅花垣地区就新发现大型层控型铅锌矿产地 3 处,资源潜力超过 $1000\times10^4 t$。将以前探明的鱼塘、李梅等矿区的 $546\times10^4 t$ 加在一起,整个花垣地区铅锌矿资源在 $1500\times10^4 t$ 以上。其中花垣县角弄成矿远景区大垯坡靶区,见 6 层矿,矿层平均厚度 4~7m,锌平均品位 1%~3%,铅较低,获得铅+锌远景金属资源量 $556\times10^4 t$ 以上;在花垣-张家界区域性大断裂北西侧杨家寨矿区,见 4 层矿,矿层平均厚度 2~9m,锌平均品位 1%~3%,铅平均品位 0.2%~1.5%,特征可与大断裂南东侧的李梅、角弄一带类比,综合分析铅锌资源潜力在 $300\times10^4 t$ 以上;花垣县狮子山矿区清水塘矿段,见 5 层矿,矿层平均厚度 3~8m,锌平均品位 1%~3%,铅平均品位 0.5%~2%。获得铅+锌金属资源量 $150\times10^4 t$。铅锌找矿取得重大突破。

区内锰矿集中分布于湖南花垣地区,西延至贵州松桃一带,典型矿床有民乐锰矿。锰矿的赋存层位比较单一,主要是南华系莲沱组(湘锰组)。大调查工作在花垣—古丈一带锰矿进行了资源调查评价,新提交锰矿石($333+334_1$)资源量 $2028\times10^4 t$,显示本区仍然有较大的找矿潜力。

七、湖南沅陵-怀化铜铅锌多金属矿集区(KJ-7)

该区位于上扬子地块与华南造山带过渡带的雪峰隆起北东段。出露与成矿有关的地层是板溪群、震旦系、寒武系，它们既是本区的主要矿源层，也是本区的赋矿层位。铜矿主要分布于板溪群马底驿组紫红色夹灰绿色的含铜岩系中，如寺田坪铜矿。铅锌矿则产于震旦系上统陡山沱组底部白云岩中，如董家河黄铁铅锌矿。古生界下寒武统黑色页岩夹硅质岩中含铜、钒、钼、镉等多种金属元素，也是本区重要的铜矿源层和赋矿层位。

矿化富集受地层岩性和（深大断裂）构造热液叠加双重因素控制，矿床类型可归属于层控型矿床，构造改造作用特征十分明显，尤其是铜矿。

矿化分布在一系列走向为北东的复式褶皱群中。中南部（黄铁）铅锌矿与成矿有关的褶皱主要有董家河矿区的董家河-牛栏溪、低炉背斜，升天坪矿区的升天坪背斜，池坪矿区的牯牛山、长木界、香炉背斜和南部米家垅矿区为思通溪复式背斜的倾伏端，伍家湾、谭家场矿区则为单斜构造。东北部与铜矿成矿有关的主要有冷家溪隆起，矿化分布于断层破碎带或其旁侧次级层间破碎带中。

铜、铅锌矿矿体以似层状、层状产出为主，还有透镜状、囊状、脉状等其他形式，多数矿体顺层产出。矿床规模可达中至大型。

中南部凉水井-谭家场以（黄铁）铅锌为主，伴生镉。东北部寺田坪-杜家坪地区以铜矿化为主，伴生铅锌。

以董家河（黄铁）铅锌矿为代表，本区铅锌矿床的矿石矿物成分简单，矿石矿物主要为黄铁矿、闪锌矿、方铅矿，脉石矿物主要为白云石、方解石，少量石英、重晶石。矿石构造主要有浸染状构造、纹层状构造、致密块状构造、脉状构造、团块状构造、胶状及变胶状构造等；矿石结构主要以自形—半自形结构为主，次为交代结构、重结晶结构。以寺田坪铜矿为代表的铜矿主要矿石矿物为辉铜矿、孔雀石、黄铜矿、黝铜矿等，脉石矿物主要为石英、绢云母、白云石、方解石等。

围岩蚀变发育，主要有方解石化、白云石化、黄铁矿化、硅化等。

典型矿床有沅陵董家河黄铁铅锌矿（伴生镉），升天坪、池坪铅锌矿，米家垅、伍家湾、谭家场铅锌矿，以及辰溪寺田坪、楠木铺、五里山铜矿等大中型矿床。矿石可选性好，大型董家河黄铁铅锌矿等矿床已开发利用，取得了很好的经济效益和社会效益。

八、湖南新晃重晶石矿集区（KJ-8）

该区位于湘黔两省交界处，属于上扬子陆块的雪峰隆起北缘。新晃贡溪矿区累计探明重晶石资源储量 5988×10^4 t，为特大型矿床。

矿区接近古陆边缘，地层缺失较多，如缺失中—上奥陶统、志留系、泥盆系、石炭系和三叠系等，出露地层主要有寒武系、震旦系和板溪群。板溪群为一套碎屑岩系和火山沉积岩系，最大厚度可达5000m左右。震旦系为冰碛砾岩、白云岩和硅岩。寒武系较发育，下、中、上统完全，总厚度为1300m，重晶石层多在下寒武统底部。

赋矿地层为下寒武统牛蹄塘组底部（$\in_1 n$）。由沉凝灰岩、炭质页岩、硅质岩、重晶石矿层、硅质页岩、页岩及粉砂岩组成。

矿区为一复式向斜构造，矿床即位于该向斜的中段，向斜轴向北东，与区域地层的分布方向一致。自向斜的轴部至翼部依次出露寒武系、震旦系和板溪群。

主矿层通常由4~6层组成，长100~22730m，一般数千米，矿层平均倾角22°~55°，平均厚度1.97m，最厚7.25m。矿层主要呈层状、似层状，矿体连续、稳定，平均品位 $BaSO_4$ 达72.4%。

其岩性标志：一是顶板为结核状重晶石板状页岩，底板为钙质磷块岩；二是顶底板均为硅质岩；三是顶板为硅质岩，底板为白云岩。矿层均产于过渡界面上，岩性交替部位一般赋存有矿体，由于碳酸盐和炭泥质物易风化流失，而重晶石难风化、难溶解，因此地表品位比深部平均高9.79%。此外，矿体厚度与含矿岩系厚度成正相关关系，$BaSO_4$ 含量与矿体厚度成正相关关系，厚度大，$BaSO_4$ 含量高。

区域内含矿层分布范围广，已探明的矿床规模均大型，潜力评价预测资源量达 $19\,047\times10^4$ t，具良

九、湖南白马山穹隆金锑多金属矿集区（KJ-9）

该矿集区位于上扬子陆块的雪峰隆起中部，受白马山穹隆控制，核部由花岗岩及浅变质板溪群组成，翼部为震旦系、寒武系、奥陶系、志留系。核部花岗岩以加里东期白马山花岗岩为主体，呈南北向大岩基，印支期望云山岩体呈东西向侵入其中，二者近十字相交。燕山期岩枝、岩脉散布于两前期岩体中。穹隆总体呈南北走向的椭圆形，边部发育北东向、北西向次级褶皱，北东—北北东向断裂发育，次为北西向、东西向，穹隆东西两侧均发现北东向韧性剪切带。

区内金化探及重砂异常十分发育，绕穹隆周边分布。成矿以金为主，次为锑，部分矿床锑金共生。此外也见有与岩浆作用有关的铜、钨、铅锌、砷矿点。金矿床（点）数量较多，分布于岩体外带板溪群，震旦系地层中，已知有铲子坪、大坪、桐溪、金山里等矿床（点），还有较多砂金矿点。金矿主要类型为石英脉或蚀变破碎带型，近期找矿不断取得新的成果，是一个重要的黄金集中分布区。

第四节　成矿作用的时空演化规律

一、成矿作用的时间演化

在漫长而丰富的地质演化过程中，各个地质时期、各个成矿地质构造单元中的沉积作用、火山作用、岩浆作用、变质作用和构造作用的发展进程反映了本区最为重要的成矿地质作用是沉积-变质成矿作用。各类成矿地质作用的生成、发展、叠加、改造形成的各类矿床，记录了区域成矿地质作用演化进程中的5个主要成矿阶段。

元古宙成矿阶段在鄂西地区的主要赋矿地质体有：古元古代杨坡群、矿石山组，新元古代南华纪大塘坡组、武当岩群、耀岭河组，震旦纪陡山沱组、灯影组；元古宙的纯橄岩、橄榄岩、片麻状花岗闪长岩、片麻状二长花岗岩等。本阶段主要的成矿地质作用是：沉积成矿作用、火山-沉积成矿作用、沉积-变质成矿作用、岩浆成矿作用。各类成矿作用发生于上扬子成矿亚省和秦岭-大别成矿省。代表性矿床有：竹山银洞沟银金矿、丹江口陈家垭铁矿、神农架冰洞山铅锌矿、兴山凹子岗锌矿、兴山白果园银钒矿、宜昌三岔垭石墨矿、宜昌殷家坪磷矿、远安桃坪河磷矿、荆门荆襄磷矿、长阳古城锰矿及大悟黄麦岭磷矿等。

江南古陆上的金、铜矿化主要产于玄武质科马提岩、玄武岩的内、外接触带及其附近，以含金石英脉型、细脉浸染破碎带型和含黄铁矿石英脉型3种形式产出。新元古代含铜沉积较普遍，铜矿赋存层位主要为板溪群马底驿组，与含铜黏土岩类沉积有关的含铜建造，常称为板岩铜矿（寺田坪式）。且冷家溪群和板溪群沉积地层中金的平均含量超过地壳平均值（1.8×10^{-9}）的2倍以上，形成了金的初始矿源层。

早古生代成矿阶段在鄂西地区的主要赋矿地质体有：寒武纪牛蹄塘组、庄子沟组、娄山关组，奥陶纪牯牛潭组；古生代的单辉橄榄岩、单辉岩、辉长辉绿岩等。本阶段以沉积成矿作用为主，其次是岩浆成矿作用。成矿作用发生于秦岭-大别成矿省、上扬子成矿亚省和下扬子成矿省，形成了一批大型、超大型矿床。代表性矿床有：丹江口陈家垭铁矿、丹江口杨家堡钒矿、鹤峰走马坪钒矿、随州柳林重晶石矿、竹山文峪河硫铁矿。

早古生代在湘西地区的矿化作用主要有两类，一是岩浆热液型矿床，这类矿床与花岗岩有直接的联系，围绕着加里东期岩体有钨、铜、金的矿化分带，一般矿化强度小，多为矿点矿化点。但是，该期也发生了岩浆热液-热水叠加（童潜明等）成矿作用，形成了一些规模矿床。矿床多是与韧性、韧脆性变形有关的石英脉型（如沃溪金锑钨矿等）。这一类型矿床的成矿过程中，深部隐伏岩浆岩是热动力，成矿物质由含矿元素丰度较高的板溪群、冷家溪群中的火山物质多的岩层提供，也可能有深源物质加入；由于后期变质水和建造水的叠加而成矿；成矿有利空间是韧性推覆剪切带及其次级裂隙。

而该期沉积成矿作用在湘西具有重要的地位，不但沉积形成了铁、锰、重晶石、镍、钼、钒、铅锌、磷等矿床，早古生代的大陆斜坡靠近大陆一侧地层中的铅、锌富集。而这种沉积岩层中铅、锌的初始富集作用主要发生在扬子区内震旦纪—寒武纪、奥陶纪时期。这些层位中丰富的成矿元素积聚，构成了后期成矿最重要的矿源层。

晚古生代成矿阶段鄂西的主要赋矿地质体有：泥盆纪黄家磴组、写经寺组，石炭纪和州组，二叠纪梁山组、龙潭组等，古生代碱性岩-碳酸盐岩杂岩体等。代表性矿床有：长阳火烧坪铁矿、建始官店铁矿、钟祥杨榨累托石矿、建始磺厂坪硫铁矿、宝康管驿沟硫铁矿、恩施新塘菊花石矿、巴东煤田、蒲圻煤田，竹山庙垭铌-稀土矿、杀熊洞铌-稀土矿等。

该阶段在湖南广泛发育了碳酸盐岩和滨浅海陆源碎屑沉积，相带分异明显，并形成较丰富的煤、铁、锰、石膏、海泡石等沉积矿产。印支运动变形的同时形成了峰期年龄在240Ma左右、具片麻状构造的印支早期同碰撞花岗岩，伴随着岩浆活动，形成了金、锑、铅、锌的富集，印支期的矿化作用主要表现为在印支期岩体内、外接触带分布了W、Sn、Pb、Zn、Cu、Au、Sb等矿床、矿（化）点，并形成矿化分带。

中生代成矿阶段在中南表现最为强烈，但本区微弱。仅存在中低温热液成矿作用、火山成矿作用和沉积成矿作用，如在南秦岭产于三叠系碎屑岩、碳酸盐岩中的锑矿（西坡岭式锑矿）和与中生代陆相沉积岩有关的石膏、盐、煤、天然气（利川石膏、盐、天然气）。此外，鄂西该时期形成的矿床有郧县佘家院金矿、长阳钟鼓湾汞矿、恩施双河硒矿等。而湘西北地区的铅锌矿等是与该时期岩浆作用没有明显关系的成矿作用的产物，其产于上古生界细碎屑岩、不纯碳酸盐岩、硅化碳酸盐岩中，它们严格受地层层位的控制，由于燕山期构造运动驱动热水环流，使赋矿地层层位中的成矿元素活化转移，也可能有岩浆物质加入而形成矿床，即热水成矿作用形成的矿床。

二、矿床的空间分布规律

1. 东秦岭成矿带

新元古代基性—超基性侵入岩及火山岩建造，其中的耀岭河组变火山岩和变基性岩建造，是区内火山岩型铁矿的赋矿岩层。

新元古代—早古生代初期连续沉积中的黑色岩系建造和碳酸盐岩建造，为沉积成矿作用提供了必要的物质条件，形成了锰、钒、磷、硫、重晶石等矿产。

晚古生代的正长岩-碳酸岩杂岩建造，其中以庙垭正长岩-碳酸岩杂岩体最为典型，形成了铌-轻稀土矿床。基性—超基性侵入岩浆岩建造，形成了铁、钛（金红石）矿产。酸性侵入岩浆建造，形成了蓝石棉矿产。

中生代剧烈的构造变形和构造-岩浆热液活动为热液型矿产、沉积（火山）-改造型金、银多金属矿产的成矿作用创造了必要的物质和介质条件，形成金、银、锑矿等矿床。

新生代的风化作用、河流冲积作用形成了金、金红石、绿松石矿产。

2. 龙门山-大巴山成矿带（湖北段）

新元古代，随着晋宁造山作用的结束，早震旦世的裂陷槽-陆缘海变为陆棚-陆表海环境，沉积成矿作用是这个时期主要的成矿作用。形成了陡山沱组中下部的含磷白云岩或磷块岩沉积建造，构成区内重要的含磷层位。灯影期进入局限海-开阔海台地相白云岩、磷块岩沉积建造，是区内第二个含磷层位。

晚古生代二叠纪末开始海侵，在滨岸泻湖相、沼泽环境下的海陆交互沉积建造组合，形成了沉积型的煤、硫铁矿、黏土矿等矿产。

加里东期的金伯利岩是金刚石矿化的母岩。

区带北缘的青峰-襄樊断裂及其次级断裂则控制了热液型铅锌多金属及重晶石矿化。

3. 上扬子中东部成矿带(湖北段)

阜平期，在以黄陵变质基底内的橄榄岩、纯橄岩、蛇纹岩为代表的超基性岩—超基性岩浆建造，构成了岩浆成矿作用，形成了蛇纹岩、镍矿。

古、中元古代，黄陵变质基底的变火山-沉积建造(黄凉河组、矿石山组)，扬子期变中酸性侵入岩浆建造及其叠加的变质建造构成混合岩相和片麻岩相，是沉积成矿作用、沉积-变质成矿作用的载体，不仅形成了沉积型铁矿、沉积-变质型石墨矿床，而且也是后代金、银矿的重要矿源建造。

新元古代开始的广泛海侵，进入到盖层稳定沉积建造发展的时期，其中的黑色岩系建造、碳酸盐岩建造及硅泥质建造等构成的沉积成矿作用是该区带内最重要的成矿作用，如南华纪大塘坡组的锰、震旦纪陡山沱组的银钒和磷、寒武纪牛蹄塘组的钒、泥盆纪黄家磴组和写经寺组的铁、二叠纪龙潭组的煤和硫等矿产。同时，沉积-热液改造形成的铅锌矿、重晶石矿和硒矿皆与沉积建造有着不可或缺的关联。

4. 上扬子中东部成矿带(湖南段)

成矿作用最先为南华纪大塘坡期沉积了重要的湘潭式锰矿，震旦纪陡山沱期沉积了磷矿，早寒武世黑色页岩系中沉积了镍钼钒矿床，中寒武世—早奥陶世碳酸盐岩中沉积了铅锌矿床。晚泥盆世滨海相碎屑岩中沉积了赤铁矿层。中二叠世梁山期沉积了煤系、硫铁矿或铝土矿。区内热液型矿床为燕山期成矿作用的重晶石萤石矿，为含矿热液沿断裂充填至宝塔龟裂灰岩中的产物。另外，区内燕山期热液对区内沉积的铅锌(汞)矿有明显的叠加富集作用。

区内锰矿主要分布于南西部的花垣民乐一带，磷矿集中分布于北部的石门东山峰地区，铅锌矿主要分布于西部的花垣—龙山一带，从南往北，含矿层位由中寒武统递变为下奥陶统，矿种组合由铅锌汞变化为铅锌。铁矿主要分布于永顺-石门向斜中，同时，该向斜还控制了煤、硫铁矿的分布。石膏(岩盐)矿分布于东部石门县、津市一带，热液型重晶石萤石矿只在北部桑植油坊一带有少量分布。

5. 江南隆起西段成矿带

区内成矿作用最先为早青白口世在潮间坪环境下发生了铜矿的原始聚集，形成矿化层。南华纪江口期沉积型铁矿，大塘坡期沉积了区内主要的湘潭式锰矿。震旦纪陡山沱期碳酸盐岩中沉积了铅锌硫铁矿层与磷矿；早寒武世，黑色页岩系中沉积了重晶石与镍钼钒矿床，中晚奥陶世黑色岩系中沉积有锰矿床；中二叠世梁山期沉积了煤系与铝土矿，早白垩世紫红色粉砂岩中沉积了砂岩型铜矿床。

区内热液型金锑钨多金属矿的成矿作用自加里东期开始，燕山期达到高峰。伴随着加里东期构造运动，区内形成了受层位控制的热液充填型金钨锑矿(沃溪)。印支期区内热液成矿作用不明显，至燕山期，成矿达到高潮。板溪锑矿、铲子坪金矿、平滩钨矿均为燕山期成矿作用的产物。

燕山期侵入岩的成矿作用或热卤水的叠加改造，还使早青白口世的铜矿矿化层与早震旦世陡山沱期碳酸盐岩中的铅锌硫铁矿层进一步富集；岩浆侵入的热变质作用使江口期赤铁矿蚀变为磁铁矿，提高了矿产的可利用性。

区内锰矿主要分布于南部洞口一带与北部的古丈，同时，在洞口一带还分布有铁矿，两者均赋存于南华纪地层中，但在古丈地区未见铁矿分布；磷矿、沉积(改造)型铅锌矿主要分布于中部沅陵地区，大致沿沅麻盆地东南缘的新晃-芷江-冷家溪断裂带分布；铜矿主要分布于沅麻盆地南部，另外在沅陵寺田坪也有分布；重晶石主要分布于西部的贡溪，同期沉积成矿的镍钼钒则主要分布于北部的张家界；煤、铝土矿主要分布于北西部的辰溪-沅陵地区；热液型金锑钨矿主要分布于南东部的雪峰弧隆起内。

第五节 区域成矿系列

通过研究、总结湘西-鄂西地区区域成矿地质作用发生、发展的时空(5个成矿阶段，5个Ⅲ级成矿区带)环境，各类矿床的分布、组合，矿床成因上的相互关联、依存及转化等成矿地质过程的结果，参考《中国成矿体系与区域成矿评价》(陈毓川等,2007),构建了研究区内矿床成矿系列(表5-2),全区共涉及14个成矿系列、18个亚系列。

一、元古宙成矿系列

(1)古元古代,随着扬子古陆核的形成,在扬子陆块区形成了与火山沉积-变质作用有关的石墨、Fe矿床成矿亚系列。研究区内目前已有矿床(点)信息反映该系列分布在鄂西的宜昌黄陵隆起地区,以宜昌三岔垭式石墨矿床为代表。

(2)中—新元古代,研究区北部的秦岭地区属于秦祁与中—新元古代构造旋回有关的Fe、Cu、Pb、Zn、Ni、V、Ti矿床成矿系列组的岩浆成矿系列,代表性矿有银洞沟式银金矿、陈家垭式铁矿;中北部的神农架地区形成了上扬子与中元古代火山-沉积作用有关的Fe、Cu矿床成矿亚系列。

(3)新元古代,研究区进入裂谷伸展阶段,在扬子陆块及周边地区形成了与火山-热水-沉积作用有关的P、Fe、Mn矿床成矿系列组。早期北部黄陵地块区发生岩浆侵位活动,形成了与岩浆热液作用有关的金、硫成矿亚系列。南华纪开始,研究区以沉积成矿作用为主,从古元古代板溪期—震旦纪,形成有意义矿床的元素是:Cu(马底驿组)→Fe(江口组)→Mn(大塘坡组)→Pb、Zn、磷块岩(陡山沱组)。

二、早古生代成矿系列

研究区内扬子陆块区早古生代以赋存于黑色岩系中的沉积型矿产为主,形成了与寒武纪海相沉积有关的石煤、P、V、Ni、Mo、Mn、U、REE、PGE、重晶石、石膏、石盐矿床成矿系列。

由于加里东运动的影响,形成了具岩浆热液和热水双重成矿特征的W、Sn、Nb、Ta、Cu、Au、Be、白云母矿床成矿系列,研究区内主要为江南地块碰撞造山活化区产于浅变质细碎屑岩中的Au、Sb、W矿床成矿亚系列,形成的主要矿产为金锑钨,矿床式为沃溪式。

在古扬子陆块北缘(现秦岭区)早古生代则有沉积、岩浆两个成矿系列构成:秦岭与早古生代岩浆、沉积作用有关的P、Mn、Ni、Mo、V、U、Cu、Zn、Ba、稀有金属、白云母矿床成矿系列组,其中沉积成矿系列与早寒武世的黑色岩系及碳酸盐岩成矿相关,主要分布于鄂西北,主要矿床有柳林式重晶石矿、文峪河式硫铁矿。

三、晚古生代成矿系列

晚古生代,研究区内扬子陆块区以沉积成矿作用占主导地位,形成了与沉积作用有关的Fe、Mn、Al、S、Sr、V、Ga、煤、膏盐、重晶石、磷矿床成矿系列,该系列中含有两个主要的成矿时期——晚泥盆世和中—晚二叠世,主要矿产有宁乡式铁矿。

在位于南秦岭-大巴山的竹山地区,晚古生代的岩浆成矿作用构成了祁连-秦岭与海西期构造-岩浆-沉积作用有关的Fe、Cu、Pb、Zn、Ag、W、Be、Nb、REE、U、P、萤石矿床成矿系列组的岩浆成矿作用系列,形成了与碱性岩-碳酸岩有关的庙垭式铌-稀土大型矿床。

四、中生代成矿系列

研究区内中生代主要有3个成矿系列,其中以上扬子台褶带沉积岩容矿的Pb、Zn、Hg、Au、Ag、Sb、As、萤石、重晶石矿床成矿系列最为重要,分为两个亚成矿系列。其中鄂西、湘西新元古界—古生界碳酸盐岩容矿的Pb、Zn、Hg、Ba矿床成矿亚系列的铅锌矿床由于没有精确的测年数据,成矿时代尚不能确定,故暂以其可能的成矿上限作为其成矿时代。印支运动中湘中南地区受NWW向挤压而形成以NNE向为主的褶皱,古生界碳酸盐岩、泥质岩及前寒武系浅变质岩变形强烈,为矿体就位提供了容矿空间,印支期变形同时形成了同碰撞花岗岩。燕山期大规模花岗质岩浆活动,同时伴生强烈的岩浆热液成矿作用,形成了既有岩浆热液矿床特征,又有热水矿床特征的赋存于海西—印支坳陷带古生界碳酸盐

表 5-2 湘西-鄂西成矿带成矿系列表

成矿阶段	编号	成矿系列	成矿亚系列	矿床类型	备注
新生代	Q-28	Sw3长江中下游风化壳金成矿系列	Sw3-3号黑色岩系相关的风化淋滤型绿松石成矿亚系列	云盖寺绿松石	
晚中生代	Mz_2-40	上扬子台褶带沉积岩溶的Pb、Zn、Hg、Au、Ag、Sb、As、萤石、重晶石矿床成矿系列	Mz_2-40⁷鄂西、湘西新元古界—古生界碳酸盐岩溶的Pb、Zn、Hg、Ba矿床成矿亚系列	李梅式铅锌矿、江家垭式铅锌矿、董家河式硫铁铅锌矿、杉山式铅锌矿、凹子岗式铅锌矿、天柱山式汞矿	研究区内的铅锌矿的测年数据，暂以其成矿上限作为成矿时代
			Mz_2-40⁶湘中南海西—印支坳陷带古生界碳酸盐岩、泥质岩及前寒武系浅变质岩溶的Sb、Pb、Zn、Au矿床成矿亚系列	铲子坪式Au、锡矿山式Sb、白云铺式Pb-Zn、清水塘式Pb-Zn、高家坳式Au	
	Mz_2-39	四川盆地与侏罗纪—白垩纪陆相沉积作用有关Fe、芒硝矿床成矿系列	Mz_2-39⁴鄂西南与中生代陆相沉积有关的石膏、盐、天然气、煤矿床成矿亚系列	利川石膏、盐、天然气	
	Mz_2-22F	秦岭-大别与燕山期构造、岩浆作用有关的Au、Hg、As、Sb、Ag、Pb、Zn矿床成矿系列	Mz_2-22⁴南秦岭产于三叠系及更老碎屑岩和碳酸盐岩中的Hg、Sb、Au矿床成矿亚系列	西坡岭式锑矿	
晚古生代	Pz_2-12I	祁连-秦岭与海西期构造-岩浆-沉积作用有关的Fe、Cu、Pb、Zn、Ag、W、Be、Nb、REE、U、P、萤石矿床成矿系列	Pz_2-12⁴南秦岭与海西晚期碱性岩-碳酸岩有关的Nb、REE、U、S、P矿床成矿亚系列	庙垭式Nb-REE	
	Pz_2-16	扬子陆块及华南与晚古生代沉积作用有关的Fe、Mn、Cu、Hg、Zn、V、硫铁矿、重晶石、石膏、黏土、碳酸盐岩矿床成矿系列	Pz_2-16¹泥盆纪滨海相碎屑岩中Fe矿床成矿亚系列	宁乡式铁矿	
早古生代	Pz_1-13	武夷-云开及周边地区与加里东运动有关的W、Sn、Nb、Ta、Cu、Au、Be、白云母矿床成矿系列	Pz_1-13³江南地块碰撞造山活化区产于浅变质细碎屑岩中Au、Sb、W矿床成矿亚系列	沃溪式金矿	

续表 5-2

成矿阶段	编号	成矿系列	成矿亚系列	矿床类型	备注
早古生代	Pz_1-12	扬子陆块与寒武纪海相沉积有关的石煤,P,V,Ni,Mo,Mn,U,REE,PGE,重晶石,石膏,石盐矿床成矿系列	Pz_1-12^1 上扬子与早寒武世黑色岩系有关的重晶石,P,V,Ni,Mo,PGE,U,石煤矿床成矿亚系列	湘鄂式重晶石矿、天门山式镍钼钒矿	
			Pz_1-12^2 上扬子地区寒武纪海相碳酸盐岩中石膏、石盐成矿亚系列	江津式膏盐	
			Pz_1-12^3 扬子北缘及南秦岭早寒武世黑色页岩、硅质岩有关的Ba,P,V,Mo,Mn,石煤成矿亚系列	杨家堡式钒矿	
	Pz_1-11S	秦岭与加里东旋回岩浆、沉积作用有关的P,Mn,Ni,Mo,V,U,Cu,Zn,Ba,稀有金属,白云母矿床成矿系列沉积成矿系列组	Pz_1-11^1 秦巴(南秦岭-扬子地台西北缘)与寒旦系-下古生界黑色岩系有关的P,Mn,V,Mo,U,重晶石,毒重石(五元素)矿床成矿亚系列	文峪河式硫铁矿、柳林式重晶石、赵家峡式磷矿	
	Pt_3-4S	扬子陆块及周边地区新元古代与火山-热水沉积作用有关的P,Fe,Mn矿床成矿系列沉积成矿系列组	Pt_3-4^3 扬子与新元古代(热水)沉积(黑色岩系)-变质作用有关的重晶石,磷块岩,Mn,Ni,Mo,V,I,REE矿床成矿亚系列	湘潭式锰矿、江口式铁矿、荆襄式磷矿、白果园式银钒矿、邓家崖式磷矿	
	Pt_3-4I	扬子陆块及周边地区新元古代与火山-热水沉积作用有关的P,Fe,Mn成矿系列组	Pt_3-4^6 上扬子与新元古代岩浆作用有关的S,Au矿床成矿亚系列	安家沟式硫铁矿、拐子沟式金矿	
元古宙	$Pt_{2-3}-6I$	秦祁与中、新元古代构造旋回有关的Fe,Cu,Pb,Zn,Ni,V,Ti矿床成矿系列	$Pt_{2-3}-6^5$ 秦岭-大别中新元古代海底火山有关的Ag,Au(Cu,Pb,Zn)矿床成矿亚系列	银洞沟式银金矿	
			$Pt_{2-3}-6^3$ 秦岭-大别中新元古代裂陷槽细碧角斑岩系有关的Cu(Fe,Zn)矿床成矿亚系列	陈家垭式铁矿	
	$Pt_{2-3}-5$	扬子陆块东南部与中、新元古代火山-沉积变质改造作用有关的Cu,Au,Fe,Cu矿床成矿系列	$Pt_{2-3}-5^3$ 上扬子与中新元古代火山-沉积变质作用有关的Fe,Cu矿床成矿亚系列	神农架式铁矿	
	Pt_1-6	扬子陆块东南部与古元古代海相火山-沉积-变质作用有关的Fe,Cu矿床成矿系列	Pt_1-6^1 上扬子与古元古代火山沉积-变质作用有关的Fe,石墨矿床成矿亚系列	三岔垭式石墨矿	

岩、泥质岩及前寒武系浅变质岩中的 Sb、Pb、Zn、Au、重晶石矿床成矿亚系列,成矿时代主要为燕山期。

研究区中西部涉及有四川盆地与侏罗纪—白垩纪陆相碎屑岩、泥质岩有关的 Fe、芒硝矿床成矿系列,主要矿产有恩施建南盆地中石膏、天然气。

随着秦岭-大别造山带形成,研究区北部的南秦岭地区中生代的成矿系列有:秦岭-大别与燕山期构造、岩浆、沉积作用有关的 Au、Hg、As、Sb、Ag、Pb、Zn 矿床成矿系列组的沉积岩中热液成矿系列,形成了"西坡岭式"锑矿。

五、新生代成矿系列

新生代研究区特色矿产是位于南秦岭的绿松石矿,属长江中下游风化壳金成矿系列之与黑色岩系相关的风化淋滤型绿松石矿床成矿亚系列。

主要参考文献

蔡志勇,罗洪,熊小林,等.武当群上部变沉积岩组时代归属问题:单锆石 U-Pb 年龄的制约[J].地层学杂志,2006,30(1):60-63.

蔡志勇,熊小林,罗洪,等.武当地块耀岭河群火山岩的时代归属:单锆石 U-Pb 年龄的制约[J].地质学报,2007,81(5):621-625.

曹进良.雪峰山中段含金剪切带特征及其动力学机制浅析[J].湖南地质,2000,19(3):159-164.

曾雯,钟增球,周汉文,等.黄陵地区基性岩墙群的地球化学特征及其地质意义[J].地球科学(中国地质大学学报),2004,29(1):31-38.

曾雯,周汉文,钟增球,等.黔东南新元古代岩浆岩单颗粒锆石 U-Pb 年龄及其构造意义[J].地球化学,2005,34(6):548-556.

曾勇,李成君.湘西董家河铅锌矿地质特征及成矿物质来源探讨[J].华南地质与矿产,2007,(3):24-30.

陈柏林.论中国金矿床的成矿时代猩点[J].地质地球化学,2002,30(2):65-73.

陈卫锋,陈培荣,黄宏业,等.湖南白马山岩体花岗岩及其包体的年代学和地球化学研究[J].中国科学(D 辑),2007,37(7):873-893.

陈文西,王剑,付修根,等.黔东南新元古界下江群甲路组沉积特征及其下伏岩体的锆石 U-Pb 年龄意义[J].地质论评,2007,53(1):126-131.

陈孝红,汪啸风,李志宏,等.扬子区中奥陶统大湾阶底界精细生物地层分带与对比[J].古生物学报,2003,42(3):317-327.

陈孝红,汪啸风,毛晓冬.湘西地区晚震旦世—早寒武世黑色岩系地层层序沉积环境与成因[J].地球学报,1999,20(1):87-95.

陈旭,戎嘉余,樊隽轩,等.奥陶系上统赫南特阶全球层型剖面和点位的建立[J].地层学杂志,2006,30(4):287-305.

陈毓川,朱裕生,肖克炎,等.中国成矿区(带)的划分[J].矿床地质,2006,25(S):1-6.

储雪蕾,Wolfgang Todt,张启锐,等.南华—震旦系界线的锆石 U-Pb 年龄[J].科学通报,2005,50(3):600-602.

邓清禄.黑沟断裂带及其对东秦岭北坡构造演化的控制[J].陕西地质,1991,9(2):39-51.

董树义,顾雪祥,Oskar Schulz,等.湖南沃溪 W-Sb-Au 矿床成因的流体包裹体证据[J].地质学报,2008,(5):641-647.

段其发,张仁杰.长江三峡地区泥盆纪层序地层及海平面变化[J].华南地质与矿产,1999(3):44-50.

方维萱.大河边-新晃超大型重晶石矿床地球化学特征及形成的地质背景[J].岩石学报,2002,18(2):247-254.

冯增昭,彭永民,金振奎,等.中国南方寒武纪和奥陶纪岩相古地理[M].北京:地质出版社,2001.

符海华,唐卫国,汤亚平.铲子坪金矿控矿因素再认识与深边部找矿远景分析[J].矿产与地质,2011,25(2):91-97.

付建明,张业明,蔡锦辉.武当地区武当岩群变火山岩原岩性质及其构造环境研究[J].地质论评,

1999,45(S):668-673.

高维,张传恒.长江三峡黄陵花岗岩与莲沱组凝灰岩的锆石 SHRIMP U-Pb 年龄及其构造地层意义[J].地质通报,2009,28(1):45-50.

高林志,戴传固,刘燕学,等.黔东地区下江群凝灰岩锆石 SHRIMP U-Pb 年龄及其地层意义[J].中国地质,2010,37(4):1071-1080.

高林志,丁孝忠,张传恒,等.江南古陆变质基底地层年代的修正和武陵运动构造意义[J].资源调查与环境,2012,33(2):71-76.

高林志,刘燕学,丁孝忠,等.江南古陆中段沧水铺群锆石 U-Pb 年龄和构造演化意义[J].中国地质,2012,39(1):12-19.

高坪仙,刘新秒.试论中国古大陆中—新元古代汇聚与裂解的地质记录[J].前寒武纪研究进展,1999,22(1):47-54.

高山,Yumin,凌文黎,等.崆岭高级变质地体单颗粒锆石 SHRIMP U-Pb 年代学研究——扬子克拉通>3.2Ga 陆壳物质的发现[J].中国科学(D辑),2001,31(1):27-35.

高维,张传恒.长江三峡黄陵花岗岩与莲沱组凝灰岩的锆石 SHRIMP U-Pb 年龄及其构造地层意义[J].地质通报,2009,28(1):45-50.

高长林,陈昕华,吉让寿,等.中国西部古中国洋的形成演化与古生代盆地[J].中国西部油气地质,2005,1(1):9-14.

高振中,段太忠.湘西黔东寒武纪深水碳酸盐重力沉积[J].沉积学报,1985,3(3):7-22.

郝杰,翟明国.罗迪尼亚超大陆与晋宁运动和震旦系[J].地质科学,2004,39(1):139-152.

侯光久,索书田,郑贵州,等.雪峰山加里东运动及其体制转换[J].湖南地质,1998,17(3):141-144.

胡能勇,权正钰,潘莉,等.雪峰弧形带变形特征及其与金矿的关系[J].大地构造与成矿学,1998,22(S):33-37.

胡宁,徐安武.鄂西宁乡式铁矿分布层位岩相特征与成因探讨[J].地质找矿论丛,1998,13(1):40-47.

胡召齐,朱光,刘国生,等.川东"侏罗山式"褶皱带形成时代:不整合面的证据[J].地质论评,2009,55(1):32-42

胡召齐,朱光,张必龙,等.雪峰隆起北部加里东事件的 K-Ar 年代学研究[J].地质论评,2010,56(4):490-500.

胡正祥,刘早学,张焱林,等.扬子地块北缘前南华纪神农架群底界的厘定及其地质意义[J].资源环境与工程,2012,26(3):201-208.

湖北省地质矿产局.湖北省区域地质志[M].北京:地质出版社,1990.

湖南省地质矿产局.湖南省区域地质志[M].北京:地质出版社,1988.

湖南省地质矿产局.湖南省岩石地层[M].武汉:中国地质大学出版社,1997.

湖南省地质矿产厅区域地质调查所.湖南省花岗岩单元—超单元划分及其成矿专属性[J].湖南地质,1995,8(S):1-84.

湖南省地质矿产厅区域地质调查所.湖南省花岗岩类岩体地质图[J].湖南地质,1995,8(S):1-78.

贾宝华.湖南雪峰隆起区构造变形研究[J].中国区域地质,1994,13(1):65-71.

贾宝华.雪峰山区韧性剪切构造带[J].湖南地质,1992,11(2):203-208.

焦文放,吴元保,彭敏,等.扬子板块最古老岩石的锆石 U-Pb 年龄和 Hf 同位素组成[J].中国科学(D辑),2009,39(7):972-978.

金宠,李三忠,王岳军,等.雪峰山陆内复合构造系统印支—燕山期构造变形的递变穿时特征[J].石油与与天然气地质,2009,30(5):598-607.

匡文龙,古德生,刘新华.沃溪金、锑、钨矿床成矿地质特征及找矿前景分析[J].黄金,2004,25(6):10-15.

雷鸣波,余景明.湘西沃溪金、锑、钨矿床控矿构造及其找矿意义[J].黄金,1998,19(2):3-61.

黎盛斯.湖南金矿地质概论[M].长沙:中南工业大学出版社,1991.

李福喜,聂学武.黄陵断隆北部胶岭群地质时优及地层划分[J].湖北地质,1987,1(1):28-41.

李华芹,王登红,陈富文,等.湖南雪峰山地区铲子坪和大坪金矿成矿作用年代学研究[J].地质学报,2008,82(7):900-905.

李怀坤,陆松年,陈志宏,等.南秦岭耀岭河群裂谷型火山岩锆石U-Pb年代学[J].地质通报,2003,22(10):775-781.

李志昌,王桂华,张自超.鄂西黄陵花岗岩基同位素年龄谱[J].华南地质与矿产,2002,3:19-28.

梁同荣.对"贵州上震旦统陡山沱组黑层中银、铜、钒等金属含量"的初步调查[J].贵州地质,1987,14(4):468-472.

梁新权,范蔚茗,王岳军,等.论雪峰山构造带中生代变形[J].湖南地质,1999,18(4):225-228.

廖宗廷,周祖翼,陈焕疆,等.试论中国东南地区大陆边缘构造演化的特征[J].石油实验地质,1994,16(3):234-241.

凌文黎,高山,程建萍,等.扬子陆核与陆缘新元古代岩浆事件对比及其构造意义——来自黄陵和汉南侵入岩ELA-ICPMS锆石U-Pb同位素年代学的约束[J].岩石学报,2006,22(2):387-396.

凌文黎,任邦方,段瑞春,等.南秦岭武当岩群、耀岭河群及基性侵入岩群锆石U-Pb同位素年代学及其地质意义[J].科学通报,2007,52(12):1445-1456.

凌文黎,张本仁,周炼,等.扬子克拉通北缘新元古代大陆岩石圈脱层作用信息[J].矿物岩石,1997,17(1):40-49.

刘宝珺,王剑.湘西花垣李梅铅锌矿区古热液卡斯特特征及其成因研究[J].大地构造与成矿学,1990,14(1):57-67.

刘宝珺,许效松.中国南方岩相古地理图集(震旦纪—三叠纪)[M].北京:科学出版社,1994.

刘春平,王拥军,林娟华,等.江汉盆地印支—喜马拉雅期构造演化与海相地层油气成藏模式及勘探方向[J].中国石油勘探,2006,11(2):24-29.

刘光祥.中上扬子北缘中古生界海相烃源岩特征[J].石油实验地质,2005,27(5):490-495.

刘国惠.秦巴造山带变质地层研究的进展[J].矿物岩石地球化学通报,1989(2):123-125.

刘国惠,张寿广,游振东,等.秦岭造山带主要变质岩群及变质演化[M].北京:地质出版社,1993.

刘继顺.关于雪峰山一带金成矿区的成矿时代[J].黄金,1993,4(7):7-12.

刘鹏举,尹崇玉,高林志,等.湖北宜昌樟村坪埃迪卡拉系陡山沱组微体化石新材料及锆石SHRIMP U-Pb年龄[J].科学通报,2009,54(6):774-780.

刘巽锋,王庆生,高兴基.贵州锰矿地质[M].贵阳:贵州人民出版社,1989.

刘云生,杨振武,陈红,廖宗廷,周征宇,陈焕疆.东秦岭大别造山带南缘隐伏前锋构造与盆地成生关系[J].江汉石油学院学报,2004,26(3):21-24.

刘运黎,周小进,廖宗庭,等.华南加里东期相关地块及其汇聚过程探讨[J].石油实验地质,2009,31(1):20-25.

柳永清,尹崇玉,高林志,等.峡东震旦系层型剖面沉积相研究[J].地质评论,2003,49(2):187-194.

罗献林.湖南金矿床的成矿特征与成因类型[J].桂林冶金地质学院学报,1991,11(1):23-32.

罗献林.论湖南前寒武系金矿床的形成时代[J].桂林冶金地质学院学报,1989,9(1):25-34.

罗献林,易诗军,梁金城.论湘西沃溪金锑矿床的成因[J].地质与勘探,1984,20(3):1-10.

骆学全.湖南铲子坪金矿的矿物标型及其地质意义[J].岩石矿物学杂志,1996,15(2):170-179.

骆学全.湖南沅陵一带黄铁-铅锌矿床的地质特征及成矿地质条件[J].矿物岩石,1990,10(3):78-86.

马力,陈焕疆,甘克文,等.中国南方大地构造和海相油气地质[M].北京:地质出版社,2004.

马大铨,杜绍华,肖志发.黄陵花岗岩基的成因[J].岩石矿物学杂志,2002,21(2):151-161.

马大铨,李志昌,肖志发.鄂西崆岭杂岩的组成、时代及地质演化[J].地球学报,1997,18(3):233-241.

马东升,刘英俊.江南金矿带层控金矿的地球化学特征和成因研究[J].中国科学(B辑),1991(4):424-433.

马文璞,丘元禧,何丰盛.江南隆起上的下古生蜀缺失带——华南加里东前陆褶冲带的标志[J].现代地质,1995,9(3):320-323.

马文运.湘鄂黔桂毗邻区扬子地台基底与第一盖层之探讨[J].湖南地质,1997,16(4):213-218.

梅冥相,马永生,邓军,等.滇黔桂盆地及其邻区石炭纪至二叠纪层序地层格架及三级海平面变化的全球对比[J].中国地质,2005,32(1):13-24.

梅冥相,马永生,邓军,等.上扬子区下古生界层序地层格架的初步研究[J].现代地质,2005,19(4):99-111.

梅冥相,周鹏,张海,等.上扬子区震旦系层序地层格架及其形成的古地理背景[J].古地理学报,2006,8(2):219-231.

密文天,林丽,庞艳春,等.湖北宜昌白果园陡山沱组层序地层及磷块岩成因研究[J].沉积学报,2010,28(30):471-480.

牛贺才,马东升.湘西层控金矿床成因机制的研究[J].矿床地质,1992,11(1):65-75.

欧阳德仁.沃溪式金矿床的矿床特征及成矿机制[J].湖南冶金,1999,(4):34-37.

彭渤,Robert Frei,涂湘林.湘西沃溪W-Sb-Au矿床中白钨矿Nd-Sr-Pb同位素对成矿流体的示踪[J].地质学报,2006,80(4):561-570.

彭建堂,戴塔根.雪峰山地区金矿成矿时代问题的探讨[J].地质与勘探,1998,34(4):37-41.

彭建堂,胡瑞忠,赵军红,等.湘西沃溪Au-Sb-W矿床中白钨矿Sm-Nd和石英Ar-Ar定年[J].科学通报,2003,48(18):1976-1981.

彭善池,Babcock L E,林焕令,等.全球寒武系排碧阶及芙蓉统及芙蓉统底界的标准层型剖面和点位[J].地层学杂志,2004,28(2):104-119.

蒲心纯,周浩达,王熙林,等.中国南方寒武纪岩相古地理与成矿作用[M].北京:地质出版社,1994.

齐小兵,翟文建,章泽军.慈利-保靖断裂带的性质及其演化[J].地质科技情报,2009,28(2):54-59.

丘元禧,张渝昌,马文璞,等.雪峰山的构造性质与演化[M].北京:地质出版社,中山大学出版社,1999.

丘元禧,张渝昌,马文璞.雪峰山陆内造山带的构造特征与演化[J].高校地质学报,1998,4(4):432-443.

史明魁,傅必勤,靳西祥,等.湘中锑矿[M].长沙:湖南科技出版社,1993.

舒见闻,谢国忠.湖南花垣县渔塘铅锌矿床运用地洼学说成矿学找寻富矿的体会[J].大地构造与成矿学,1986,10(4):359-367.

舒良树.华南前泥盆纪构造演化:从华夏地块到加里东期造山带[J].高校地质学报,2006,12(4):418-431.

舒良树,施央申,郭令智,等.江南中段板块-地体构造与碰撞造山运动学[M].南京:南京运动学出版社,1995.

孙海清,黄建中,郭乐群,等.湖南冷家溪群划分及同位素年龄约束[J].华南地质与矿产,2012,28(1):20-26.

汤朝阳,邓峰,李堃,等.湘西—黔东地区寒武系清虚洞组地层特征与铅锌成矿关系[J].中国地质,2012,39(4):1034-1041.

汤朝阳,邓峰,李堃,等.湘西-黔东地区早寒武世沉积序列及铅锌成矿制约[J].大地构造与成矿学,2012,36(1):111-117.

汤朝阳,邓峰,李堃,等.湘西-黔东地区寒武系都匀阶清虚洞期岩相古地理与铅锌成矿关系研究[J].地质与勘探,2013,49(1):11-19.

汤朝阳,段其发,邹先武,等.鄂西-湘西地区震旦系灯影期岩相古地理与层控铅锌矿关系初探[J].地质论评,2009,55(5):712-721.

汤良杰,郭彤楼,田海芹,等.黔中地区多期构造演化差异变形与油气保存条件[J].地质学报,2008,82(3):298-307.

万嘉敏.湘西西安白钨矿矿床的地球化学研究[J].地球化学,1986,5(2):183-192.

汪劲草,夏斌,雷鸣波,等.伸展型脆-韧性剪切带对沃溪钨锑金矿床的构造控制[J].吉林大学学报(地球科学版),2003,33(2):136-139.

汪啸风,Stouge S,陈孝红,等.全球下奥陶统—中奥陶统界线层型候选剖面——宜昌黄花场剖面研究新进展[J].地层学杂志,2005,29(S):467-489.

汪啸风,陈孝红,等.中国各地质时代地层划分与对比[M].北京:地质出版社,2005.

汪正江,王剑,段太忠,等.扬子克拉通内新元古代中期酸性火山岩的年代学及其地质意义[J].中国科学(地球科学),2010,40(11):1543-1551.

汪正江,王剑,谢渊,等.重庆秀山凉桥板溪群红子溪组凝灰岩SHRIMP锆石测年及其意义[J].中国地质,2009,36(4):761-768.

王剑,刘宝珺,潘桂棠.华南新元古代裂谷盆地演化——Rodinia超大陆解体的前奏[J].矿物岩石,2001,21(3):135-145.

王剑,庄汝礼,劳可通,等.湘西花垣地区下寒武统清虚洞组生物丘钙藻形态群与环境群带的划分及意义[J].岩相古地理,1990,3:9-19.

王剑,李献华,Duan T Z,等.沧水铺火山岩锆石SHRIMP U-Pb年龄及"南华系"底界新证据[J].科学通报,2003,48(16):1723-1731.

王传尚,李旭兵,白云山,等.湘西北地区震旦系斜坡相区层序地层划分与对比[J].地质通报,2011,31(10):1538-1546.

王鹤年,周丽娅.华南地质构造的再认识[J].高校地质学报,2006,12(4):457-465.

王鸿祯,史晓颖,王训练,等.中国层序地层研究[M].广州:广东科技出版社,2000.

王纪恒.凤凰-茶陵地学断面重力异常机制分析[J].物探与化探,1994,18(3):209-218.

王令占,田洋,涂兵,等.鄂西利川齐岳山高陡背斜带的古应力分析[J].大地构造与成矿学,2012,36(4):490-503.

王秀璋,梁华英,单强,等.金山金矿成矿年龄测定及华南加里东成金期的讨论[J].地质论评,1999,45(1):19-25.

王岳军,范蔚茗,梁新权,等.湖南印支期花岗岩SHRIMP锆石U-Pb年龄及其成因启示[J].科学通报,2005,50(12):1259-1266.

王自强,高林志,尹崇玉.峡东地区震旦系等时层序地层格架的建立[J].中国区域地质,2001,20(4):368-376.

王自强,高林志,尹崇玉.峡东地区震旦系层型剖面的界定与层序划分[J].地质论评,2001,47(5):449-458.

韦永福,吕英杰,江雄新.中国金矿床[M].北京:地震出版社,1994.

魏道芳.铲子坪金矿成矿物质来源及成矿机理的地球化学研究[J].湖南地质,1993,12(1):29-34.

魏道芳.湘西南区氧化锰矿成矿规律及找矿方向[J].湖南地质,1996,15(3):143-146.

奚小双.湘西金矿顺层矿脉的构造特征和成因[J].中南工业大学学报,1995,26(S):136-139.

谢建磊,杨坤光,马昌前.湘西花垣-张家界断裂带构造变形特征与ESR定年[J].高校地质学报,2006,12(1):14-21.

熊成云,韦昌山,金光富,等.鄂西黄陵背斜地区前南华纪古构造格架及主要地质事件[J].地质力学学报,2004,10(2):97-112.

徐政语,林舸.中扬子地区显生宙构造演化及其对油气系统的影响[J].大地构造与成矿学,2001,25(1):1-8.

许效松,徐强,潘桂棠,等.中国南大陆演化与全球古地理对比[M].北京:地质出版社,1996.

许效松,尹富光,万方,等.广西钦防海海槽迁移与沉积-构造转换面[J].沉积与特提斯地质,2001,21(4):1-10.

杨绍祥,劳可通.湘西北铅锌矿床的地质特征及找矿标志[J].地质通报,2007,26(7):899-908.

杨绍祥,余沛然,劳可通.湘西北地区铅锌矿床成矿规律及找矿方向[J].国土资源导刊,2006,3(3):92-98.

杨绍祥.湘西花垣-张家界逆冲断裂带地质特征及其控矿意义[J].湖南地质,1998,17(2):96-99.

杨绍祥,劳可通.湘西北锰矿床成矿模式研究—以湖南花垣民乐锰矿床为例[J].沉积与特提斯地质,2006,26(2):72-80.

杨绍祥.湘西花垣-张家界逆冲断裂带地质特征及其控矿意义[J].湖南地质,1998,17(2):96-99.

杨振强,陈开旭,黄惠兰.沉积地层中成矿作用的碳同位素特征和含矿缺氧盆地成因新观点[J].岩相古地理,1999,19(6):21-28.

杨宗文.雷山县开觉韧性剪切带特征及其构造意义[J].贵州地质,1992,9(1):41-46.

叶连俊,等.生物有机质成矿作用和成矿背景[M].北京:海洋出版社,1998.

殷鸿福,吴顺宝,杜远生,等.华南是特提斯多岛洋体系的一部分[J].地球科学,1999,24(1):1-12.

殷勇,范小林,高长林,等.湘西北新元古界露头层序地层学研究[J].石油实验地质,1997,19(3):252-260.

尹崇玉,刘敦一,高林志,等.南华系底界与古城冰期的年龄:SHRIMP II 定年证据[J].科学通报,2003,48(16):1721-1725.

尹崇玉,唐烽,柳永清,等.长江三峡地区埃迪卡拉(震旦)系锆石U-Pb新年龄对庙河生物群和马雷诺冰期时限的限定[J].地质通报,2005,24(5):393-400.

尹崇玉,王砚耕,唐烽,等.贵州松桃南华系大塘坡组凝灰岩锆石SHRIMP II U-Pb年龄[J].地质学报,2006,80(2):273-278.

尹富光,许效松,万方,等.华南地区加里东期前陆盆地演化过程中的沉积响应[J].地球学报,2001,22(5):425-428.

余景明,殷子明,毛先成.漠滨金矿区构造特征及其控矿规律[J].地质与勘探,1993,29(9):23-28.

袁学诚.秦岭岩石圈速度结构与蘑菇云构造模型[J].中国地质(D辑),1996,26(3):209-215.

袁学诚,任纪舜,徐明才,等.东秦岭邓县-南漳反射地震剖面及其构造意义[J].中国地质,2002,29(1):14-19.

张成立,高山,袁洪林,等.南秦岭早古生代地幔性质:来自超镁铁质、镁铁质岩脉及火山岩的Sr-Nd-Pb同位素证据[J].中国科学(D辑),2007,37(7):857-865.

张成立,高山,张国伟,等.南秦岭早古生代碱性岩墙群的地球化学及其意义[J].中国科学(D辑),

2002,32(10):819-829.

张成立,高山,张国伟,等.秦岭造山带蛇绿岩带硅质岩的地球化学特征及其形成环境[J].中国科学(D辑),2003,33(12):1154-1162.

张景荣,罗献林.论华南地区内生金矿床的形成时代[J].桂林冶金地质学院学报,1989,9(4):369-379.

张启锐,储雪蕾,冯连君.南华系"渫水河组"的对比及其冰川沉积特征的探讨[J].地层学杂志,2008,32(3):246-252.

张世红,蒋干清,董进,等.华南板溪群五强溪组SHRIMP锆石U-Pb年代学新结果及其构造地层学意义[J].中国科学(D辑),2008,38(12):1496-1503.

张玉芝,王岳军,范蔚茗,等.江南隆起带新元古代碰撞结束时间:沧水铺砾岩上下层位的U-Pb年代学证据[J].大地构造与成矿学.2011,35(1):32-46.

张振儒,杨思学,陈梦熊.湖南沃溪金锑钨矿床成因矿物学的研究[M]//湖南省沃溪式层控金矿床地质.北京:地震出版社,1996.

张宗清,张国伟,唐索寒,等.武当群变质岩年龄[J].中国地质,2002,29(2):117-125.

赵建光,舒玲,符海华,等.雪峰山中段控矿构造特征及其对金矿的控制作用[J].黄金,2003,24(5):8-12.

郑永飞,陈江峰.稳定同位素地球化学[M].北京:科学出报社,2000.

郑永飞,张少兵.华南前寒武纪大陆地壳的形成和演化[J].科学通报,2007,52(1):1-10.

中国人民武装警察部队黄金指挥部.湖南省沃溪式层控金矿地质[M].北京:地震出版社,1996.

周琦.松桃嗅脑铅锌矿田藻丘微相特征及控矿规律探讨[J].贵州地质,1995,12(4):311-315.

周鼎武,张成立,韩松,等.武当地块基性岩墙群初步研究及地质意义[J].科学通报,1997,42(23):2546-2549.

周金城,王孝磊,邱检生.江南造山带是否格林威尔期造山带?——关于华南前寒武纪地质的几个问题[J].高校地质学报,2008,14(1):64-72.

周明辉,麻建明,郑冰.滇黔桂海相油气成藏条件及勘探潜力分析[J].石油实验地质,2005,27(4):333-352.

周小进,杨帆.中国南方大陆加里东晚期构造-古地理演化[J].石油实验地质,2009,31(2):128-141.

周小进,杨帆.中国南方新元古代—早古生代构造演化与盆地原型分析[J].石油实验地质,2007,29(5):446-451.

周雁,陈洪德,王成善,等.中扬子区上震旦统层序地层研究[J].成都理工大学学报(自然科学版),2004,31(1):53-58.

周祖翼,廖宗廷,金性春.边缘海盆地的形成机制及其对中国东南地质研究的启示[J].地球科学进展,1997,12(1):7-14.

朱霭林,王常微,易国贵,等.贵州雷公山地区过渡型剪切带及其与锑金多金属矿关系[J].贵州地质,1995,12(1):1-22.

祝敬明,颜代蓉,张汉金,等.神农架冰洞山锌矿矿床模型[J].资源环境与工程,2009,23(2):89-95.

卓皆文,汪正江,王剑,等.铜仁坝黄震旦系老堡组顶部晶屑凝灰岩SHRIMP锆石U-Pb年龄及其地质意义[J].地质论评,2009,55(5):639-646.

邹先武,杨晓君,罗林.湖北省凹子岗锌矿地质特征及找矿标志[J].华南地质与矿产,2007,31-35.

邹先武,段其发,汤朝阳,等.北大巴山镇坪地区辉绿岩锆石SHRIMP U-Pb定年和岩石地球化学特征[J]. 中国地质,2011,38(2):282-291.

Barfod G H, Albarede F, Knoll A H, et al. New Lu-Hf and Pb-Pb age constraints on the earliest animal fossils[J]. Earth Planet. Sci. Lett. ,2002,201:203-212.

Chen Xu, Rong Jiayu, Li Yue, et al. Facies patterns and geography of the Yangtze region, South China, through the Ordovician and Silurian transition[J]. Palaeogeography, Palaeoclimatology, Palaeoecology, 2004, 204:353-372.

Chu X, Todt W, Zhang Q, et al. U-Pb zircon age for the Nanhua-Sinian boundary[J]. Chinese Science Bulletin, 2005,50:716-718.

Condon D, Zhu M, Bowring S, et al. U-Pb Ages from the Neoproterozoic Doushantuo Formation, China[J]. Science, 2005,308:95-98.

Gao S, Ling W L, Qiu Y M. Contrasting geochemical and Sm-Nd isotopic compositions of Archean metasediments from the Kongling high-grade terrane of the Yangtze craton: evidence for cratonic evolution and redistribution of REE during crustal anatomies. Geochim[J]. Cosmichim Acta, 1999,63:2071-2088.

Gao S. Yang J. Zhou L, et al. Age and growth of the Archean Kongling terrain, South China, with emphasis on 3.3 Ga granitoid gneisses[J]. American Journal of Science, 2011, 311(2):153-182.

Gu X X, Schulz O, Vavtar F, et al. Jung-proterozoische submarine Prim? ranreicherung und metamorphogene Weiterentwicklung der stratiformen W-Sb-Au-Erzlagersätten vom "Typ Woxi" in Hunan (Süd-China)[J]. Vienna: Archiv für Lagerstätten der Geologische Bundersanstalt,2002,23,1-204.

Hoffman P F, Kaufman A J, Halverson G P, et al. A Neoproterozoic snowball Earth[J]. Science, 1998. 281:1342-1346.

Hoffman P F. The break-up of Rodinia, birth of Gondwana, true polar wander and the snowball Earth[J]. African Earth Sci. , 1999. 28:17-33.

Jiang G, Kennedy M J, Christie-Blick N. Stable isotopic evidence for methane seeps in Neoproterozoic postglacial cap carbonates[J]. Nature, 2003,426:822-826.

Jiang G, Sohl L E, Christie-Blick N. Neoproterozoic stratigraphic comparison of the Lesser Himalaya (India) and Yangtze block (south China):Paleogeographic implications[J]. Geology, 2003, 31:917-920.

Kirschvink J L. Late Proterozoic low-latitude global glaciation: the Snowball Earth[M]//Schopf J W, Klein C eds. The Proterozoic biosphere. Cambridge:Cambridge University Press, 1992:51-52.

Li Xianhua, Li Zheng xiang, Ge Wenchun, et al. Neoproterozoic granitieds in south China:Crustal melting above a mantle plume at ca. 825Ma[J]. Precam Res. ,2003,122(1—4):45-83.

Qiu X F, Ling W L, Liu X M, et al. Recognition of Grenvillian volcanic suite in the Shennongjia region and its tectonic significance for the South China Craton[J]. Precambrian Research, 2011,191:10-119.

Wang X L, Zhou J C, Griffin W L, et al. Detrital zircon geochronology of Precambrian basement sequences in Jiangnan orogen:dating the assembly of the Yangtxze and Cathysia klocks[J]. Precam. Res. ,precamres. 2007, 06:005.

Wang Xiaolei, Zhou Jincheng, Qiu Jiansheng, et al. Geochronology and geochemistry of Neoproterozoic mafic rocks from western Hunan. South China:implications for petrogenesis and post-orogenic extension[J]. Geol. Mag. , 2008,145(2): 215-233.

Wang Yuejun, Fan Weiming, Zhao Guochun, et al. Zircon U-Pb geochronology of gneissic rocks in the Yunkai massif an d its implications on the Caledonian event in the South Chin a Block[J]. Gondwana Research,2007,12:404-416.

Wu H R. Reinterpretation of the Guangxi orogeny[J]. Chinese Science Bulletin, 2000,45(13): 1244-1248.

Yim Chongyu, Tang Feng, Liu Yongqing, et al. New U-Pb zircon ages from the Edicaran(Sinian) System in the Yangtze Gorges:constraint on the age of Miaohe biota and Marinoan glaciateon[J]. Geological Bulitin of China, 2005,24(5):393-400.

Zhang Q R, Li X H, Feng L J, et al. A new age constraint on the onset of the Neoproterozoic glaciations in the Yangtze Platform[J]. South China, J. Geol., 2008.116:423-429.

Zhang S B, Zheng Y F, Wu Y B, et al. Zircon isotope evidence for ≥3.5Ga continental crust in the Yangtze craton of China[J]. Precambrian Res., 2006,146:16-34.

Zhang S B, Zheng Y F, Wu Y B, et al. Zircon U-Pb age and Hf-O isotope evidence for Paleoproterozoic metamorphic event in Sou th China[J]. Precambrain Res., 2006, 151:265-288.

Zhao G, Cawood P A. Tectonothermal evolution of the Mayuan assemblage in the Cathaysia Block:implicateon for Neoproterozoic collision-relared assembly of south China Craton[J]. Am. J. Sci., 1999,299:309-339.

Zheng J P, Griffin W L, O'Reilly S Y, et al. Widespread Archean basement beneath the Yangtze craton[J]. Geology, 2006.34:417-420.

Zhou C M, Tucker R S, Xiao H,et al. New constraints on the ages of Neoproterozoic glaciations in South China[J]. Geology, 2004,32:437-440.

Zhou J B, Li X H, Ge W C, et al. Age and origin of middle Neoproterozoic mafic magmatasm in southern Yangtze Mlock and relevance to the break-up of Rodinia[J]. Gondwana Res., 2006,10: 011.